실험생물학

Experiments in Biology

녹 문 당

머리말

요즘 생물학은 엄청 빠른 속도로 발달해 가고 있다. 더불어 더 많은 생물학 실험강좌를 개설하고 있다. 유기체의 구조와 기능을 연구대상으로 하는 생물학은 기초과학으로서의 그 역할이 막중하며 학문의 성격상 실험과 실습을 통한 교육과 학습이 필수적이다. 생물학은 그 자체가 학문적 연구과제일 뿐만 아니라 필요에 따라 응용학문인 의학, 약학, 간호학, 수의학, 농학, 임학, 축산학, 가정학, 생명공학과, 환경과학 등의 이론적 기반을 제공하며 이러한 응용학문을 전공하는 학생들에게는 필수적으로 요구되는 학문이다.

이 교과서는 다양하고 새로운 생물학의 내용들을 쉽게 접근하여 확인할 수 있도록 설계하였으며 생물학의 모든 분야를 소개하기 위하여 많은 전문영역의 교수진이 집필하였다. 또한 생물학도 뿐만 아니라 기초과학의 모든 분야, 그리고 응용생물학의 모든 분야를 전공하려는 학생들과 생물학에 관심 있는 모든 이들에게 도움이 되도록 구성하였다. 끝으로 이 교재를 준비하는데 자료와 조언을 아끼지 않은 동료들과 조교들, 그리고 흔쾌히 출판해 주신 녹문당 사장님과 직원들에게 감사를 드린다.

저자 일동

차 례

일반생물학 실험의 기초

실험 01

생물실험을 위한 기초

1 기구의 취급요령

① 시약병에 붙어 있는 라벨(label)은 그 시약을 쓸 때마다 반복해서 확인한다.

② 시약병의 뚜껑이 바뀌지 않았는지 혹은 다른 시약으로 오염되지 않았는지 확인한다.

③ 시약병의 라벨은 반드시 지워지지 않는 펜으로 쓴다.

④ 물중탕을 할 때에는 왁스 연필(wax pencil) 등으로 라벨하지 않는다.

⑤ 마킹펜으로 유리기구 위에 직접 라벨했을 때에는 씻어낼 때 확인한 후에 씻는다. (비누에 지워지는 것과 아세톤 등 유기용매에 지워지는 것을 구분한다.)

1 유리기구의 세척

유리기구는 사용했던 물질의 성질에 따라 세척을 달리해야 한다.

① 기름과 같이 닦아 낼 수 있는 것은 먼저 종이로 닦아 준다.

② 내용물의 오염은 가능한 한 기계적으로 제거해야 한다. 기계적인 제거에는 브러시, 수세미, 스펀지, 헝겊, 거친 모래, 중성세제, 비누 등이 쓰인다. 보통은 가루비누와 브러시를 쓴다. 브러시가 바닥이 둥근 플라스크의 바닥에 닿지 않을 때에는 세척용 모래 등을 넣어서 흔든다. 체적계(메스실린더, 메스플라스크, 메스피펫)의 세척은 가벼운 상처도 생기지 않도록 해야 한다.

③ 용매로 세척한다. ②의 방법으로도 되지 않으면 오염의 본질에 따라 그것을 용해시킬 수 있는 용매를 사용한다(산, 알칼리, 유기용매 등을 사용한 후에 그 폐액을 회수병에

보관해 두었다가 활용하면 좋다). 이때 약간 가열하면 빨리 용해되어 깨끗해진다.

ⓐ 오염의 본질에 있어서 염기성 물질의 경우는 산(황산, 염산, 질산 등)을 사용한다.

ⓑ 산성 때문에 생긴 오염은 가성알칼리(반응에 쓰고 남은 폐액이 좋다)를 넣고 흔들면서 가열한다.

ⓒ 오염원이 유기물이라면 크롬산 혼합용액을 넣어 둔다.

ⓓ 그렇게 해도 씻어지지 않으면 묽은 불화수소산 수용액으로 세척한다.

④ 수돗물에 브러시를 사용하여 씻는다. 수돗물로 충분히 씻지 않으면 건조했을 때 기구에 흰 가루가 묻어 있는 경우를 볼 수 있다.

⑤ 증류수 또는 이온수로 여러 번 헹군다.

2 유리기구의 건조

① 자연방치건조 – 깨끗하고 먼지가 없는 곳에 기구를 거꾸로 보관하는 방법으로, 편하기는 하지만 시간이 걸린다.

② 열풍건조 – 급히 건조시킬 때는 열풍을 이용하여 건조시킨다.

③ 약품건조 – 비등점이 낮은 용매를 사용하는 것으로, 특수한 경우에만 사용한다. 예컨데, 물로 씻은 기구를 알코올로 씻고 계속해서 에테르로 씻으면 바로 건조된다. 이때 용매는 100% 순수한 물질이어야 한다.

④ 이밖에 공기, 전열건조기로 건조시키는 경우가 있는데, 전열건조기의 사용은 열팽창에 의해 영향을 받게 되는 체적계 등에는 사용해서는 안 된다.

3 플라스틱 기구의 세척

플라스틱을 세척할 때에는 그 소재의 화학적인 성질을 알고 특별한 주의를 할 필요가 있다.

① 폴리에틸렌으로 만들어진 기구를 준비했을 때에는, 맨 처음 사용 전에 8M urea(pH 1.0)로 씻는 것이 필요하다.

② 증류수로 헹구고 1N KOH로 씻은 후, 증류수로 헹군다.

③ 10~3M EDTA로 씻어주어서 금속이온 오염을 제거해준다.

④ 증류수로 여러번 반복해서 헹구어 준다.

⑤ ①~④까지 전처리가 끝난 후에는, 매 사용시마다 0.5% 세척 용액으로 씻어준다.

4 피펫의 세척

피펫의 경우에는 청결에 대하여 특별한 주의가 필요하다. 왜냐하면 이것은 시약을 이전시키는 데 사용되며, 또 내부벽이나 끝에 시약이 쉽게 말라붙어서 시약의 이전 시에 오차를 발생시키거나 시약을 오염시키기 때문이다. 이것을 씻을 때에는 반드시 끝이 위로 향하게 하여 0.5% 세척용액에 담가서 하룻밤을 세운 다음 여러 번 반복해서 수돗물로 씻어낸 후 증류수로 헹구어 말린다.

5 증류기의 세척

① 먼저 뜨거운 물에 찬 액체세제(고체는 안 된다)로 잘 씻고, 황산 · 질산의 혼합용액으로 닦은 후, 증류수로 헹군다.
② 증류기를 조립한 후 boiling pot에 증류수를 넣고 히터를 붙인 다음, 냉각관(콘덴서)에 물을 넣지 않은 채 수 시간 동안 스팀으로 세척한다(즉, 수증기를 내뿜게 한다).
③ 이어서 냉각기에 물을 넣어 그것을 받는 용기에 물을 담는다.

2 증류수와 이온수

생물실험실에서 가장 흔히 쓰이는 용매는 물이다. 어떠한 용액을 만드는 데에도 절대로 수돗물을 사용하지 않아야 한다. 반드시 순수한 물을 사용하여야 한다. 즉 증류수나 이온수를 이용해야 한다. 그러나 이런 수질도 때로는 문제가 될 수 있다는 것을 알아야 한다. 즉, 이온수의 경우 이온교환수지를 통과하여 금속이온은 제거되나, 폴리머수지를 통과할 때 수지로부터 나온 유기물이 오염될 수가 있다. 이런 오염은 UV 흡광도를 높이게 되는 것이다.

증류수의 경우에는 금속증류기나 유리증류기로 증류하여 만든다. 따라서 이때에는 유기물 오염은 문제가 안되나, 때로 금속이온을 함유하여 시약과 반응함으로써, 반응결과에 오차를 생기게 할 수 있다.

모든 물은 저장과정에서 오염될 수 있다. UV 측정에 문제를 일으키는 유기물은 플라스틱 저장용기로부터 저장기간 동안에 유리되어 나오고, 때로는 유리기구의 표면으로부터 금속이온이 떨어져 나올 수 있다. 증류수에서 세균이 자라나는 것은 흔히 있는 일이다. 따라서 물은 저장할 때에는 세심한 주의가 필요하다. 즉, 순수한 물을 저장할 때에는 뚜껑으로 완전히 밀봉하고 냉장실에 보관하는 것이 좋다. 보관 중에 혼탁이 생겼을 때에는 그 물을 버린다. 특히 흡광도 측정시나 형광 측정시에는 특수하게 처리한 순수한 물이 요구된다.

3 용액의 제조

대부분의 경우에는 정밀한 실험이 아닐 때에는 구입한 시약을 또 한번 순수정제하지 않고 그냥 사용할 수 있다. 시약은 고체, 액체 또는 기체이다. 반응 생성물의 상태는 고려하지 않고 단순하게 A, B 2종의 시약반응만을 고려하면 그 조합은 다음의 9가지가 된다.

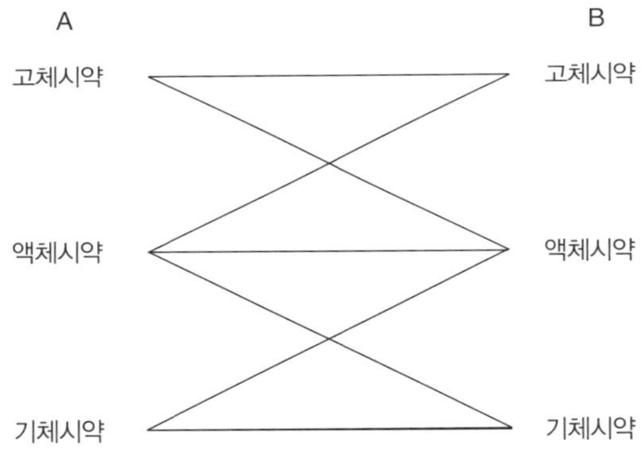

이들 화학반응을 부드럽게, 또한 균일하게 진행시키려면 시약을 용액상태로서 반응시킨다. 예컨대 고체, 액체, 기체시약의 용액과 고체, 액체, 기체시약의 반응 및 고체, 액체, 기체시약의 용액과 고체, 액체, 기체시약의 용액반응 등이다.

1 농도의 정의

1) 물리적 표시법

용매 또는 용액의 일정한 부피나 중량 중에 녹아 있는 용질의 부피나 중량으로 나타낸다.

① 퍼센트(w/w) 용액 – 100 g의 용액 속에 일정 g의 용질이 녹아 있는 용액

ⓑ 퍼센트(v/v) 용액 – 100 mL의 용액 속에 일정한 mL의 액체의 용질이 녹아 있는 용액

ⓒ mg% 용액 – 100 mL의 용액 속에 일정 mg의 용질이 녹아 있는 용액

2) 몰(molarity)농도

1(L)리터의 용액 속에 일정 몰(mole)의 용질이 녹아 있는 용액

① g/mg = mole 수

② mg/MW = millimole 수

③ μg/MW = micromole 수

3) 몰랄(molality)농도

1000 g의 용매에 녹이는 용질의 몰(mole) 수

4) 노르말(normality)농도

1(L)리터의 용액 속에 포함되어 있는 당량 수

2 각종 시약농도의 조제법

1) 액체시약의 수용액

액체시약을 희석하여 원하는 농도의 용액을 만들기 의해서는 먼저 시약의 농도와 밀도로부터 희석 율을 계산해야 한다. 농도가 높은 용액을 희석하는 경우는 먼저 용매에 원액을 넣게 된다. 특히, 황산을 희석하는 경우는 발열이 심하므로 주의해야 한다. 또 암모니아수 등은 암모니아의 휘발성이 강하므로 조제 후 보관에 주의해야 한다.

2) 고체시약의 수용액

시약의 필요량을 천평으로 달고 용매에 용해시킨다. 약간 따뜻하게 하면 빨리 용해된다. 특히 갈색의 시약병에 넣어서 시판하는 시약을 조제할 때에는 역시 갈색 시약병에 넣어 보관해야 한다.

3) 표준액(standard solution)

용량 분석시 적정 중에 일어나는 화학 반응에 관계되는 한 성분을 분석할 때, 정확성을 지닌 용액을 표준액이라 한다. 표준액에 기준물질로서 이미 알려진 양만큼 들어 있는 것

을 표준물질이라 한다. 이 물질의 일정량을 정확하게 정량해서 물에 녹여 일정한 부피의 용액으로 만들 때 얻어지는 표준액을 1차 표준물질(primary standard substance)이라고 한다.

4 수소이온 농도 측정

pH meter를 이용하여 측정한다.

① 먼저 표준 pH 용액을 사용해서, pH meter를 6.86에 조정(calibration)한다. 그런 다음, 전극을 증류수로 닦는다. 이때, 전극에 정전기를 유발하기 때문에 티슈로 전극을 닦으면 안 된다. 세심하게 전극에 묻어 있는 물을 티슈 위에 살짝 대주어서 습기를 철저하게 제거한다.

② pH 4.0의 표준 용액을 사용해서 다시 한번 pH를 측정해 본다. 이때 pH가 맞지 않으면 다시 한번 조정한다.

③ 용액의 pH를 측정한다. 주의할 것은 한 용액을 측정한 후에 반드시 전극을 증류수로 닦아 낸다.

5 실험실 안전법

① 콘택트렌즈의 사용을 피한다.

② 실험복을 착용한다.

③ 시약의 원액병으로부터 시약을 피펫팅해서 사용하지 말고 쓸 만큼의 시약을 작은 병에 부어놓고 사용한다. 쓰던 시약을 원액병에 다시 붓지 말아야 한다.

④ 발화성 혹은 인화성 용액을 사용할 때에는 버너의 사용을 금한다. 휘발성 액체를 냉장고에 보관해서는 안 된다.

⑤ 셀룰로오즈 나이트레이트 플라스틱 제품은 세척 후에 오븐 속에 말리면 안 된다.

⑥ 소화기, 안전 샤워기, 눈 세척기, 응급치료 키트를 실험실에 완비한다.

⑦ 모든 시약들이 피부에 닿지 않게 한다. 만일 손에 묻었을 때에는 당장 씻어내어야 한다.

⑧ 독성기체를 내는 휘발성 액체를 다룰 때에는 후드(hood) 안에서 다룬다.

⑨ 공해성 물질을 버릴 때에는 폐기용기를 따로 마련하여 처리한다. 방사성 물질을 버릴 때에도 특수폐기 용기에 버린다.

⑩ 방사성 물질을 다룰 때에는 고무장갑을 착용하고, 실험 후에는 주위를 방사선 측정기로 점검한다.

⑪ 방사성 물질을 다룰 때에는 실험대, 시약, 실험기구들이 방사성 물질로 오염되지 않도록 주의한다. 실험대 위에는 일회용 커버를 깔고 실험하고, 실험 후 즉시 이것을 방사성 물질 폐기용기에 버린다.

실험 02

현미경의 원리와 사용법

1 목 적

사용목적에 따른 여러 가지 현미경의 종류를 알아보고, 특히 실험실에서 일반적으로 쓰이고 있는 광학 현미경에 대한 사용법을 익힌다.

2 이 론

1 현미경(microscope)의 종류와 구조

생물체는 매우 미세한 구조로 되어 있기 때문에 육안으로만 구별하는 것은 매우 곤란하므로 그 자세한 구조를 알기 위해서는 확대를 위한 코조기를 사용해야 된다. 현미경은 광학렌즈를 이용하여 물체의 구조를 확대시켜 그 해상력을 증대시켜 주는 기구로서 생물의 구조를 밝히는 데 가장 중요한 기구이다. 그러므로 사용목적에 따라 개발된 여러 종류의 현미경이 있으므로 구조를 이해하고 사용법을 잘 익히는 것은 매우 중요한 일이다.

2 현미경의 종류

현미경의 종류에는 여러 형이 있지만 이것을 크게 둘로 나누면 광학현미경과 전자현미경으로 나눌 수 있다. 광학현미경에는 보통 사용되고 있는 단안현미경 외에 양안을 동시에 사용하는 쌍안현미경이 있고 그 사용목적에 따라서 다음과 같은 것이 있다.

1) 쌍안해부현미경(stereo dissecting microscope)

육안과 같이 반사광을 이용하여 물체를 입체적으로 볼 수 있기 때문에 현미경 아래에서 조작해 가며 사용할 수 있다. 배율은 비교적 낮아 10~50×정도이다.

2) 광학현미경(optical microscope)

표본으로부터의 빛을 써서 대물렌즈에 의하여 표본이 확대된 실상을 맺고, 이것을 대안렌즈에 의해서 재확대하는 장치로 보통 우리가 현미경이라 부르는 것이다. 물체에 빛이 투과되어야 볼 수 있기 때문에 피검체의 두께는 빛이 투과될 만큼 얇아야 한다.

대물렌즈와 대안렌즈로 되어 있기 때문에 복합현미경(compound microscope)이라고도 한다. 단안(monocular)과 쌍안(binocular) 그리고 사진기를 부착하도록 된 3안(trinocular)이 있는데 기본구조는 모두 같다.

3) 수평현미경(horizontal microscope)

경통이 수평으로 되어 있어 뿌리의 생장 등을 관찰하기 편리하도록 만든 것이다.

4) 원심현미경(centrifugal microscope)

원심분리기에 장치할 수 있는 것으로 원심력의 영향을 연속적으로 볼 수 있도록 고안된 것이다.

5) 자외선현미경(ultraviolet microscope)

가시광선(4200~7500Å) 대신에 파장이 짧은 자외선(2700Å)을 사용하여 해상력을 거의 두 배로 높일 수 있는 현미경이다. 단, 슬라이드글라스와 커버글라스는 가능한 한 수정유리를 사용해야 하며 물체의 상은 현미경사진이 찍히지 않는다.

6) 형광현미경(fluorescence microscope)

생물체 내의 형광성물질(예: pterin 類 , riboflavin 등)이 자외선에 의해 형광을 발하는 일을 이용하여 관찰하는 현미경이다. 형광물질의 분포를 알거나 또는 형광색소(fluorescein, eosin)로 생체를 염색하여 물질의 이동이나 세포의 투과성 등을 조사하는 데 쓰인다.

7) 편광현미경(polarization microscope)

전분이나 기타 결정성의 세포 내 함유물이나 세포막의 연구에 이용되고 있지만 세포 내의 활성물질 가운데도 광학적 이방성(異方性)의 구조(예: 방추체, 염색체)가 있기 때문에 이들의 미세구조를 연구하는 데 쓰인다.

8) 위상차현미경(phase contrast microscope)

보통현미경으로 살아 있는 세포를 보면 세포질은 대부분 투명하고 균질로 보인다. 우리는 이 속에 들어 있는 서로 다른 물질을 염색을 통하서 구별하는 것이 보통이지만, 위상차현미경을 사용하면 염색하지 않은 살아 있는 상태에서도 이를 볼 수 있다. 왜냐하면 구조적으로 두께가 서로 다른 부분을 투과하는 광파에는 위상의 차가 생기기 때문에 이들을 명암으로 나타나게 할 수 있기 때문이다. 피검체 내의 위상의 잔상을 나타내는 부분(예: 염색체)이 다른 부분(예: 세포질)보다 어둡게 보이도록 설계된 위상판을 갖는 것을 positive 또는 dark contrast라 부르고 밝게 보이도록 된 것을 negative 또는 bright contrast라 부른다. 546 μm의 파장에서 명암의 대조가 가장 잘 나타나기 때문에 녹색필터를 사용한다. 생체 또는 고정상에서도 염색하지 않은 상태로 관찰할 수 있다. 또한 여기에 시각영화촬영기를 연결하여 사진을 찍는다면 표본에서의 운동과 변화를 대단히 뚜렷이 볼 수 있다.

9) 현미해부현미경(microscopic dissecting set)

고배율로 관찰하면서 피검물을 침으로 찌르거나 주사하는 등 여러 조작을 할 수 있는 기구가 현미경에 부착되어 있다. 나사로 움직이게 하는 형과 공기압으로 움직이게 하는 형이 있다.

10) 전자현미경(electron microscope)

광선 대신에 전자선을 이용하여 광의 파장보다도 작은 것을 볼 수 있는 현미경이다. 보통 광학현미경에서 광파장은 4200~7500Å의 범위로 한정되지만, 전자현미경에서는 그 파장이 전자의 속도에 따르게 된다. 즉 파장은 전자를 가속시키는 전위차에 의해 변하며, 가속전위차 제곱근의 역수에 비례한다. 전자현미경을 사용하여 얻은 해상력은 광학적인 것의 100배 정도로 0.004 μ 정도까지 볼 수 있다고 한다. 생물조직의 초현미경적 구조의 대조를 높이기 위해서 오스미움산이나 인몰리브덴산과 같은 중금속원자를 함유하는 용액으로 조직파편을 처리하면, 이들 원자는 조직의 특수한 부분에 선택적으로 흡수되기 때문에 그 부분에서 전자가 산란되어 내부의 대조를 높일 수 있게 된다. 이는 광학현미경에 있어서 조직 염색과 비교할 수 있으며 전자염색이라고도 한다. 엽록체, 미토콘드리아, 편모, 염색체, 정자, 핵막 등이 전자현미경에 의해 자세히 알려졌다.

3 현미경의 구조와 원리

현미경의 구조는 일반적으로 그림 2-1과 같다. 그 구성을 설명하면 다음과 같다.

1) 대안렌즈(ocular lens)

약 3~5 cm 가량의 원통의 양 끝에 각각 한 개의 렌즈가 있다. 윗부분 끝의 눈렌즈, 아랫부분의 렌즈는 집광렌즈로서, 양 렌즈 사이에 고정된 조리개가 있어, 렌즈의 수차를 제거하여 시야를 결정한다. 이것을 현미경 경통 위에 낀 후 눈을 근접시켜 들여다보게 된다. 그 상면에는 상자번호와 번호가 쓰여 있고, 또 여러 문자나 숫자가 새겨져 있다. 일반적으로 제작회사명과 배율이 새겨져 있지만, 배율만 새겨진 것도 있다. 각 현미경에는 저배율을 나타내는 렌즈와 고배율을 나타내는 렌즈가 각각 한 개씩 있으므로, 사용할 때는 알맞은 것을 골라 쓰면 된다. 그러나 항상 고배율의 것을 끼워 두는 것이 좋다. 사용 후 현미경

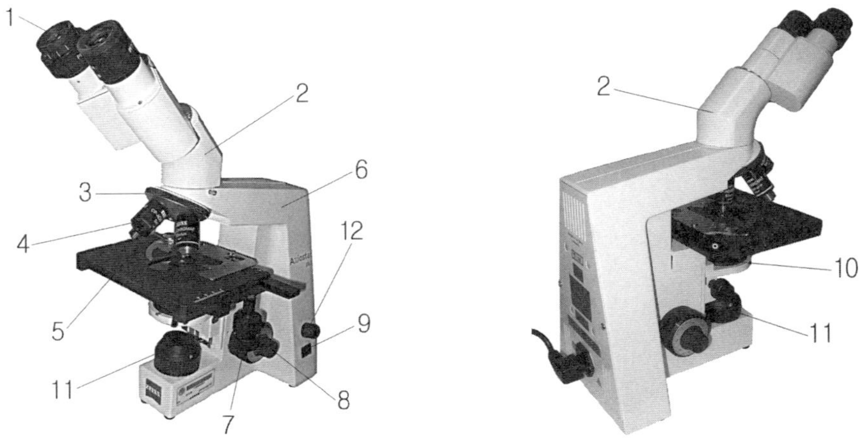

1. 대안렌즈 2. 경통 3. 회전판 4. 대물렌즈 5. 재물대 6. 경주 7. 조동나사
8. 미동나사 9. 램프스위치 10. 조리개 11. 램프 12. 램프조절기

[그림 2.1] 현미경의 구조

상자에 넣어 둘 때에는 현미경 안에 먼지가 끼지 않도록, 대안렌즈 한 개는 항상 끼워 두도록 한다.

2) 경통(body tube)

위의 대안렌즈를 끼우게 되어 있는 10여 cm 가량 되는 원통부분이다. 그 앞면에는 보통 제작회사명과 번호가 새겨진 경우가 많다.

3) 대물렌즈 교환기(objective revolver; nonsepiece)

경통 아래쪽의 검은색 금속부분으로 회전할 수 있도록 되어 있다. 밑으로 구멍이 여러 개 뚫려 있는데 여기에 대물렌즈를 끼운다. 교환기가 없는 현미경은 경통의 하단에 직접 끼운다.

4) 대물렌즈(objective lens)

약 3~4 cm 가량 되며, 한쪽 끝은 나사로 되어 있다. 이것은 렌즈를 조합한 것이나, 보통은 단일의 렌즈로 보아도 좋다. 이 나사부분을 대물렌즈 교환기에 끼운다.

각 현미경에는 저배율 렌즈와 고배율의 렌즈가 원통의 상자 또는 나무상자에 들어 있다. 이들을 대물렌즈 교환기에 끼워 서서히 회전시키면, 렌즈는 경통의 축(광축)에 일치될 때 낮은 소리를 내며 멈추게 된다. 이로써 현미경은 사용할 수 있게 되며 확대율은 이때의 대안렌즈와 대물렌즈의 배율을 곱한 것이다. 대물렌즈 교환기가 물건에 부딪치거나 또는 그 회전을 주의하지 않거나 하면 광축과는 일치하지 않게 되며 약간의 착오만 생기더라도 사용할 수 없게 된다. 다음에는 경통을 상하로 움직이면서 초점을 맞추어야 한다. 이때 다음의 조동나사와 미동나사로 조절한다.

5) 조동나사(macroscrew)와 미동나사(microscrew)

현미경의 아래부분 좌우에 같은 크기의 나사가 쌍으로 자리잡고 있는데, 이것이 조동나사로서, 돌리면 경통이 상하로 움직인다. 그 안쪽에 붙은 작은 나사가 미동나사인데, 돌리면 경통이 상하로 약간 움직인다(1회전에 0.1 mm 가량). 이 나사는 한 방향으로만 돌리면 어느 점에서 멈추게 되므로, 그 움직일 수 있는 범위의 중앙 부근에 사용해야 한다. 미

표 2-1. 대물렌즈의 배율

저배율 대물렌즈	33, 73, 103
고배율 대물렌즈	203, 303, 403, 453, 603, 1003

동나사와 렌즈는 현미경의 정교한 부분이다.

6) 경기(stand)

상단에는 경통과 나사로 이어져 있고 하단에는 재물대, 반사경이 있어서 축칭으로 경각(base 또는 foot)과 연결되어 있으며, 중앙부분에는 경주(鏡柱; arm)가 있다. 이 부분을 잡아 위치를 바꾸거나 운반한다. (이때 다른 손으로 반드시 경각 밑을 받친다.) 축칭을 축으로 하여 현미경을 앞으로 기울일 수 있으나, 가능한 한 기울이지 않게 하고 사용한다.

7) 재물대(stage)

받침유리(슬라이드)를 놓는 네모 또는 둥근 대로서, 가운데에 둥글고 큰 구멍이 있고 경통의 방향(광축)에 대해 직각으로 되어 있는데, 여기에 힘을 주어서는 안 된다. 재물대 앞좌우에 작은 구멍이 있으며 그곳에 흰 금속제의 클립(clip)이 끼여 있다. 이 클립으로 받침유리의 양끝을 눌러서 재물대에 고정시킨다. 재물대의 왼쪽 앞에는 재물대에 솟아나온 원형의 일부가 보인다. 이것을 왼손의 인지로 돌리면서 대물대의 중앙 구멍을 보면 점점 크기가 다른 둥근 구멍을 볼 수 있다. 이것이 조리개로서, 밑에서 들어오는 빛의 양을 조절한다. 대체로 대물렌즈의 시야와 같은 크기의 넓이로 조명되도록 적당히 조절하나, 보통은 가장 큰 구멍을 두면 좋다.

8) 반사경(mirror)

한 면은 평면경, 다른 한 면은 요면(凹面)경이다. 어느 방향으로든지 마음대로 회전할 수 있으므로, 적당한 방향으로 돌려 반사광이 재물대의 중앙 구멍을 통과하여 렌즈로 들어가게 한다. 원칙적으로는 평면경을 사용하지만, 집광기가 없는 보통 현미경에서는 요면경이 보다 강한 광선을 반사하므로 결과가 좋아진다. 요즘은 빛의 밝기를 조절할 수 있는 램프를 이용한 현미경이 많이 이용되고 있다.

9) 집광기(condenser)

소형 현미경에는 반사경과 조리개뿐이지만, 개구수(開口數)가 큰 대물렌즈의 경우에는 광원으로부터 들어오는 빛의 성질을 적당히 변화시키고자 할 때에는 집광기가 없으면 안 된다. 집광기는 1~3매 또, 그 이상의 렌즈로 되어 있으며 볼록렌즈의 성질을 갖고 있다. 상단은 평면이고, 우수한 것은 구면수차나 색수차를 없앤 aplanat나 achromatic이 있다. 특수한 것에는 자외선을 투과시키는 석영집광기나 암시야조명에 쓰는 암시야집광기가 있으며, 위상차현미경의 집광기는 특수한 윤상조리개를 갖추고 있는 장치와 같이 붙어 있어 위상차현미경에만 전용으로 쓰게 되어 있다.

4 현미경의 원리와 배율

1) 현미경의 원리

육안으로 보는 것보다 더 자세히 물체를 관찰하기 위해서는 광학기기를 사용해야 한다. 그 방법으로는 볼록렌즈를 사용하여 큰 실상을 만드는 경우와 볼록렌즈의 초점 내에 물체를 두고 허상을 보는 경우인데, 루페나 해부현미경으로 확대하는 방법은 전자이고, 현미경은 이 두 방법을 적당히 조합한 것이다.

2) 배율과 분해능

확대시킨 허상을 명시거리에 생기게 했을 때의 대략의 크기와, 렌즈 없이 직접 물체를 명시거리에서 두었을 때의 대략의 크기의 비가 배율(M)이며, 명시거리를 초점거리로 나눈 값으로 계산한다. 이렇게 계산하면 현미경의 합성렌즈계에서의 배율은 대안렌즈의 배율과 대물렌즈의 배율이 곱이 된다. 이것이 현미경의 배율이다.

가시광선을 사용하는 보통 현미경으로써 좋은 렌즈를 사용하더라도 두 점으로서 인정될 수 있는 가장 가까운 극한값, 즉 분해능은 약 0.2 μm이다(눈에서는 0.1 mm). 이때의 배율은 약 900배이다.

3 시약 및 재료

- 잡지에서 오려낸 사진조각
- 플라스틱자(투명한 것)
- 헌 신문지 또는 잡지
- 화장지 4

4 실험방법

1 현미경의 설치

① 현미경을 상자에서 꺼내면 창쪽 또는 광원쪽을 향해 실험대 위에 놓는데, 그 위치는 실험대 끝에서 향하는 쪽으로 현미경 높이의 약 2/3 이상의 여유를 두고 놓는다.

② 현미경을 운반할 때는 반드시 양손을 사용해야 하는데, 한 손으로는 경주(arm)를 잡고 다른 한 손으로는 경각(foot base) 밑을 반드시 받쳐야 한다. 또 실험대에 현미경을 놓을 때는 큰 진동이나 충격을 주지 않도록 해야 한다.

③ 검경에는 가능하면 북쪽의 창가가 좋으나, 남쪽의 창가에서 실험을 할 때에는 태양광선의 직사광은 절대로 피해야 한다.

④ 경기는 가능한 한 똑바로 세워서 검경하도록 습관이 되어야 한다. 특히 액체성 표본이나 현미화학적 실험에는 반드시 필요하다.

⑤ 검경자는 몸을 수직으로 유지할 수 있는 적당한 높이의 책상과 의자(높이를 조절할 수 있는 회전의자가 좋다)를 선택하는 것이 좋다. 자세가 나쁠 때 장시간에 걸친 검경은 불가능하다.

2 예비조절

① 조동나사를 사용하여 경통을 올린다. 재물대로부터 1~2 cm 높이 정도 떨어지게 올린다.

② 대물렌즈 회전 장치를 돌려서 저배율의 대물렌즈를 경통과 직선이 되게 한다. 필요 없이 너무 높게 올리면 경통의 높이가 쉽게 마모되어 현미경이 고장 나기 쉽다.

③ 조리개를 최대한으로 연다.

④ 반사경을 조절하여 광선이 렌즈 내에 들어오게 한다. 직사광선을 피하여라.

⑤ 광선이 강할 때에는 조리개로 조절하여라.

⑥ 대물렌즈나 대안렌즈가 흐리거나 먼지가 있을 때에는 렌즈 닦는 종이로 가볍게 닦는다.

3 검정재료의 준비

① 렌즈 닦는 종이로 슬라이드글라스와 커버글라스를 깨끗이 닦는다.

② 헌 신문지를 3 mm이하로 잘라 슬라이드글라스 위에 놓고 물을 한 방울 떨어뜨린 후 기포가 들어가지 않게 커버글라스를 덮는다. 그러나, 소량의 기포는 관찰에 큰 지장이 없다.

참 고 ● 커버글라스를 덮을 때에는 비스듬히 세운 커버글라스의 한쪽 끝을 물방울 끝에 댄 후 서서히 눕히면서 덮어야 기포가 생기지 않는다.

4 현미경의 초점조절(focusing the microscope)

① 준비한 프레파라트를 재물대 위의 재물대의 구멍 한복판에 피검물이 오게 놓고 stage clips으로 고정한다.

② 옆에서 보면서 조동나사로 경통을 서서히 내려 대물렌즈가 프레파라트에 거의 닿게 내린다.

③ 대안렌즈로 들여다보며 조동나사를 서서히 올려서 상(신문지의 글자)이 나타나게 한다(예: 경통이 위 아래로 오르고 내릴 때 나사의 방향을 잘 기억해야 한다).

④ 미동나사로 상이 더욱 뚜렷하게 보이도록 초점을 조절한다.

⑤ 조리개를 조절하면 상이 더욱 명확해진다.

⑥ 신문지조각 위의 글자(e자)와 현미경시야에 맺은 상의 글자의 위치관계를 비교한다.

⑦ 그 위치가 같지 않을 때에는 그 위치를 기록한다.

⑧ 다음에 대안렌즈를 들여다보면서 슬라이드글라스를 우측에서 좌측으로 가만히 이동하며 그것이 시야 안에서 움직이는 것을 관찰한다.

⑨ 다음에는 슬라이드글라스를 전후로 이동시켜 그 움직임을 본다.

⑩ 대안렌즈 회전 장치를 돌려서 고배율로 관찰한다.

참 고 ● 앞에서 배운 바와 같이 고배율로 돌리면 초점이 조금 위에 있게 되니까 미동나사를 써서 조금 밑으로 경통을 내려 주어야 초점이 맞는다.

⑪ 대물렌즈와 커버글라스 사이의 거리를 작업거리(working distance)라고 한다. 저배율과 고배율의 작업거리는 각기 어떻게 다른가?

⑫ 고배율로 보았을 때 그 시야의 크기는 저배율의 경우에 비해 어떤가? 변화가 없다면 왜 그런가? 또 저배율에서 고배율로 돌림으로써 상의 위치는 어떻게 바뀌었는가?

5 확대(magnification)

① 물체를 50×으로 확대했다는 것은 25.4 cm의 거리에서 육안으로 본 것의 길이와 폭을 50배로 확대한 것에 상당한다.

② 대안렌즈와 대물렌즈에는 각각 그 렌즈의 단독배율이 새겨져 있다.

③ 복합배율은 대안렌즈와 대물렌즈의 단독배율을 곱한 것이다. (예: 5× × 12× = 60배 5 × 45 = 225). 각자 자기현미경의 고배율과 저배율의 복합배율을 계산하여라.

④ 쌍안해부현미경(stereoscopic microscope)이 있으면 사용법을 연구하시오. 이것은 투과광선을 쓰는 것이 아니라 밝은 반사광선이 많이 사용된다.

6 현미경 밑에서의 측정

① 현미경 밑에서의 측정에는 1/100 mm,즉 micron(약자 μ: 그리스 문자)을 사용한다.

② 현미경 밑의 물체의 크기는 시야의 크기와 비교함으로써 추측할 수 있다.

③ 플라스틱의 밀리미터 눈금자를 슬라이드글라스 대신 재물대 위에 놓고 초점을 맞춘 다음 시야의 지름을 측정하시오. 몇 밀리미터인가? 또 미크론으로는 얼마인가?

④ 고배율의 시야의 측정은 저배율 대물렌즈의 배율(단독배율로써 고배율의 대물렌즈의

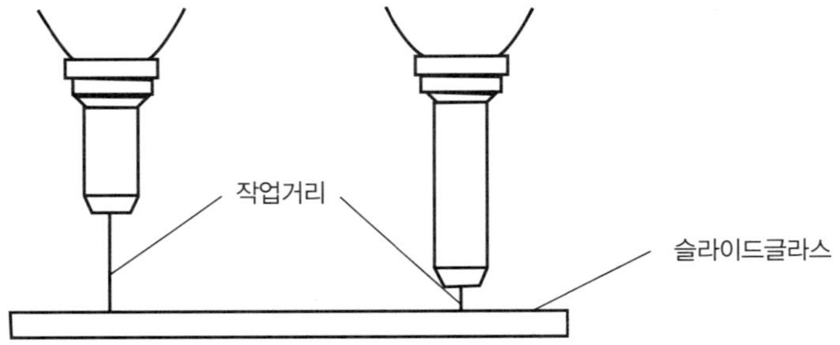

[그림 2.2] 작업거리

배율로 나눈 수치로 저배율의 시야를 나눔으로써 얻어진다(예: 대물렌즈의 단독 배율이 저배율은 12×, 고배율은 48×이다. 저배율 시야의 지름이 1,600 mm라고 하면 48 ÷ 12 = 4, 1,600 ÷ 4 × 400(mm)).

⑤ 위의 방법으로 자기현미경의 고배율시야의 지름을 측정하시오.

⑥ 준비한 프레파라트를 검경하여 글자(e자)의 크기를 시야의 크기와 비교하시오. 가능한 한 정확하게 글자의 실제 높이를 밀리미터와 마크론으로 계산하시오.

7 마이크로미터의 사용법

① 물건의 길이를 자로 재는 것과 같이 현미경 밑에서 확대된 상태의 물체의 길이를 측정할 경우에는 대안마이크로미터와 대물마이크로미터를 조합해서 측정한다.

② 대안마이크로미터는 보통 5~10×의 배율인 대안렌즈의 내부에 장치할 수 있는 원형의 유리판에 잘게 눈금을 그린 것으로 5 mm를 50등분하여 1개의 분획이 0.1 mm (100 μ, 1 μ은 1/1000 mm)가 되도록 한 것과 더 잘게 5 mm를 100등분(1분획은 0.05 mm, 50 μ)한 것도 있으며, 또 한 방법으로 새긴 방안마이크로미터도 있다.

③ 대물마이크로미터는 소원형의 유리판에 1 mm를 100등분한 것(1분획은 0.01 mm, 10 μ)을 슬라이드글라스의 중앙에 붙여 놓은 것이다.

④ 측정법은 우선 대안마이크로미터를 대안렌즈의 위쪽 렌즈부위를 열고 넣은 후 대안렌즈를 규정대로 고정시킨 다음, 두 마이크로미터의 눈금이 평행하게 겹치도록 한다. 처음 겹친 곳과 나중에 다시 겹치는 곳 사이의 눈금을 세면 대안마이크로미터 눈금의 길이를 실측할 수 있다. 처음 겹친 곳과 나중에 다시 겹치는 곳 사이의 눈금을 세면 대안

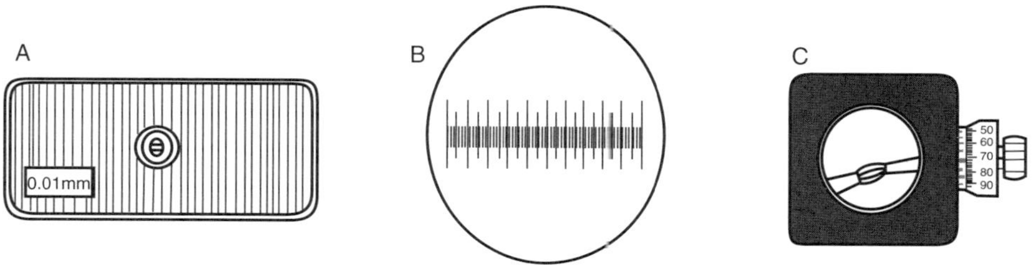

A. 대물마이크로미터 B. 대물마이크로미터의 확대
C. 대안마이크로미터로서 기공의 길이를 측정 : 셀로판 종이에 1 mm의 눈금을 붙여도 좋다.

[그림 2.3] 마이크로미터(m crometer)

마이크로미터의 눈금의 길이를 실측할 수 있다. 예를 들어 대안 마이크로미터의 10눈금에 해당되는 대물마이크로미터의 눈금이 2라면 대물마이크로미터의 1분획이 0.01 mm(10 μ)이므로 대안마이크로미터의 1분획은 다음 식으로 계산될 수 있다.

$$\frac{0.01\ \text{mm} \times 2}{10} = 0.002\ \text{mm} = 2(\mu)$$

이 값(2 μ)이 대안마이크로미터 눈금의 절대길이이다. 대안마이크로미터의 절대길이는 대물렌즈에 따라 달라지기 때문에 그때마다 새로 계산하여야 한다.

다음 대물마이크로미터를 빼고 피검체를 놓고 관찰하려는 물체를 검경하여 그 물체의 길이를 대안마이크로미터의 눈금에 의해 측정한다.

이때 그 물체의 길이가 대안마이크로미터의 15눈금이라면 그 물체의 길이는 2 μ(= 0.002 mm) × 15 = 30 μ(0.03 mm)으로 계산된다.

8 현미경 표본 제작법

생물체의 미세한 구조를 현미경으로 관찰하려고 할 때 세포, 조직의 종류와 목적에 따라 일시 프레파라트(temporary preparation)와 영구 프레파라트(permanent preparation)를 만들어 사용한다.

일시 프레파라트는 쉽게 만들 수 있으나 장기간 보존할 수 없는 결점이 있고 영구 프레파라트는 제작과정이 길고 복잡하나 오래 보관할 수 있는 장점이 있다.

1) 재료 및 기구

인도고무나무 잎, 딱총나무 속, 무, 면도칼(안전면도칼), 샤레, 슬라이드글라스, 커버글라스, 메스, 원통마이크로톰, 현미경

2) 일시 프레파라트 제작법

살아 있는 상태의 세포나 조직을 관찰하기 위해서는 손 절편(free hand section)이나 원통마이크로톰 절편(cylinder microtome section)에 의한 일시 프레파라트를 만들어 사용한다.

식물의 잎, 줄기, 뿌리 같은 연한 재료를 면도칼(안전면도칼)을 이용하여 수평방향으로 깎아 이때 얇은 조각이 끊어지면 물이 든 샤레 속에 받아 가장 얇은 절편을 사용한다.

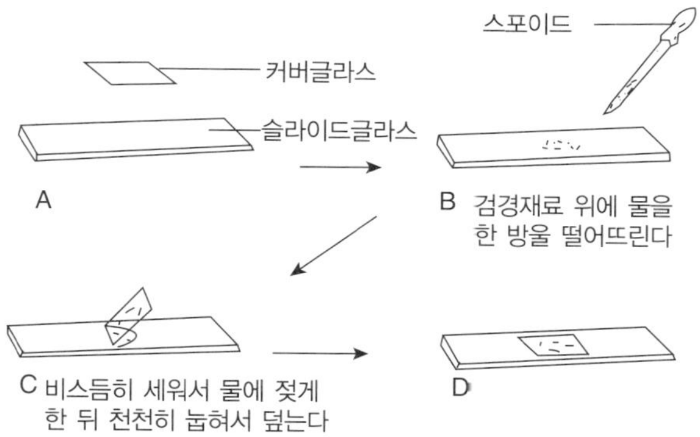

[그림 2.4] 일시 프레파라트 만드는 방법

깨끗한 슬라이드글라스 위에 물 한 방울을 떨어뜨리고 그 속에 위 절편을 넣어 커버글라스를 덮어 관찰한다. 이때 기포가 생기지 않도록 커버글라스를 비스듬히 밀며 덮어야 한다. 손 절편 대신 원통형의 마이크로톰을 사용하여 절편을 만들고 같은 방법으로 조작하여 관찰한다.

3) 영구 프레파라트 제작법

영구 프레파라트의 제작에는 여러 가지 방법이 있다. 파라핀법(paraffin method), 셀로이딘법(celloidin method), 카아보왁스법(carbowax method), 젤라틴법(gelatin method), 동결법(frozen method) 등이 있으나 여기서는 많이 사용되는 파라핀법을 사용한다.

① 고정(fixation): 목적과 재료에 따라 일정한 고정액(fixing fluid)을 사용하는데 재료는 1 cm 이하로 자르고 고정액은 재료의 20배 이상이 되어야 한다. 고정시간은 재료의 종류와 크기, 고정액에 따라 다르다.

② 수세(washing): 고정액을 씻어 내기 위한 과정인데 고정액에 따라 수세시간이 다르다.

③ 탈수(dehydration): 수세 후 재료 속에 든 수분을 제거하기 위하여 저농도의 알코올에서부터 서서히 고농도의 알코올로 옮겨가며 탈수한다.

④ 유명(clearing): 탈수된 재료를 파라핀으로 유도하기 위한 전처리로 자일롤(xylol)을 사용한다.

⑤ 파라핀포매(包埋)(paraffin embedding): 파라핀이 조직, 세포에 침투된 다음 포매접시를 이용하여 매몰시키는 과정이다.

⑥ 절편의 절단(cutting): 마이크로톰(microtome)을 이용한다. 파라핀 속에 든 재료덩이

를 마이크로톰의 목편(철편)에 붙여 적당한 두께(5~10 μ)로 절편을 만든다.

⑦ 절편의 첨부(adhesion): 끊어진 절편을 슬라이드글라스 위에 첨부하는 과정인데 여러 가지 첨부제(adhesive)가 이용된다. 첨부한 다음에는 파라핀 신전판 위에서 고르게 주름을 펴고 상온에 24시간 동안 보관한다.

⑧ 파라핀의 제거(deparaffin): 자일롤을 이용하여 재료 속의 파라핀을 제거하는 과정이다.

⑨ 염색(staining): 관찰하고자 하는 재료의 핵과 세포질을 구분하는 이중염색법(double staining)을 쓴다. 보통 하나는 염기성 색소이고 다른 하나는 산성 색소가 사용된다.

⑩ 탈수(dehydration): 염색을 한 후 염색과정 중 들어간 수분을 완전히 제거하기 위하여 저농도에서 고농도의 알코올로 올라가면서 급속히 탈수한다.

⑪ 봉입(mounting): 캐나다 발삼(Canada basam)을 한 방울 떨어뜨리고 커버글라스를 덮는다. 커버글라스 주위에 묻은 여분의 캐나다 발삼은 탈지면에 자일롤을 묻혀 조심스럽게 닦는다.

주 | 의 | 사 | 항

01) 재물대에 받침유리를 올려놓기 전에 먼저 육안으로 검사하여 만일 받침유리가 더러우면 헝겊으로 깨끗이 닦아 준다.

02) 현미경으로 보면서 표본을 찾기 전에 보고자 하는 표본이 받침유리의 어디쯤에 있는지 먼저 확인한다.

03) 고배율로 관찰하게 되더라도 항상 대물렌즈의 최저배율렌즈(scanning objective lens)로 먼저 시작한다.

04) 광원의 밝기를 알맞게 조절한다. 너무 밝은 빛은 재료를 과다하게 밝게 함으로써 눈을 금방 피로하게 한다.

05) 쌍안현미경을 사용할 때는 문제없으나 단안현미경을 사용할 때는 두 눈을 모두 뜬 상태로 관찰한다. 이렇게 하는 것이 더 편안할 뿐만 아니라 스케치하기도 좋다. 보통 왼쪽 눈으로 현미경을 들여다보고 오른쪽 눈으로는 관찰 결과를 그리도록 한다. 두 눈을 뜨고 관찰하는 것이 처음에는 익숙지 않으면 한 눈을 손으로 가리고(그러나 두 눈은 도두 뜬 상태로) 관찰한다.

06) 살아 있는 조직을 관찰할 때는 되도록 밝기를 어둡게 한다. 너무 밝으면 오래 비칠 때 받침유리는 매우 뜨거워진다. 다른 표본을 바꾸어 관찰할 때는 일단 광원을 끈 다음에 갈아 끼워야 한다.

07) 안경을 낀 사람은 안경을 벗고 관찰하도록 한다.

08) 유침(oil immersion)시에는 지정된 유침액을 사용하여야 한다. 그러지 않으면 렌즈가 흐려지고 해상력이 떨어지게 된다.

09) 경통을 낮출 때는 대안렌즈를 보면서 낮추어서는 안 된다. 잘못하면 대물렌즈가 슬라이드와 부딪혀 커버나 슬라이드는 깨어지고, 따라서 비싼 렌즈까지 손상을 입게 된다.

10) 현미경을 운반할 때는 반드시 두 손을 쓴다. 한 손으로는 경주를 잡고 다른 한 손으로는 경각을 받쳐 든다.

11) 현미경을 절대로 거꾸로 하지 말라. 대안렌즈가 떨어진다.

12) 렌즈를 닦을 때는 반드시 지정된 세척액과 렌즈종이를 사용하여 닦는다.

13) 받침유리가 깨졌거나 현미경의 기능에 이상이 있으면 반드시 조교에게 알린다.

14) 대안렌즈로 관찰하는 중에는 조동나사로 대물렌즈와 받침우리 간의 거리를 좁히지 않는다.

15) 고배율로 초점을 맞출 때 조동나사는 절대로 사용하지 않는다.

16) 액체가 들어 있는 받침유리는 반드시 덮개유리(coverslip)를 덮어서 관찰한다. 또한 현미경의 재물대를 기울게 하지 않는다.

17) 재물대에 재료 등이 엎질러지면 즉시 닦는다. 현미경을 억지로 조작하지 않는다. 잘 안되면 조교에게 알린다.

18) 사용 후에는 대물렌즈 회전판을 돌려서 저배율의 대물렌즈가 경통 밑에 오게 한다.

실험보고서

조번호:	이름:
학번:	학과:
실험일자:	제출일자:

1) 현미경을 그리고 각 부위의 명칭을 기입하시오.

2) 신문지 조각을 슬라이드글라스에 오려놓고 글자와 현미경 시야에 맺힌 상의 위치관계를 비교하여 그 결과를 스케치하시오.

문제 및 토의

1) 현미경의 역할은 무엇인가?

2) 신문지 조각 위의 글자와 현미경 시야에 맺힌 상의 글자의 위치관계를 비교하시오.

3) 고배율로 보았을 때 그 시야의 크기는 저배율의 경우에 비해 어떠한가?

4) 슬라이드를 오른편에서 왼편으로 옮겨주면, 현미경으로 보는 상은 어느 쪽으로 옮겨가는가?

5) 슬라이드를 자기 앞으로 당겼을 때에는 상이 어떻게 옮겨가는가?

6) 저배율에서 고배율로 대물렌즈를 바꾸면 시야 속의 위치는 바뀌는가?

7) 고배율에서는 시야의 밝기가 저배율 때보다 어떤가?

실험 03

3대 영양소 검출

1 목 적

생체 주요 구성성분인 탄수화물, 단백질, 지방의 특성과 기능을 이해하고 발색반응에 의한 검출 방법을 습득한다.

2 이 론

I 단백질 검출반응

단백질(protein)은 아미노산이 펩티드 결합으로 연결된 복잡한 사슬구조의 고분자 물질이다. 아미노산은 탄소에 아미노기($-NH_2$)와 카르복실기($-COOH$)가 붙어 있는 것이 특징이다. 자연계에는 20여 종의 아미노산이 있는데, 이는 아미노산이 가지는 R기의 종류에 따라 구분된다. 이와 같이 연결된 아미노산들은 특이한 효소들의 작용으로 분리될 수 있는데 이때에는 하나의 아미노산이나 아미노산 몇 개가 연결된 형태의 짧은 폴리펩티드가 생성된다. 펩신(pepsin)과 같은 효소를 단백질에 처리하면 몇몇 아미노산을 연결하는 화학적 결합이 파괴되어 짧은 폴리펩티드들이 생성된다. 이와 같은 결과로 생성된 폴리펩티드들은 단백질의 원 구성물질을 결정하기 위해 분석될 수 있다.

단백질의 존재를 증명하는 데에는 발색반응을 이용한다. 이것은 단백질 분자에 포함된 반응기가 특수한 시약과 어울려 나타내는 반응이다. 뷰렛시약은 단백질과 폴리펩티드를 검출하기 위해 사용한다. 뷰렛시약은 원래 푸른색을 나타낸다. 그러나 단백질과 반응하면 자주색을 나타내고 짧은 폴리펩티드와 반응하면 분홍색으로 변하게 된다.

1 뷰렛반응에 의한 단백질 검출

뷰렛은 알칼리성 $CuSO_4$와 반응하여 보라색의 착화합물을 만든다. 두 개 이상의 펩티드 결합을 가진 화합물도 마찬가지로 유사한 착화합물을 만들며 단백질의 경우에는 청자색 또는 적자색을 나타낸다. 이 원리를 이용하여 단백질을 정량한다. 보통 이 방법으로는 약 1~10 mg의 단백질을 정량할 수 있지만, 미량 뷰렛법은 약 0.25~2.0 mg까지 정량할 수 있는 감도를 가진다. 착화합물의 색은 1~2시간 동안은 안정하지만, 그 이상의 시간에서는 점점 색도가 증가한다.

2 닌히드린 반응

α-아미노산, 펩티드 및 단백질들은 pH 4~8에서, 그리고 100°C 근처에서 닌히드린과 반응하여 자주색 또는 붉은 자주색의 착색물질을 만든다. 착색물질의 색깔은 아미노산에 따라 다르며, 아미노산인 프롤린과 히드록시프롤린의 경우에는 황색이다. 1차 아민과 NH_3도 양성반응을 나타내지만, 이때는 CO_2가 유리되지 않는다. 닌히드린 시험은 매우 예민하기 때문에 아미노산 및 단백질의 확인에 보편적으로 쓰일 뿐 아니라 아미노산의 정량에도 이용된다.

3 아미노산의 크로마토그래피

크로마토그래피는 혼합물로부터 그 성분을 순수하게 분리하거나 확인, 정량하는 가장 편리한 방법의 하나이다. 물에는 녹지 않으나 유기용매에 잘 녹는 물질은 흡착제에 대한 흡착성의 차이를 이용하여 분리할 수 있고, 이온화하는 수용성 물질을 분리하는 데에는 이온교환 크로마토그래피가 이용된다. 또 혼합물의 성분들이 서로 섞이지 않는 두 가지 용매(예: 물과 부탄올)에 다 같이 녹지만, 이 두 용매에 대한 용해도가 다를 경우 분배 크로마토그래피에 의해 그 성분을 각각 분리할 수가 있다.

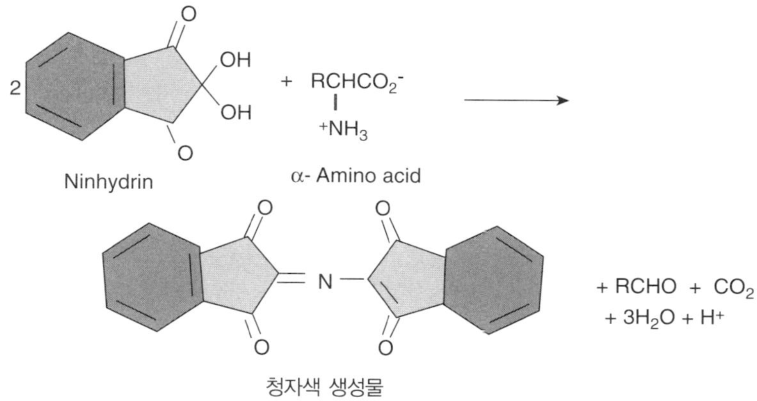

[그림 3.1] 닌히드린 반응

종이 크로마토그래피는 원리상으로 분배 크로마토그래피의 일종이다. 종이 크로마토그래피에 있어서 거름종이에 흡착된 용매(물)는 정지상(stationary phase) 구실을 하고, 물과 잘 섞이지 않는 유기용매는 이동상(moving phase) 구실을 한다. 그리고 거름종이는 정지상의 지지체가 된다.

종이 크로마토그래피는 아주 미량(5 μg 또는 그 이하)의 물질을 정성적으로 확인하는 데 매우 편리한 방법이다. 간단히 말하면, 성분을 알지 못하는 혼합물과 성분을 알고 있는 표준시료를 각각 같은 종이에 점적한 후 전개용매에 담근다. 이때 전개용매는 모세관 현상에 의해 종이를 따라 위쪽으로 이동하거나(상행전개법), 중력에 의해 종이의 아래쪽으로 이동하게 된다(하행전개법). 이때 시료의 성분들도 용매와 함께 이동하지만, 이동하는 동안에 물과 유기용매에 대한 용해도(분배계수)의 차이에 따라 이동속도가 다르다. 즉 유기용매에 잘 녹는 성분은 덜 녹는 성분보다 멀리까지 이동한다.

종이 위에서 분리된 각 성분의 위치는 이들이 무색일 경우, 적당한 발색시약을 뿌려서 쉽게 확인될 수 있다(발색시약인 닌히드린은 아미노산과 펩티드 및 단백질과 pH 4~8, 100°C에서 잘 반응하며 자주색 또는 붉은 자주색의 착색물질을 만든다. 이 닌히드린 시험은 매우 예민하기 때문에 아미노산 및 단백질의 확인에 보편적으로 쓰일 뿐만 아니라, 아미노산의 정량에도 쓰인다). 이와 같이 하여 성분을 모르는 시료들의 이동거리와 성분을 알고 있는 표준시료들의 이동거리를 서로 비교함으로써 성분을 모르는 혼합물의 구성물질을 확인할 수 있게 되는 것이다. 각 성분의 이동거리는 용매의 이동거리에 대한 시료의 이동거리의 비로서 Rf 값으로 나타낸다. 어떠한 혼합물의 Rf 값은 똑같은 조건하에서는 일정하지만, 온도나 용매의 pH, 거름종이 및 용머의 종류에 따라 달라진다.

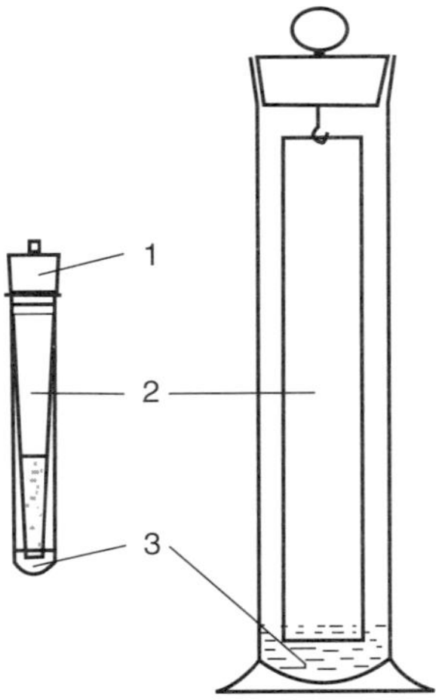

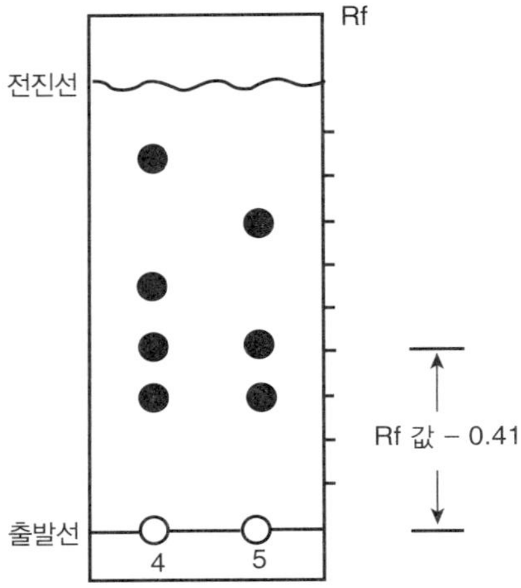

1. 코르크 마개 2. 거름종이 3. 용매 4. 비교물질 5. 시료

$$R_f = \frac{\text{시료의 이동거리}}{\text{용매의 이동거리}}$$

[그림 3.2.1] 종이 크로마토그래피

[그림 3.2.2] 2차원 종이 크로마토그래피

II 탄수화물 검출반응

탄수화물(carbohydrate)은 탄소, 수소 및 산소가 1 : 2 : 1(CH_2O)의 비율로 함유된 화합물로서, 그 분자 내에 알데히드 또는 케톤기를 가지고 있다. 분자 내에 이들 알데히드 또는 케톤기를 하나 가지고 있는 탄수화물은 단당류(monosaccharide)라고 하고, 이 단당류가 두 분자 결합하여 형성된 물질이 이당류(disaccharide)이고, 많은 분자가 결합된 것이 다당류(polysaccharide)이다. 또 단당류는 탄소의 수에 따라서 3탄당(triose), 4탄당(tetrose), 5탄당(pentose), 6탄당(hexose) 등으로 나누어진다. 이 중에서 5탄당에 속하는 리보오스(ribose)와 데옥시리보오스(deoxyribose)는 핵산의 성분으로 잘 알려져 있고, 6탄당의 포도당(glucose)과 과당(fructose)은 생물체 내에서의 에너지대사에서 특히 중요한 물질이다. 이당류에 속하는 화합물로서는 설탕(sucrose), 맥아당(maltose), 젖당(lactose) 등이 있고, 다당류에는 녹말(starch), 글리코겐(glycogen), 섬유소(cellulose) 등이 있다.

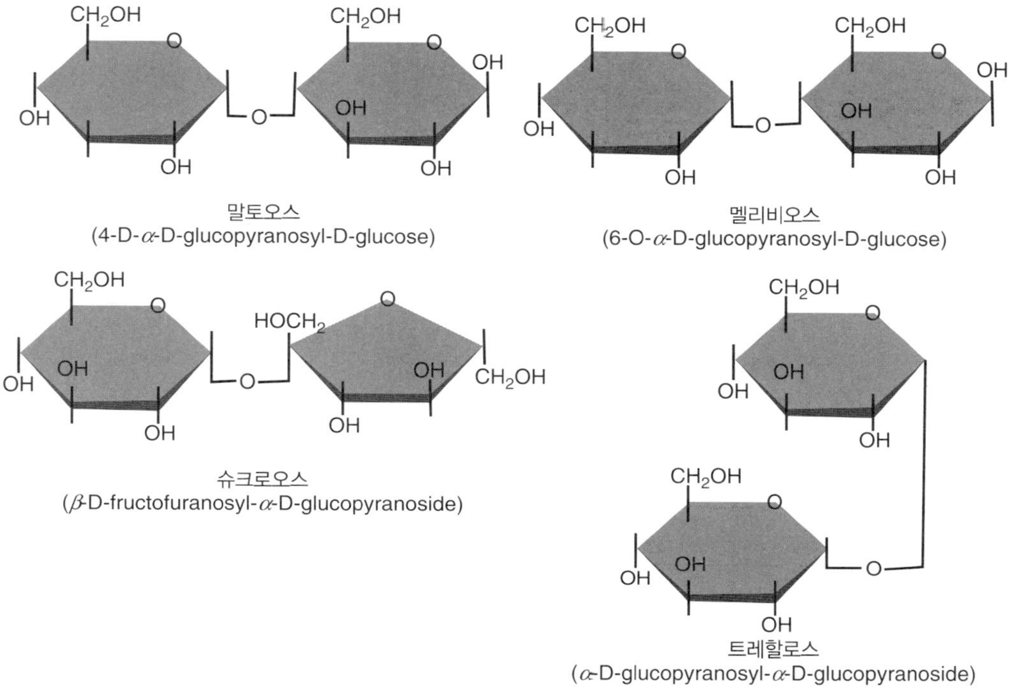

[그림 3.3] 이당류(말토오스, 멜리오비오스, 슈크로오스, 트레할로스)의 구조

1 베네딕트의 의한 당의 검출

베네딕트 시약은 환원성을 가진 탄수화물에만 선택적으로 작용하며, 환원당의 알칼리 용액에서 Cu염을 환원시켜 적갈색의 산화 제1동(Cu_2O)의 침전물을 형성한다.

$$\underset{\text{(베네딕트 용액)}}{CuSO_4} \xrightarrow{OH^-} Cu(OH)_2 + \text{당} \rightarrow Cu_2O \downarrow + H_2O + \text{산화된 당}$$

베네딕트 시험은 fehling 시험과는 달리 한 가지 시약용액을 쓰기 때문에 편리하다. 뿐만 아니라 fehling 용액에 비해 알칼리성이 훨씬 약하므로 더 안정하며, 환원성을 가진 탄수화물에 대하여 선택적으로 작용한다.

2 Fehling 시험

Fehling 시험에 있어서, $CuSO_4$는 알칼리와 반응하여 $Cu(OH)_2$로 되고 이것이 환원성을 가진 탄수화물에 의해 환원되어 적갈색의 Cu_2O로 변환다.

$$2\ Cu(OH)_2 \rightarrow Cu_2O + H_2O + [O]$$

Fehling 시험에서는 $CuSO_4$ 용액(A용액)과 타르타르산나트륨(Na-K-tartarate)의 알칼리 용액(B용액)을 각각 따로 만들어 두었다가 시험하기 직전에 이 두 용액을 똑같은 부피만큼 취하여 섞어 쓴다. 타르타르산과 같은 알코올 OH기를 가진 유기화합물은 일반적으로 2가의 구리화합물과 더불어 용해성 착화합물을 만들며, 따라서 이것을 쓰면 $Cu(OH)_2$의 용해도가 커지고, 시약의 안정성도 커진다.

Fehling 시험은 환원성 탄수화물을 확인하는 고전적 방법으로서 널리 이용되어 왔으나, 지금은 주로 베네딕트 시험이 많이 이용되고 있다. Fehling 시약은 요 속에 있는 요산염(urate)과도 반응할 만큼 예민하기 때문에, 요에 포함되어 있는 글루코오스를 검출하는 데는 부적당하다. 또 과량의 암모니아나 암모늄염도 이 시험을 방해하는 요인이 된다.

III 지질 검출반응

생체를 구성하고 있는 물질 중 물에 녹지 않는 유기 화합물을 지질이라고 하며 중성지방(fat), 인지질(phospholipid) 및 스테롤(sterol) 등이 있다. 이중 중성지방은 글리세롤(glycerol) 한 분자와 지방산(fatty acid) 세 분자가 에스테르 결합을 하여 이루어진 물질인데, 상온에서 고체인 것은 지방(fat), 액체상태인 것은 기름(oil)이라 한다. 인지질은 생체막 구성 성분으로 중요한 역할을 한다. 지질은 비극성 유기 용매인 클로로포름, 에테르, 벤젠 등에 용해되며 종류에 따라 용해도가 다르며, 지질의 염색에는 Sudan III를 주로 사용하고 이 염료는 지질을 선택적으로 염색한다.

3 시약 및 재료

I 단백질 검출반응

1 뷰렛반응에 의한 단백질 검출

- 5% 알부민 용액
- 펩신을 처리한 5% 알부민 용액
- 뷰렛시약

2 닌히드린 반응

- 아미노산－글리신, 티로신, 트립토판, 프롤린 등의 0.1% 수용액
- 단백질－알부민, 젤라틴의 1% 수용액
- 닌히드린(0.2% 수용액, 쓰기 전에 만들 것)
- 1% 암모니아수

표 3-1. 여러 가지 생체막의 지방산 성분(상대백분율)

	지방질의 종류	동물				박테리아	
		미엘린	적혈구	미토콘드리아	미크로솜	*E. coli*	*Bacillus megaterium*
포스파티드류	콜레스테롤	25	25	5	6	0	0
	포스파티딜 에탄올아민	14	20	28	17	100	45
	포스파티딜 세린	7	11	0	0	0	0
	포스파티딜 콜린	11	23	48	64	0	0
	포스파티딜 이노시톨	0	2	8	11	0	0
	포스파티딜 글리세롤	0	0	1	2	0	45
	카르디오리핀	0	0	11	0	0	0
스핑고리피드류	스핑고미엘린	6	18	0	0	0	0
	세라미드	1	0	0	0	0	0
	세레브로시드	25	0	0	0	0	0
	기타	11	1	0	0	0	10

3 아미노산의 크로마토그래피

- 5% 알부민 용액(가수분해되지 않은 단백질)
- Pancreatin을 처리한 5% 알부민 용액이나 아미노산 혼합물(가수분해된 단백질)
- 0.05M 알라닌, 아스파르트산, 글루탐산과 글리신 용액
- 전개용매(formic acid : isopripyl alcohol : water = 10 : 70 : 20)
- 0.1% 닌히드린 용액

II 탄수화물 검출반응

1 베네딕트에 의한 당의 검출

- 1% 포도당 용액
- 1% 엿당(maltose) 용액
- 1% 설탕(sucrose) 용액
- 1% 과당(fructose) 용액
- 1% 전분(starch) 용액
- 베네딕트 용액

▶ 베네딕트 용액의 제조법

① 용액 I의 제조 : 173 g의 시트르산 나트륨(sodium citrate)과 90 g의 무수 Na_2CO_3를 600 mL의 미지근한 물에 녹여 여과시킨다. 여기에 증류수를 더 가하여 850 mL가 되도록 한다

② 용액 II의 제조 : 17.3 g의 $CuSO_4 \cdot 5H_2O$를 물에 녹여 150 mL가 되도록 한다.

③ 용액 II를 용액 I에 천천히 저으면서 혼합한다.

3 Fehling 시험

- Fehling 용액 A
- Fehling 용액 B

▶ Fehling 용액의 제조법

① Fehling 용액 A − $CuSO_4 \cdot 5H_2O$ 35 g을 물에 녹여 500 mL가 되게 한다.

② Fehling 용액 B − 타르타르산나트륨칼륨(Rochelle염) 173 g과 NaOH 50 g을 함께 물에 녹여 500 mL가 되게 한다.

III 지질 검출반응

1 지질의 용해도

- 스테아르산(stearic acid)
- 버터
- 레시틴(lecithin)
- 에테르(ether)
- 아세톤(acetone)
- 에탄올(ethanol)
- 콩기름
- 라드(lard)
- 콜레스테롤(cholesterol)
- 클로로포름(chloroform)
- 벤젠(benzene)

2 수단 III에 의한 지질의 검출

- 5% 알부민 용액
- 수단 III 용액
- 글리세롤

▶ Sudan III 용액의 제조법

① Sudan III 분말 0.05 g을 95% 에탄올 5 mL에 녹인다.

② 글리세롤 5 mL를 넣어 혼합한다.

4 실험기구

I 단백질 검출반응

1 뷰렛반응에 의한 단백질 검출

- 시험관
- 스포이드

2 닌히드린 반응

- 모세관 6개
- 여과지
- 건조오븐
- 분무기
- 전개용기(안쪽에 여과지로 둘러 싸 놓은 용기)
- 연필

II 탄수화물 검출반응

- 시험관
- 비커
- 알코올 램프
- 삼발이
- 석면망

III 지질 검출반응

1 지질의 용해도

- 시험관
- 피펫
- 스포이드
- 알코올 램프

2 수단III에 의한 지질의 검출

- 스포이드

5 실험방법

I 단백질 검출반응

1 뷰렛반응에 의한 단백질 검출

① 2개의 시험관에 5% 알부민 용액과 펩신을 처리한 5% 알부민 용액을 각각 2 mL씩 넣는다.

② 스포이드를 이용하여 각 시험관에 뷰렛시약을 색 변화가 일어날 때까지 방울방울 떨어뜨린 다음 관찰한 결과를 기록한다.

2 닌히드린 반응

시험관에 약 1 mL의 시료용액을 취하여 그 pH를 대략 중성으로 조정한 후 닌히드린 용액을 5방울 정도 가하여 2분간 끓이면서 색의 변화를 관찰한다. 글리신의 농도를 묽혀 가면서 색의 변화가 관찰되지 않는 한계농도를 결정한다.

3 아미노산의 크로마토그래피

① 여과지의 아래쪽으로부터 1.5 cm 위에 연필로 평행선을 긋는다. 이 평행선의 한쪽 끝에서 2.5 cm 떨어진 지점부터 2 cm 간격으로 6개의 점을 찍는다. 각각의 점 아래쪽에 "가수분해되지 않은 단백질", "가수분해된 단백질", "알라닌" 등의 해당시료의 이름을 표시한다.

② 깨끗한 모세관을 5% 알부민 용액에 담가 용액을 묻힌다. 이 모세관의 끝을 여과지의 "가수분해되지 않은 단백질"로 표시된 첫 번째 점에 접촉하여 용액이 여과지로 흡수되도록 한다. 이때 생기는 점이 작으면 작을수록 해상력이 좋기 때문에 한꺼번에 모세관 내의 시료가 흡수되지 않도록 주의하며 직경이 0.5 cm 이내가 되도록 한다.

③ 첫 번째 점적된 시표가 마르는 동안에 다른 시료들을 각 해당 표지 위치에 점적한다. 이때 다른 시료들에 대해서는 각각의 새로운 모세관을 이용하여야 한다.

④ 점적된 시료들이 완전히 마른 후에 다시 첫 번째부터 여섯 번째 시료까지 위와 동일한 방법으로 다시 점적한다. 이때 역시 모세관이 서로 바뀌지 않도록 주의하여야 한다.

⑤ 적어도 3번 이상 위의 방법을 반복하여 각 시료들을 여과지에 점적한다. 이때 한 단계가 끝나면 시료를 완전히 마르게 한 후에 다음 단계를 실시한다.

⑥ 시료가 완전히 마른 후에 조심스럽게 여과지를 원통형으로 말은 다음 양쪽 끝을 지철기로 철한다. 전개용기에 전개용매가 약 1 cm 높이로 들어 있는지를 확인한다. 전개용기의 마개를 연 후 시료가 점적된 원통형의 여과지를 집어넣는다. 이때 점적된 평행선은 반드시 전개용매 위쪽에 위치하도록 하여야 하며 원통형의 여과지는 전개용기에 닿아서는 안 된다. 전개용기의 마개를 완전히 돌려 밀폐시킨다.

⑦ 전개용매가 여과지의 위쪽 끝에서 약 1 cm 아래까지 전개되면 전개용기의 마개를 열고 조심스럽게 원통형의 여과지를 꺼내어 평평하게 만든 다음 연필로 즉시 위쪽 전개용매의 위치를 표시해 둔다.

⑧ 여과지를 바람을 이용하여 건조시킨다. 완전히 마른 여과지는 분무기를 이용하여 닌히드린 용액을 뿌린 다음 건조오븐에서 말려 발색시킨다.

⑨ 여과지의 발색이 끝나면 오븐에서 꺼내 연필로 발색점에 원을 그린다. 발색된 점은 시간이 지나면 사라질 수도 있기 때문에 반드시 그 윤곽을 연필로 표시해 두어야만 한다. 또한 발색된 점의 색깔도 표시해 두어야만 한다. 각각의 발색점에 대한 Rf 값을 계산한다. 측정된 Rf 값을 이용하여 가수분해된 단백질에서의 아미노산 조성을 확인한다.

주 | 의 | 사 | 항

1) 손에 묻어 있는 단백질이 실험결과를 혼돈시킬 수 있기 때문에 전개여과지는 가장자리만 만지도록 한다. 만일 펜을 사용하면 잉크에 들어 있는 색소들이 분리될 수 있기 때문에 여과지에 표시하기 위한 도구로는 반드시 연필을 사용한다. 전개용기는 전개여과지를 집어넣고 제거할 때 외에는 열지 않는다. 전개 용기 안에 용매가 충분히 포화되도록 안쪽에 둘러놓은 여과지는 제거하지 말아야 한다.
2) 자주 전개상황을 확인하여 용매가 여과지의 위쪽 끝까지 완전히 전개되지 않도록 하여야 한다.
3) 닌히드린 용액은 독성물질이다. 분무는 반드시 후드 안에서 한다. 그러나 후드가 없다면 직접적으로 가스를 들여마시지 않도록 분무해야만 한다.

II 탄수화물 검출반응

1 베네딕트에 의한 당의 검출

① 시험관에 시료(포도당, 과당, 설탕, 엿당, 전분 용액)를 10방울씩 넣는다.

② 베네딕트 용액 2 mL씩을 넣는다.

③ 끓는 물에서 5분간 중탕시킨다.

④ 시험관을 꺼내어 침전물의 유무와 시료의 색을 관찰, 기록한다.

2 Fehling 시험

Fehling 용액 A액의 일정량에 같은 부피의 B액을 섞은 다음, 5방울 정도의 시료용액을 넣고 끓인다.

III 지질 검출반응

1 지질의 용해도

① 잘 말린 시험관에 에테르, 클로로포름, 아세톤, 벤젠, 에탄올을 약 1 mL씩 넣고, 각 시료를 한 방울 또는 조금씩 가하여 용해되는가를 조사한다.

② 에탄올에 잘 녹지 않는 시료는 가열하여 용해 여브를 확인한다.

2 수단 III에 의한 지질의 검출

① 5% 알부민 용액과 글리세롤을 각각 1 mL씩 시험관에 준비한다.

② 수단 III 용액을 1방울 첨가한다.

③ 염색되는 시험관을 확인한다.

실험보고서

단백질 검출반응

조번호:	이름:
학번:	학과:
실험일자:	제출일자:

1) 뷰렛반응의 결과를 시료용액에 따른 색 변화로 기록하시오.

2) 글리신의 농도를 묽혀가면서 색의 변화가 관찰되지 않는 한계농도를 관찰하시오.

3) 용매의 전개위치와 각 발색점의 위치 및 색깔을 표시하고, 이 결과를 토대로 Rf 값을 계산하시오.

4) 닌히드린 반응시 CO_2와 NH_3가 유리되는 첫 단계 반응에서, 닌히드린은 산화제 구실을 하였는가? 또는 환원제 구실을 하였는가?

5) 뷰렛반응은 어떤 용액의 색깔이 변한 것인가?

실험보고서

탄수화물 검출반응

조번호:	이름:
학번:	학과:
실험일자:	제출일자:

1) 베네딕트에 의한 당의 측정실험 결과를 아래표에 기록하시오.

	색깔	침전물의 유무	당 여부
포도당			
과당			
설탕			
엿당			
전분			

① 당 중에서도 색깔의 차이 및 침전물의 양에 차이가 있는 이유를 알아보시오.

② 베네딕트 용액에 염색되는 당과 염색되지 않는 당의 화학적 구조상의 차이점을 비교하시오.

2) Fehling 시험시료 용액의 혼합시 색깔의 변화는 어떠하였는가?

실험보고서

지질 검출반응

조번호:	이름:
학번:	학과:
실험일자:	제출일자:

1) 지질의 용해도 실험에서 용매에 대한 용해도를 기록하시오.

	물	에테르	클로로포름	아세톤	벤젠	에탄올
스테아르산						
콩기름						
버터						
라드						
레시틴						
콜레스테롤						

(표시방법 : ++잘 용해됨, +어느 정도 용해됨, −용해되지 않음)

2) 수단 III에 의해 염색된 결과를 기록하시오.

3) 지질 검출시 염색약으로 수단 III용액을 사용하는 이유를 쓰시오.

실험 04

동물세포 및 식물세포 관찰 (양파표피세포, 구강상피세포)

1 목 적

식물세포와 동물세포의 차이점을 양파의 표피세포와 구강표피세포를 관찰함으로써 이해한다.

2 이 론

I 진핵세포의 구조

① 원형질막(plasma membrane): 세포내 · 외로 물질의 출입을 조절한다.
단백질이 박혀 있는 인지질 이중층으로 반투과성 막을 말한다.

② 핵(nucleus): 핵막(이중막)으로 싸여진 염색체를 포함하고 있는 세포의 조절 중추이며, 핵 안에는 염색사와 인, 핵질이 존재한다.

③ 세포질(cytoplasm): 세포 내에서 핵과 세포소기관을 제외한 세포 부위이다.

④ 세포소기관: 막으로 구획화 되어 있다.

㉠ 소포체(endomembrane reticulum): 단백질 수송에 관여하며, 활면소포체(SER)과 조면소포체(RER)로 나누어진다.

㉡ 리보솜(ribosome): 단백질 합성기관이다.

㉢ 골지체(Golgi complex): 세포로부터 외부로 수송하는 단백질을 농축하고 포장한다.

㉣ 미토콘드리아(mitochondria): 세포호흡에 관여하며 에너지를 생산하고, 이중막을 가지며 DNA를 가지고 있다.

㉤ 미소체(microbody): 단위막, 과산화수소의 생성과 파괴에 관여하며, 퍼옥시좀(peroxysome)과 글리옥시솜(glyoxisome)으로 나누어진다.

㉥ 섬모(cilium)와 편모(flagellum): 운동에 관여한다.

㉦ 세포골격(cytoskeleton): 미세섬유(microfilament), 미세소관(microtubule), 중간섬유(intermediate filament)로 구성된다.

II 동물세포와 식물세포의 차이점

1 동물세포의 특수구조

① 중심립(centrioles): 세포분열에 관여하지만 기능이 확실히 밝혀지지 않았으며, 중심립 두 개가 모여 이루어진 구조물이다.

② 리소좀(lysosome): 단위막으로 둘러싸여 있으며 가수분해효소를 가지고 있다.

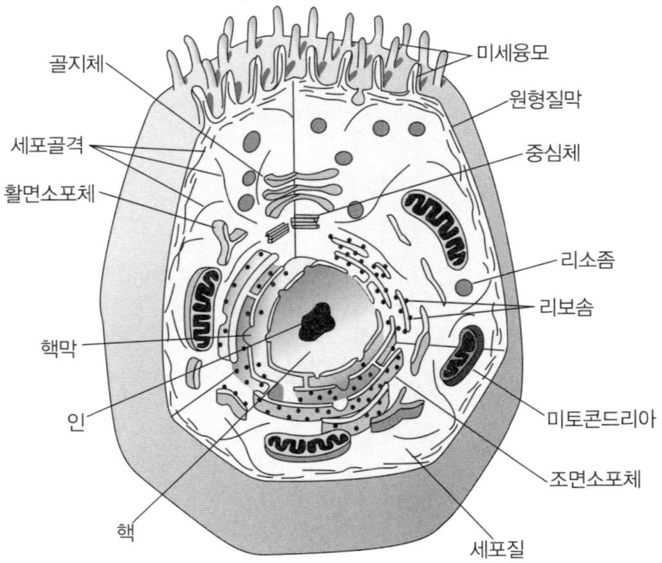

[그림 4.1] 동물세포 모식도

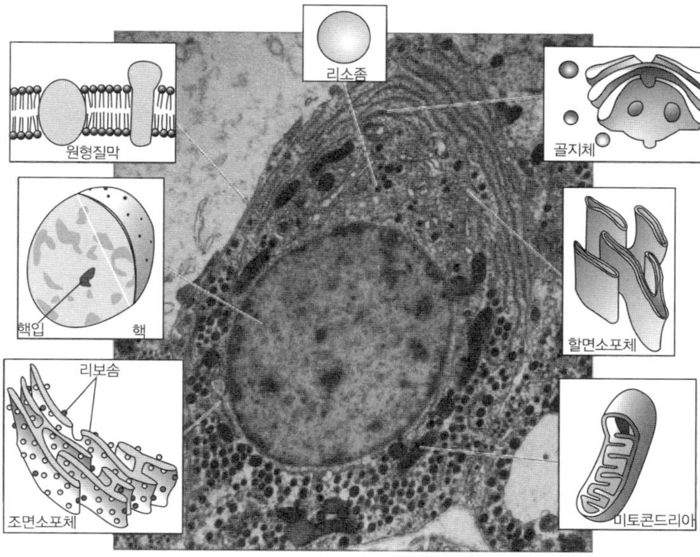

[그림 4.2] 동물세포 전자현미경 사진

2 식물세포의 특수 구조

① 액포(vacuole): 저장소로 많은 양의 물과 설탕, 이온, 색소 등의 물질을 포함하고 있다.

② 세포벽(cell wall): 보호와 지지의 역할을 하며 셀룰로즈(cellulose), 헤미셀룰로즈(hemicellulose), 펙틴(pectin)으로 구성되어 있다.

- 일차벽(primary walls): 세포가 성장할 때에 형성된다.
- 중간층(middle lamella): 이웃하고 세포 사이를 말하며 끈적한 물질로 세포 사이의 접착제 역할을 한다.
- 이차벽(secondary walls): 충분히 팽창한 세포의 일차벽 안쪽에 축적된다.

③ 엽록체(chloroplast): 이중막으로 광합성이 일어나는 장소이며 DNA를 가진다.

- 그라나(grana): 빛과 물을 사용하여 NADPH와 ATP를 만드는 명반응 장소이다.
- 스트로마(stroma): NADPH와 CO_2를 이용하여 포도당을 합성하는 암반응 장소이다.

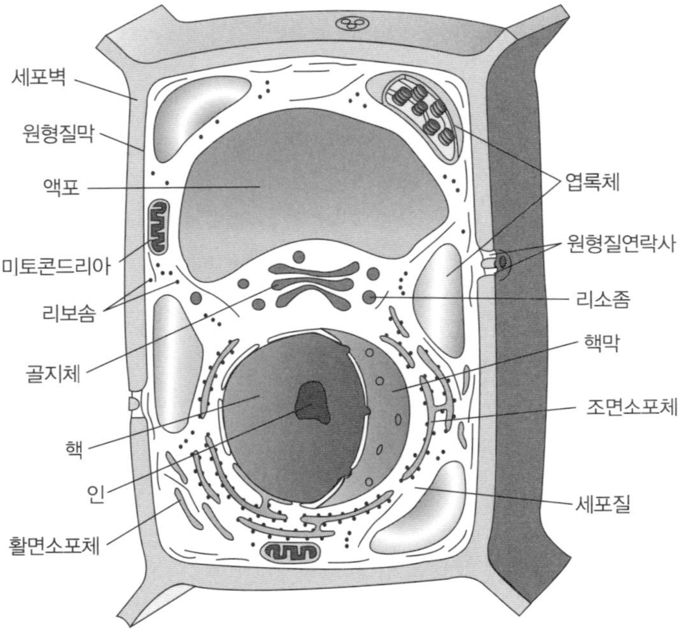

[그림 4.3] 식물세포 모식도

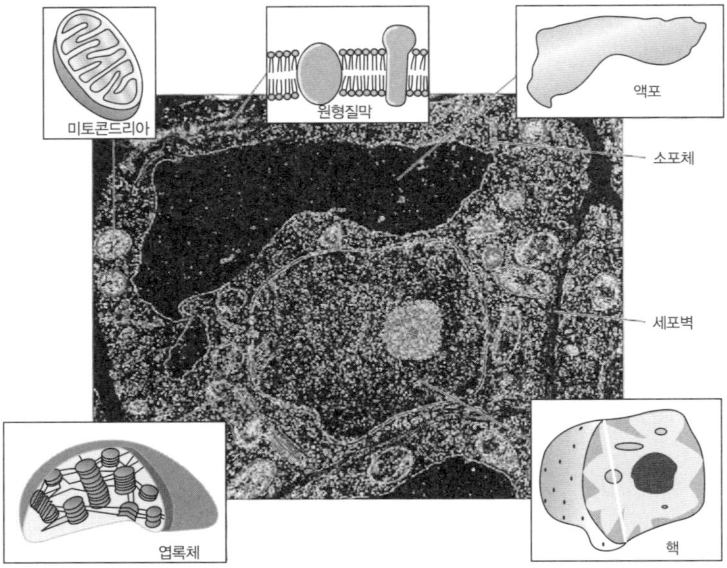

[그림 4.4] 식물세포 전자현미경 사진

III 시약 및 재료

- 슬라이드글라스
- 커버글라스
- 증류수
- 70% 알코올
- methylene blue
- acetocarmine
- 양파(Allium cepa)
- 이쑤시개
- 여과지
- 혈청분리관

IV 실험방법

1 동물세포의 관찰

① 이쑤시개의 끝부분으로 입 속의 뺨 표면을 가볍게 긁는다. 너무 세게 긁어 상처가 나지 않게 조심한다. 피가 나게 되면 혈구 세포로 인해 표피세포를 관찰하기 어렵기 때문이다.

② 묻어나온 것을 깨끗한 슬라이드글라스 위에 가볍게 문질러 넓게 편다.

③ 재료 위에 1~2방울의 70% alchol을 떨어뜨려 1~2분동안 고정 시킨다.

④ alchol이 다 마르면 1~2방울의 methylene blue를 재료 위에 떨어뜨리고 2분간 둔다.

⑤ 커버글라스로 덮은 후(기포가 생기지 않도록 커버글라스를 비스듬히 밀며 덮어야 함) 남은 염색액을 여과지로 제거한다.

⑥ 현미경으로 저배율에서 고배율로 관찰 후 스케치한다.

2 식물세포의 관찰

① 양파 인경의 표피를 면도칼로 가로, 세로 5 mm 크기로 자른 후 핀셋으로 벗겨낸다.

② 벗겨진 표피를 슬라이드글라스 위에 놓고 증류수를 1~2방울 떨어뜨린다.

③ 여분의 증류수를 여과지로 닦아내고 70% 알코올을 떨어뜨려 1~2분동안 고정하고 acetocarmine을 1방울 떨어뜨려 2분간 염색한다.

④ 커버글라스를 덮은 후(기포가 생기지 않도록 커버글라스를 비스듬히 밀며 덮어야 함) 남은 염색액을 여과지로 제거한다.

⑤ 현미경으로 저배율에서 고배율로 관찰 후 스케치한다.

실험보고서

조번호:	이름:
학번:	학과:
실험일자:	제출일자:

1) 식물세포(양파표피세포)와 동물세포(구강상피세포)를 관찰 한 후 스케치 해보자.

2) 식물세포를 관찰할 때에는 아세트산카민을 쓰고 동물세포를 관찰할 때에는 메틸렌블루를 쓰는 이유는 무엇인가?

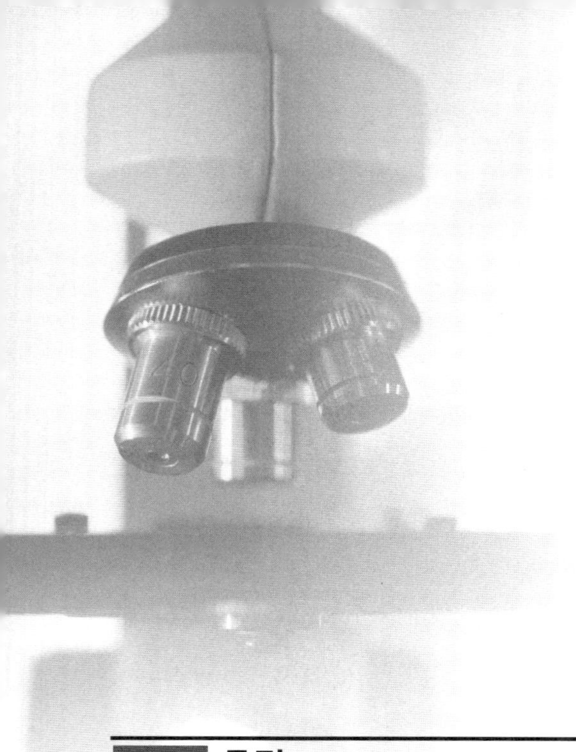

실험 05

식물세포 및 조직 관찰

1 목적

생물체의 구조와 기능을 아는 것은 생명현상을 이해하기 위한 가장 기본적인 일이다. 식물이나 동물은 모두 특징 있는 구조를 가지며, 제각기 다른 기능을 수행한다. 식물과 동물 및 모든 생물이 하나의 생명체로부터 진화했기 때문에 세포, 조직 및 기관의 구조상 많은 부분에서 공통성을 가지고 있으나, 오랜 진화과정을 통해 제각기 다른 환경에 적응하여 서로에게 적합한 구조를 형성하고 있기 때문에 생물의 종류마다 제각기 다른 구조를 가지고 있다.

식물체의 구조와 기능을 알기 위해 조직과 조직을 이루는 세포의 구조를 먼저 이해하여야 한다. 따라서 본 실험에서는 식물체 잎의 내부구조를 통한 식물체의 여러 조직을 관찰하여 식물체의 구조와 기능을 이해하고, 양파의 표피세포를 통해서 식물세포의 구조와 기능을 이해하고자 한다. 또한 식물체 잎의 내부구조에서는 책상조직(palisade parenchyma), 해면조직(spongy parenchyma), 유관속(vascular bundles) 등을 관찰하고, 상표피와 하표피에서의 차이점에 중점을 두어 관찰하며, 양파의 표피세포에서는 식물세포의 일반적인 구조를 관찰하고, 동물세포와의 차이점에 중점을 두어 관찰한다.

식물체의 여러 조직을 관찰하여 식물체의 구조와 기능을 이해하고, 양파의 표피세포를 통해서 식물세포의 구조와 기능을 이해하는 것이 이 실험의 목적이다.

2 이론

1 식물세포

세포는 구형인 핵이 중앙에 위치하고 있으며, 그 주위를 세포질이 둘러싸고 있다. 세포질은 세포막(cell membrane)에 의해 둘러싸여져 있다. 식물세포의 경우는 세포벽(cell wall)이 존재한다. 세포벽은 비교적 두껍고 단단하며, 탄수화물인 셀룰로오스(cellulose), 헤미셀룰로오스(hemicellulose)와 펙틴(pectin)과 같은 다당류가 주성분으로 구성되어 있다. 목본식물의 경우, 세포벽은 대단히 두껍고 단단하여 소위 목질을 이루고 있으며, 이런 세포벽의 내부에는 원형질을 둘러싸고 있는 매우 엷은 원형질막(plasma membrane)이 존재한다. 이것 이외의 세포의 중요한 구성성분은 미토콘드리아(mitochondria), 소포체(endoplasmic reticulum), 리보솜(ribosome), 골지체(golgi complex), 페옥시솜(peroxisome), 리소솜(lysosome), 중심체(centriole), 색소체(plastids), 액포(vacuole) 등이 있다.

색소체는 엽록소(chlorophyll)의 유무에 따라 엽록체(chloroplast)와 백색체(leucoplast)로 나누고, 카로티노이드(carotenoid)를 많이 함유하고 있는 것을 유색체(chromoplast)라 한다.

세포내 함유물(intracellular inclusion)을 세포의 후형질이라 하며, 여기에는 세포벽(cell wall), 녹말립(starch grain), 호분립(aleuron grain), 탄닌(tannin), 이눌린(inulin), 정유(essential oil), 무기물 결정 등이 있다(그림 5.1).

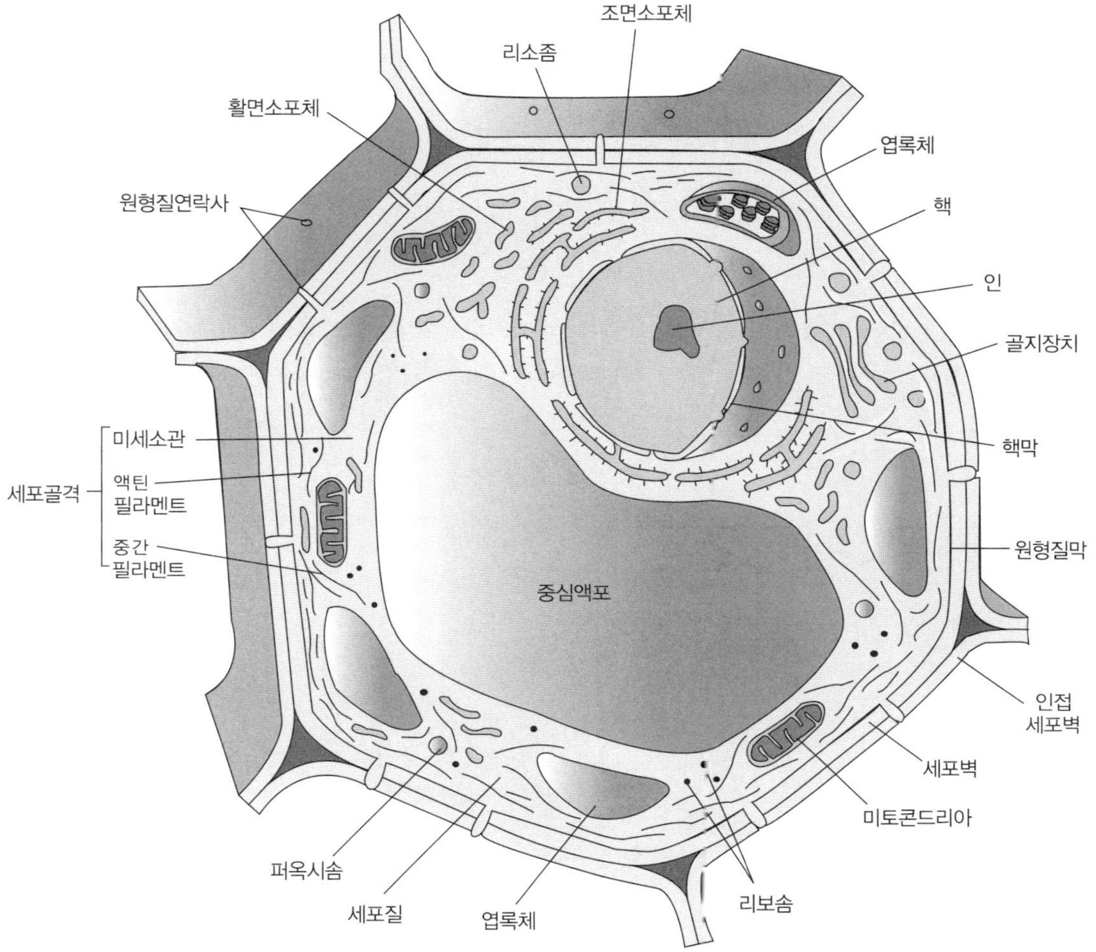

[그림 5.1] 식물세포의 구조

2 식물의 영양기관

종자식물은 6부분의 기관으로 구성되어 영양기관에 속하는 뿌리, 줄기 및 잎이 있으며 생식기관에 속하는 꽃, 열매 및 종자로 구분할 수 있다. 각각의 영양기관에 대한 구조 및 조직을 알아보면 다음과 같다(그림 5.2).

1) 뿌리

식물에 있어서 뿌리의 역할은 줄기를 지지하고, 땅 속에서 물과 영양분을 흡수하는 것이다. 또한 뿌리는 대사산물을 저장하는 저장기관으로 이용되기도 한다.

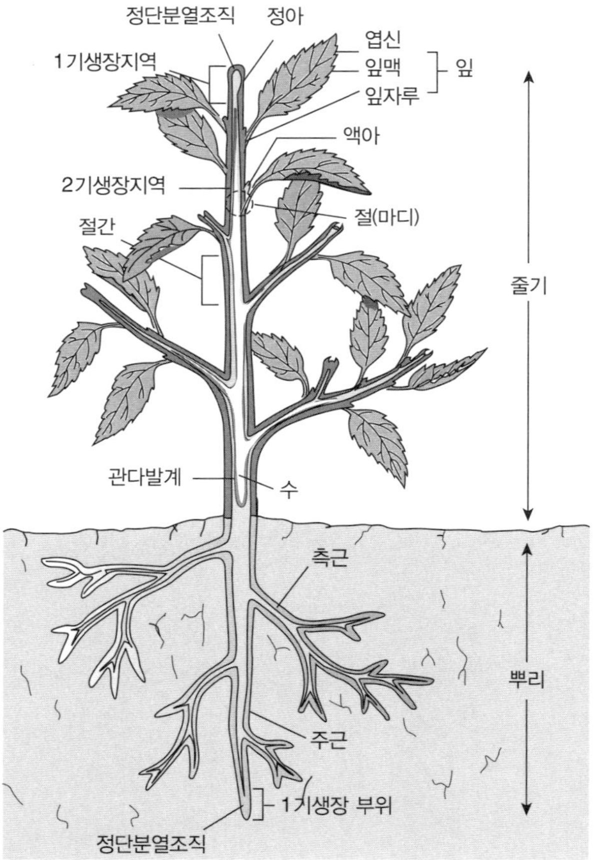

[그림 5.2] 식물체의 모식도

뿌리는 근단에 근관(root cap)이라는 유조직(parenchyma)이 있으며, 이 근관은 정단분열조직(apical meristem)을 보호하고 있다. 뿌리의 세포분열은 정단분열조직의 분화에 의해서 이루어지며, 이것에 의해 뿌리의 신장이 이루어진다.

뿌리의 종단면을 통해 관찰할 수 있는 것들은 근모, 중심주, 피층, 표피, 정단분열조직, 근관 등이 있다(그림 5.3).

뿌리의 횡단면을 통해 내부구조를 관찰하면, 가장 바깥쪽에 있는 한 층의 표피 안에 여러 층으로 이루어진 세포 간격이 발달한 피층이 있고, 그 안쪽에 세포 간격이 없이 한 줄의 세포로 된 내피(endodermis)가 있다. 어떤 식물에서는 피층의 가장 바깥쪽에 외피(dxodermis)가 있는 경우도 있다. 내피는 세포와 세포 사이가 두껍게 형성되어 있다. 이것을 카스파리점(casparian spot)이라고 한다. 또한 이 카스파리점은 종단해서 보면 대상으로 보이기 때문에 카스파리대(casparian stripe)이라고도 한다. 이 카스파리대는 일종의 유지질로 내피의 세포간격을 막고 있기 때문에 수분은 내피의 세포질을 통해서만 통과할 수 있다.

내피에 둘러싸여 있는 조직을 모두 중심주라고 하며 이 중심주의 가장 바깥층, 즉 내피의 바로 안쪽에는 대개 한 층 또는 여러 층의 유세포로 된 내초(pericycle)가 있는데, 이

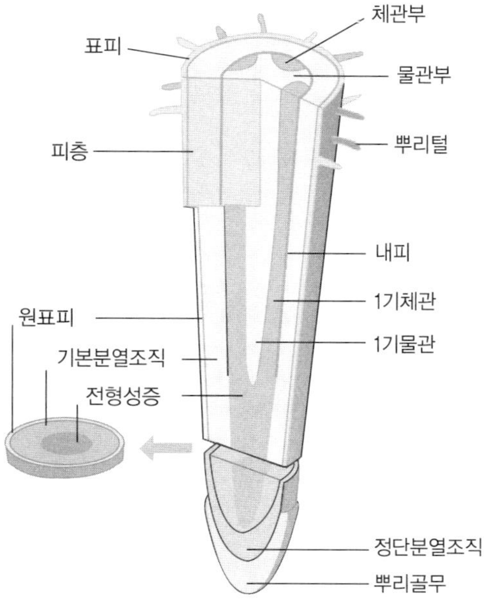

[그림 5.3] 뿌리 종단면의 주요 형태

것은 후에 측근(lateral root)발생의 모체가 된다. 중심부에는 세포막이 두껍고 크기가 큰 세포들이 방사상으로 배열되어 있는 목부가 있으며, 이 목부의 수는 일반적으로 2~7개이다. 목부는 바깥쪽에서 안쪽으로 구심적인 분화가 일어나며, 각 목부와 목부 사이에는 사부가 있다. 중심주의 중축에 수(pith)가 있는 경우도 있다(그림 5.4).

2) 줄기

줄기의 역할은 잎을 부착시켜 잎으로 하여금 햇빛을 잘 받을 수 있도록 해주며, 뿌리에서 빨아들인 물과 영양을 잎으로, 잎에서 만들어진 동화산물을 뿌리로 전달하거나 혹은 이를 저장하는 역할을 한다. 줄기의 분열은 정단분열조직의 세포분열에 의해 형성된다.

줄기 정단의 종단면에서 관찰되는 조직들은 엽원기, 정단분열조직, 기본분열조직, 측아분열조직등이 있다(그림 5.5).

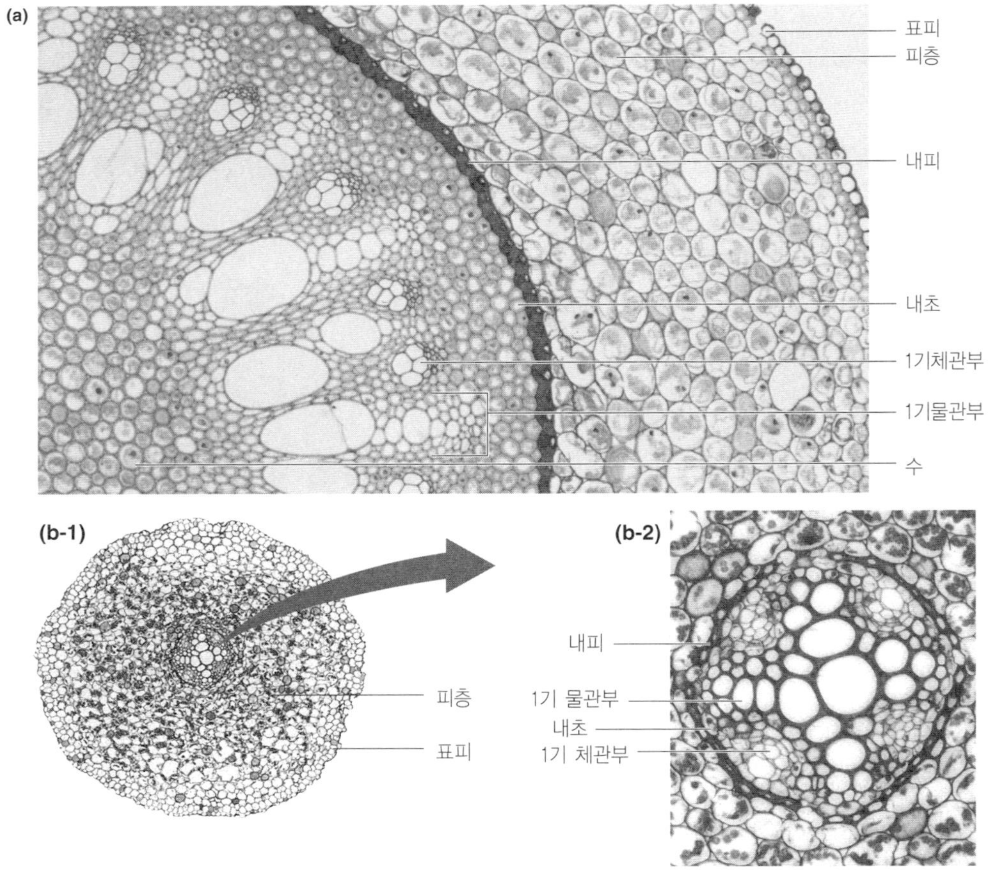

[그림 5.4] 단자엽식물(a)과 쌍자엽식물(b)의 뿌리의 내부 구조(횡단면)

줄기의 외부 형태를 관찰하면 정아, 아린, 측아, 절간, 절, 엽흔, 관속흔, 피목, 정아흔 등을 관찰할수 있다(그림 5.6).

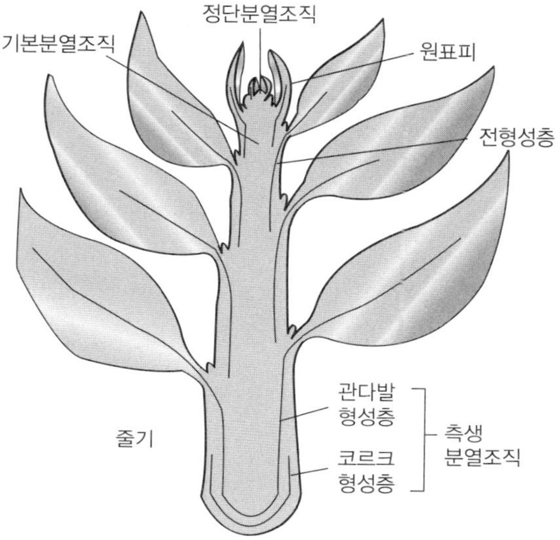

[그림 5.5] 줄기 정단의 종단면

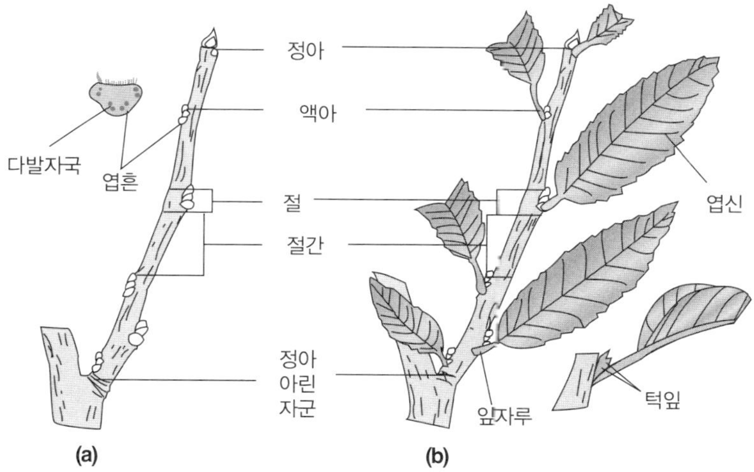

[그림 5.6] 줄기의 외부 형태

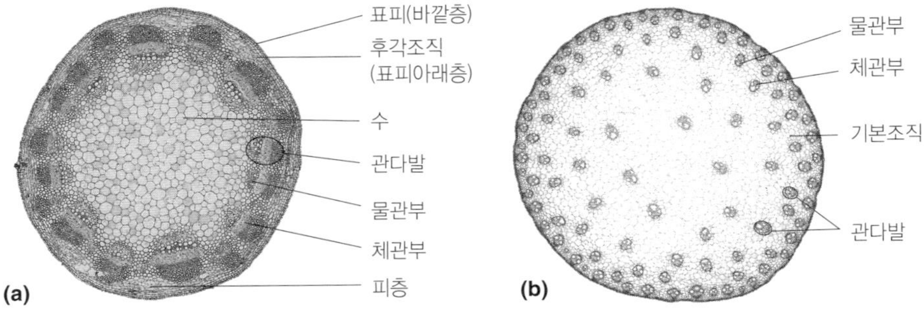

[그림 5.7] 단자엽식물(a)과 쌍자엽식물(b)의 줄기의 내부 구조

줄기의 내부형태는 식물의 종류에 따라 독특하여 분류학적으로나 계통학적으로 중요한 요인으로 다루어지고 있으며, 기본적인 단자엽식물과 쌍자엽식물의 내부형태는 그림 5.7과 같다.

3) 잎

식물에 있어서 잎은 광합성과 증산작용을 하는 중요한 영양기관이다. 잎은 크게 엽신(leaf blade)과 엽병(petiole)으로 나눌 수 있다. 흔히 엽병의 기부에 조그만 잎이 달려 있는데 이를 탁엽(stipule)이라 한다. 잎의 분화는 줄기의 끝에 있는 분열조직에서 나온 엽원기에서 분화된다.

잎의 횡단면을 관찰하면(그림 5.8) 상하표면에 여러 층의 표피가 있는데, 특히 상표피의 표면에는 각피(cuticle)가 덮여 있어 잎으로부터의 수분 증발을 막아주는 역할을 한다. 그리고 상하 표피 사이에는 엽록체(chloroplast)를 함유한 유세포들이 있는데 이를 엽육(mesophyll)이라 한다.

엽육의 윗부분은 긴 세포들이 빽빽이 모여서 울타리 모양을 이루고 있어 책상조직(palisade parenchyma)이라 하고, 밑부분에는 다소 부정형의 유세포들이 드문드문 배열되어 있어 해면조직(spongy parenchyma)이라 한다.

하표피의 곳곳에는 기공(stoma)이라는 세포 간격이 있는데, 이는 두 개의 공변세포(guard cell)에 의해 개폐되며, 이를 통하여 수분의 증산이 일어나고, 광합성에 필요한 탄산가스가 들어오며, 광합성에서 생긴 산소가 방출된다. 공변세포는 다른 표피세포와는 달리 엽록체가 들어 있고, 세포 간격쪽의 세포벽만 유난히 두꺼워져 있다. 광합성이 일어나면 곧 공변세포의 삼투압이 높아지고, 따라서 수분을 흡수하여 팽팽하게 되면 닫혀져 있던 기공이 열리게 된다.

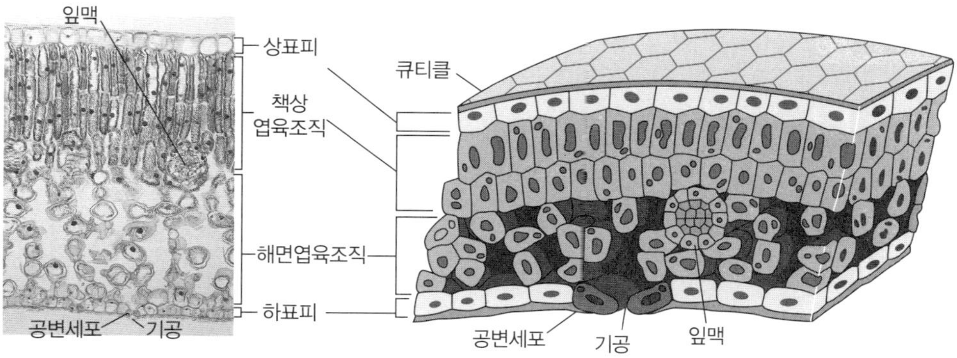

[그림 5.8] 잎의 횡단면

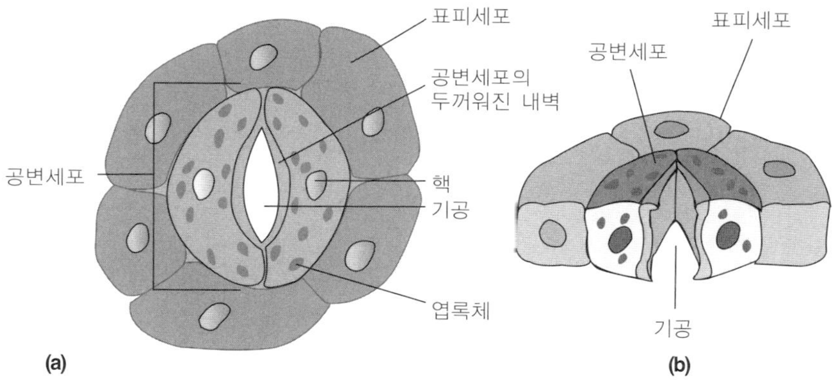

[그림 5.9] 기공

3 시약 및 재료

- 동백나무, 사철나무의 잎
- 양파
- safranin 용액, methylene blue

▶ 시약제조방법

1) safranin 용액: safranin 1 g + EtOH 50 mL + 증류수 50 mL
2) methylene blue: methylene blue 1 g + 증류수 100 mL

4 실험기구

- 현미경
- 커버글라스
- 여과지
- 슬라이드글라스
- 면도날
- 핀셋

5 실험방법

1 식물 조직관찰

① 면도날로 준비한 식물체의 잎, 줄기를 수직되게 가능한 얇게 자른다.

② 슬라이드글라스에 얇게 잘린 것을 놓고, safranin 용액으로 염색한 후 커버글라스로 덮는다.

③ 현미경을 사용하여 저배율에서 고배율로 관찰한다.

④ 스케치 한다.

2 양파 표피세포 관찰

① 양파 구경의 인편 한 조각을 분리하여 표피가 붙어 있는 채 2등분한다.

② 표피를 핀셋으로 조심스럽게 벗긴다.

③ 벗겨진 표피를 면도날로 1 cm^2정도 자른다.

④ 슬라이드 글라스에 벗겨진 표피를 놓고 스포이드로 물을 1~2방울 떨어뜨린 다음 커버글라스로 덮는다.

⑤ 현미경을 사용하여 저배율에서 고배율로 관찰한다.

⑥ 커버글라스 가장자리에 methylene blue 한방울을 떨어뜨린 다음 여과지를 이용하여 methylene blue가 커버글라스 안쪽으로 스며들 수 있도록 한다.

⑦ 현미경을 사용하여 저배율에서 고배율로 관찰한다.

⑧ 스케치 한다.

주 의 사 항

1) 식물체를 자를 때는 되도록 얇게 짤라야 한다.
2) 커버글라스를 덮을 때 기포가 생기지 않도록 한다.
3) 메틸렌블루를 떨어뜨린 반대편에서 여과지를 이용하여 물을 빨아들임으로써 메틸렌블루가 안쪽으로 이동하도록 한다.

실험보고서

조번호:	이름:
학번:	학과:
실험일자:	제출일자:

1) 잎의 횡단면에서 어떤 조직들이 어떻게 배열되어 있는가?

2) 관찰한 바를 그림으로 나타내어라.

문 제 및 토 의

1) 잎의 상표피쪽에는 책상조직이 존재하고, 하표피쪽에는 해면조직이 존재하는 이유는 무엇인가?

2) 공변세포는 어떤 역할을 하며, 기공과는 어떤 관계가 있는가?

3) 기공이 존재하지 않거나, 혹은 기공이 항상 열려 있다면 어떻 현상이 일어나겠는가?

4) 식물세포의 구조를 동물세포와 비교했을 때 차이점은 무엇인가?

실험 06

식물 외부형태 관찰

1 목 적

본 실험에서는 식물체의 주요기관인 영양기관과 생식기관에 대해 외부형태학적 특징을 관찰 및 비교함으로써 식물 형태의 다양성을 이해하고자 한다.

2 이 론

I 구성

1) 영양기관(vegetative organ)

- 잎, 줄기, 뿌리
- 식물의 영양을 관장하고 개체의 유지에 관여하는 기관

2) 생식기관(reproductive organ)

- 꽃, 열매 및 종자
- 식물의 생식에 관여하는 기관

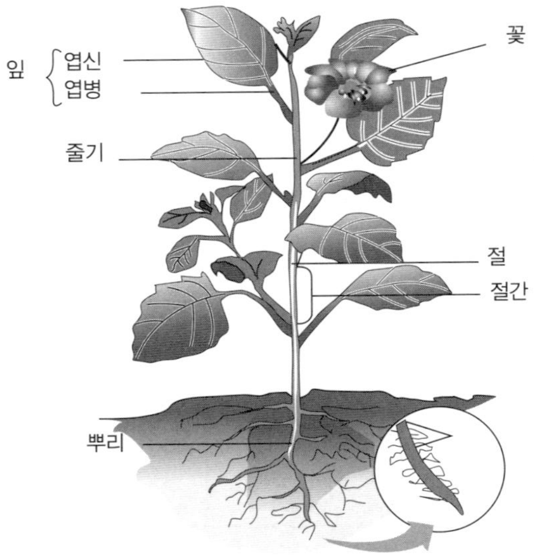

[그림 6.1] 식물체의 모식도

II 주요기관

1 영양기관

1) 잎(leaf)

– 주로 광합성, 호흡 및 증산작용이 활발하게 일어나는 기관

– 엽신(leaf blade)과 엽병(petiole)으로 구성

– 다양한 엽신(leaf blade)의 형태는 종을 동정하는 중요한 형질(잎의 모양, 엽선, 엽저).

2) 줄기(stem)

– 식물체의 주축

– 잎을 부착하여 태양에 노출시키며, 뿌리와 잎 사이에서의 물질 수송을 위한 연결체의 역할

– 줄기의 특수화되어 다양한 형태로 변형(지하경, 구경, 괴경, 인경등.)

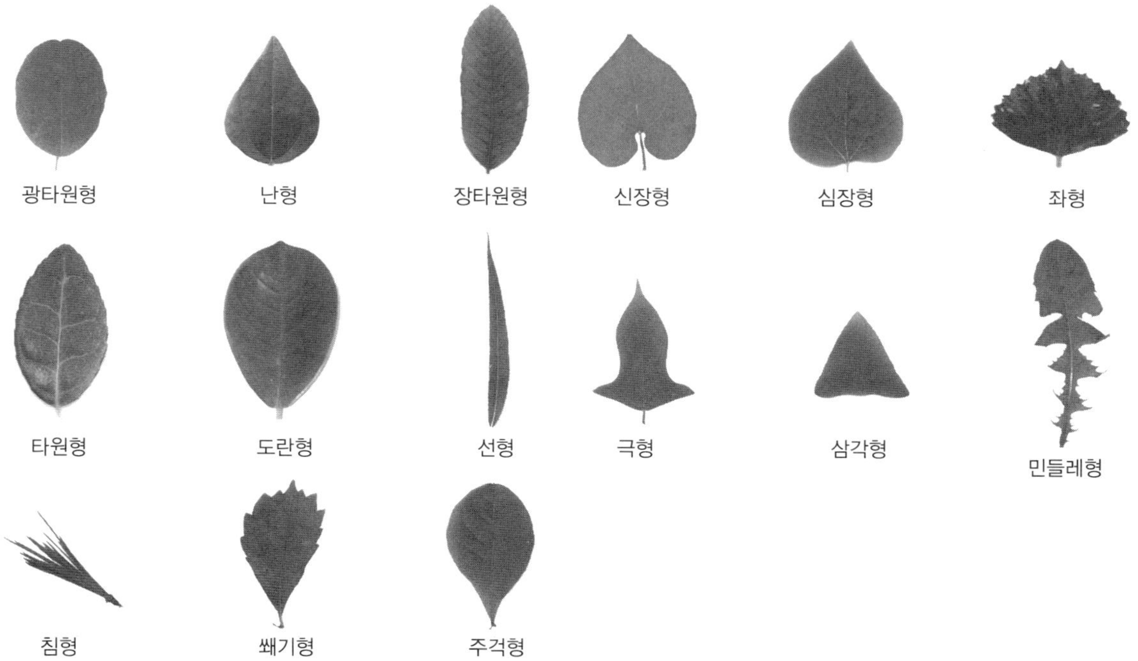

[그림 6.2] 잎의 종류

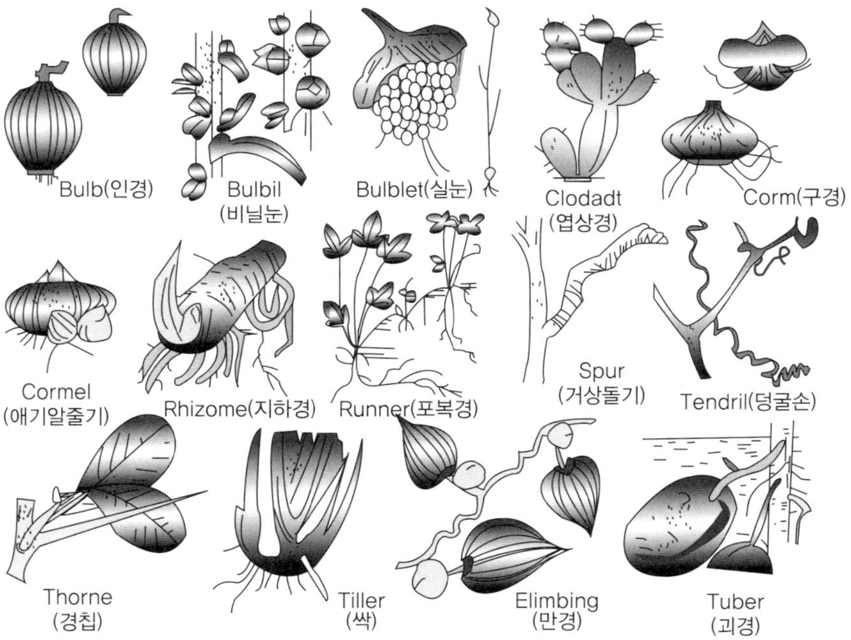

[그림 6.3] 줄기의 특수화

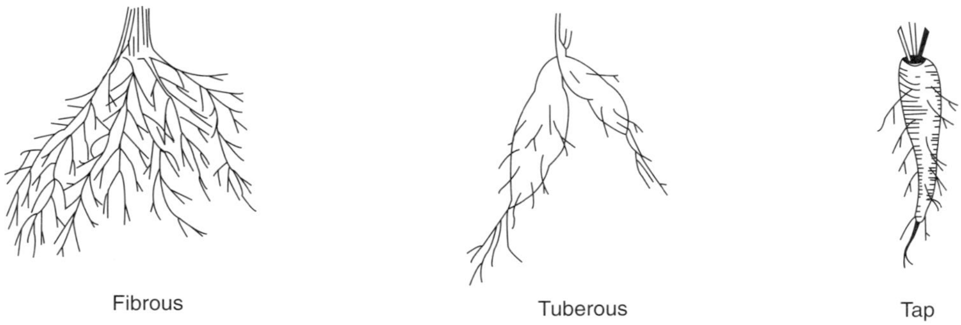

[그림 6.4] 뿌리의 종류

3) 뿌리(root)

- 식물을 고착시키고 물과 무기물을 흡수하는 기능.
- 원뿌리와 수염뿌리로 크게 구분.

2 생식기관

1) 꽃(flower)

- 피자식물의 생식기관.
- 꽃잎, 꽃받침, 수술, 암술.
- 꽃의 다양한 형태는 식물을 분류하는 매우 유요한 형질.

2) 열매(fruit)

- 자방이 성숙한 상태
- 과피(pericarp)와 종자(seed)로 구성.

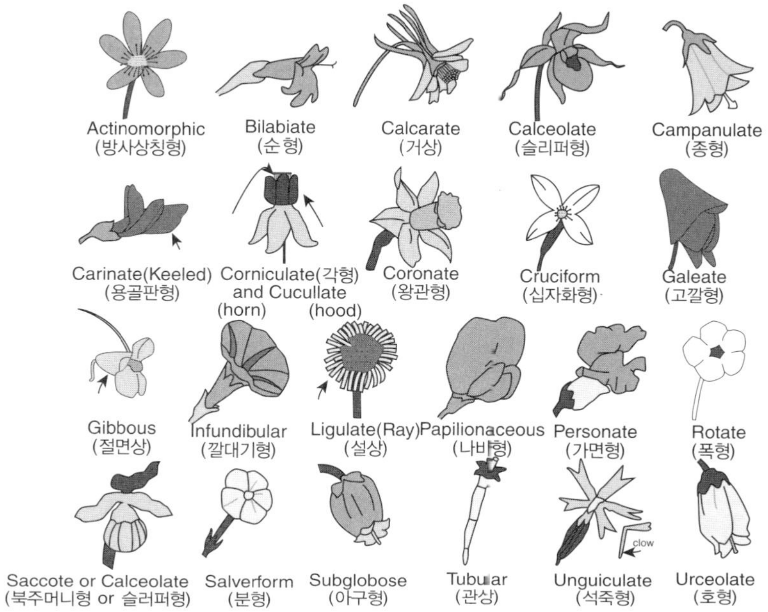

[그림 6.5] 꽃의 종류

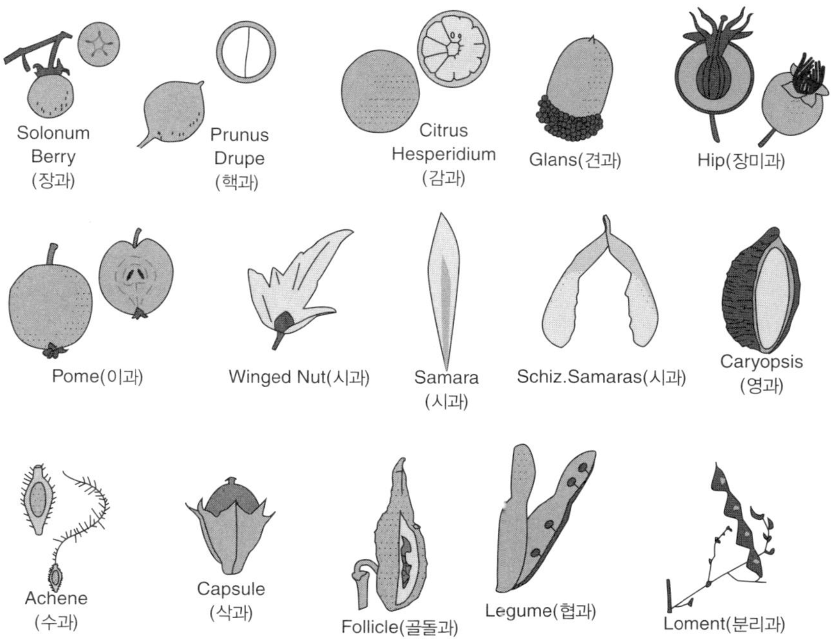

[그림 6.6] 열매의 종류

3 시약 및 재료

- 광대수염, 나비나물, 냉이, 민들레, 제비꽃

4 실험기구

- 현미경
- 핀셋

5 실험방법

1 식물 외부형태 관찰

① 준비한 식물체의 잎, 줄기, 뿌리, 꽃, 열매를 관찰한다.

② 기관별로 어떤 종류의 형태를 비교 관찰한다.

실험보고서

조번호:	이름:
학번:	학과:
실험일자:	제출일자:

1) 표본을 관찰하고 각종의 기관의 형질들을 나타내시오.

식물		잎			줄기	뿌리	꽃의 형태	열매의 형태
국명	과명	엽신의 모양	엽저	엽선				

2) 과를 대표할 수 있는 형질을 스케치 하시오.

문 | 제 | 및 | 토 | 의

1) 식물의 형태가 다양하게 나타나게 된 이유는 무엇인까?

2) 실험에서 살펴본 바 식물에서 주로 과를 나눌 수 있는 형질과 종을 나눌 수 있는 형질에는 어떤 것들이 있으며 이외에 주로 식물체를 구분할 수 있는 형질에는 어떤 것들이 있는지 생각해 보시오.

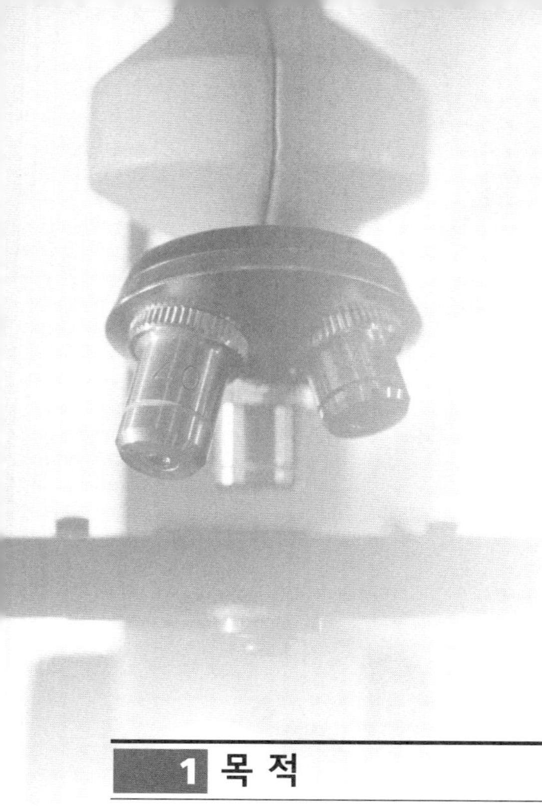

실험 07

무척추동물 관찰 I (육상곤충)

1 목 적

곤충이 속하는 절지동물문은 동물 중 80% 이상, 그 중 곤충은 95% 이상을 차지하며, 해양 수중이나 해저부를 제외한 모든 지역에 서식하고 있다. 이러한 곤충의 다양성을 형태학적 비교를 통해 알아본다.

2 이 론

◎ 곤충 구조의 특징(곤충이 번성 할 수 있었던 이유)

① 외골격 동물

– 딱딱한 피부를 가진 곤충은 주변 환경의 위험으로부터 내장기관을 보호할 수 있다. 곤충들의 딱딱한 피부는 '키틴' 이라는 물질로 이루어져 있어서 질기지만 가볍고 물에 잘 녹지 않는다.

② 날개

– 날개를 가진 동물은 새로운 환경에서 빠른 속도로 적응할 수 있고, 외부의 적이나 불리한 환경으로부터 도망을 갈 수 있는 장점을 갖는다.

③ 작은 체구

– 체구가 작은 것은 장점과 단점 모두 존재한다. 우선 장점이라 함은 체구가 작은 만큼 적은 양의 먹이만 먹어도 살 수 있고 좁은 면적에서도 살아갈 수 있다는 것이다. 그래서 다른 동물들이 잡아먹으려고 해도 좁은 공간으로 숨어버리면 찾기가 힘들다. 단점으로는 작은 곤충일수록 열의 방산이 빠르고 표면적이 크므로 수분 손실량도 크다.

④ 머리, 가슴, 배로 구분

– 곤충은 머리, 가슴, 배의 세 부분으로 나누어져 있고 머리에는 더듬이, 홑눈, 겹눈 등이 있고 가슴에는 2쌍의 날개와 3쌍의 다리가 있다.

1) 곤충의 일반 체형과 각 부위 이름

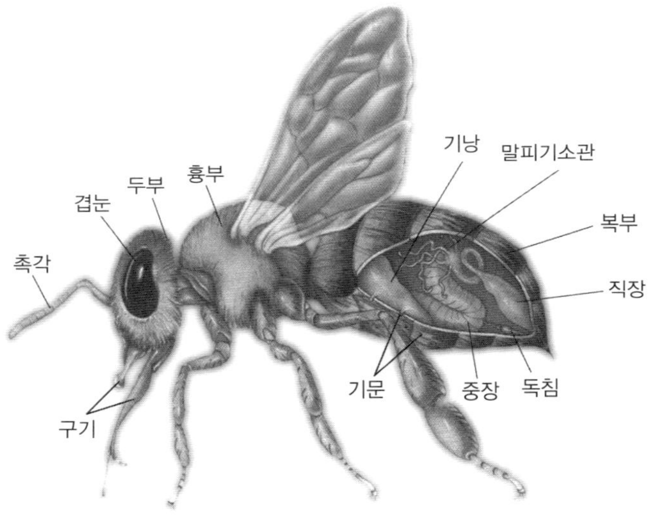

[그림 7.1] 곤충의 일반체형과 각 부위 이름

2) 구기(Mouth part)

곤충의 구기는 음식물의 종류나 음식물 먹는 방법에 따라 여러 가지 형태로 변형되어 있다. 크게 씹는 입과 빠는 입으로 나눌 수 있으며 퇴화되어 구기가 없는 곤충도 있다

– 저작형(chewing type): 각 부속지가 고루 발달한 형태, 특히 큰턱이 크고 강하게 발달하여 섭취물을 작게 자른다(예: 메뚜기).

– 여과형(filtering type): 물속에서 서식, 미생물과 유기물을 여과하기에 용이하도록

부챗살 모양이다(예: 검정파리유충, 기타 수서 생활하는 유충).

- 교흡형(cutting-sponging type, 절단흡취형) : 큰턱이 날카로운 칼날형으로 변형, 포유류의 피부를 자르고 찢어서 상피로부터 피가 흘러나오게 하여 빨아 먹는다(예: 등에, 벌, 파리목 곤충의 일부).
- 흡취형(sponging type): 액체 또는 타액에 쉽게 용해되는 먹이를 섭취하기 용이하게 적응한 형태이다(예: 집파리류).
- 저지형(chewing-lapping type): 액체상태의 먹이를 섭취하는 구기형, 저작형으로 발달하여 먹이를 물거나, 집을 짓는 재료를 다루기 용이하게 발달하였다(예: 꿀벌).
- 천흡형(piercing-sucking type): 체표면을 뚫고 체액을 빨아먹을 수 있도록 발달하였다(예: 진딧물, 매미, 노린재, 소금쟁이).
- 흡관형(siphoning-tube type): 긴 주둥이로 꿀과 액체상태의 먹이를 섭취하는 형태이다(예: 나비).

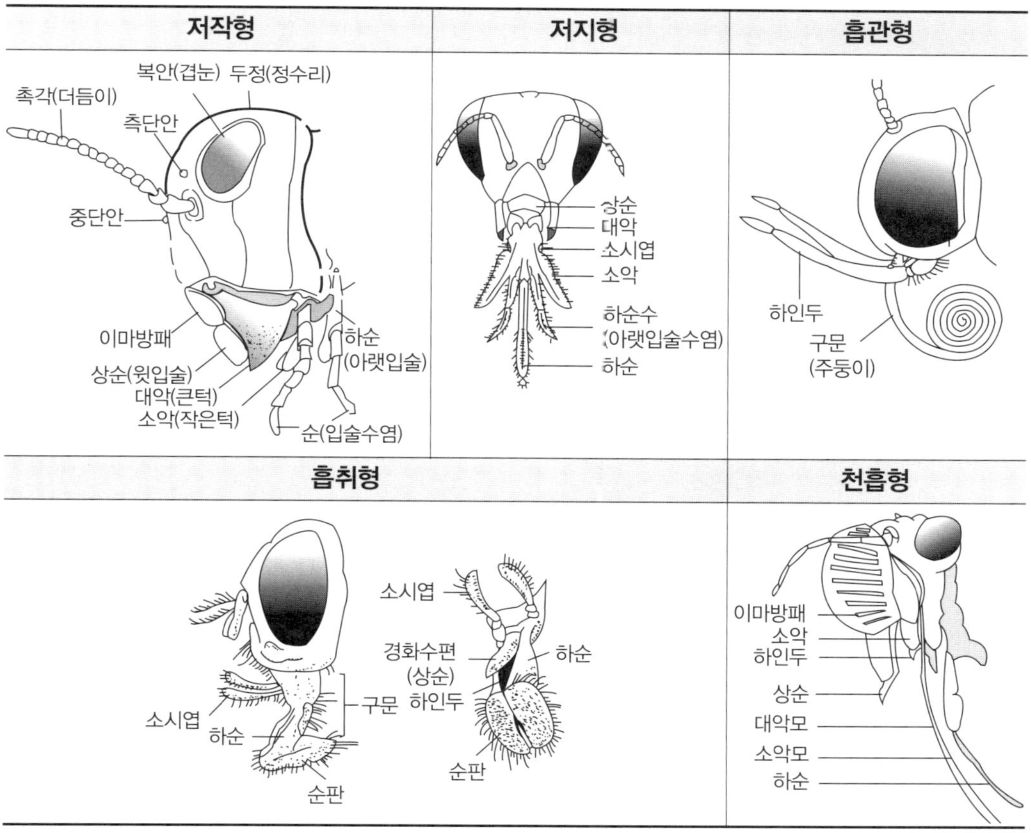

[그림 7.2] 구기의 종류

3) 다리(Leg)

전형적인 곤충의 다리는 기절(coxa, 밑마디), 전절(trochanter, 도래마디), 퇴절(femur, 넓적다리마디), 경절(tibia, 종아리마디), 부절(tarsus, 발목마디) 그리고 전부절(pretarsus, 앞발목마디) 등의 6부로 구성되어 있다. 그러나 곤충들은 각각의 특유한 행동양식에 알맞도록 변형된 다리의 형태로 발달되었다.

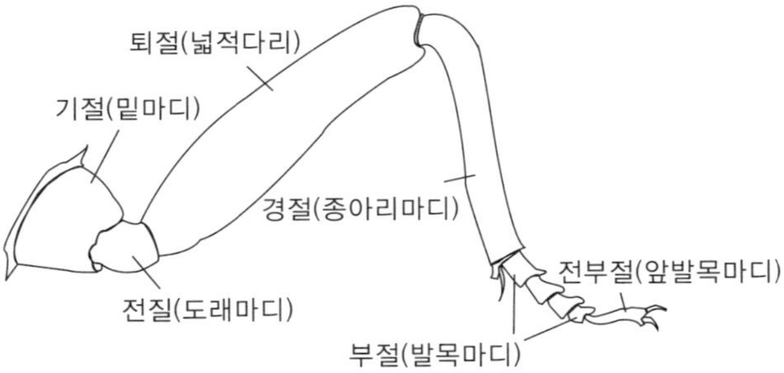

[그림 7.3] 곤충 다리의 기본형

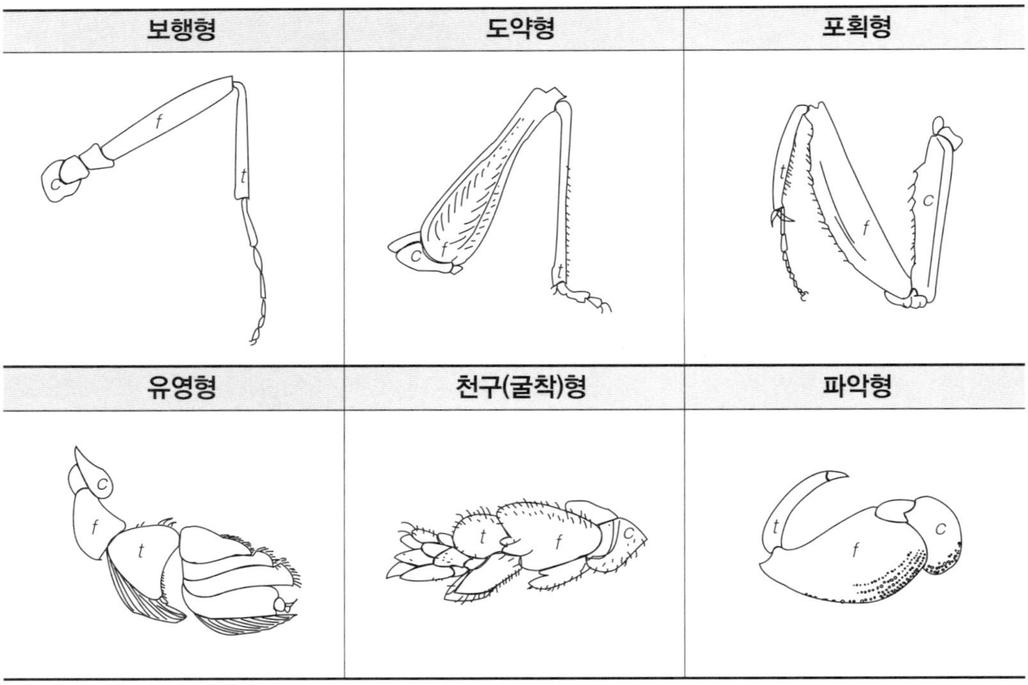

[그림 7.4] 변형된 곤충 다리의 비교(c:기절, f: 퇴절, t: 경절)

3 시약 및 재료

- 현미경
- 프레파라트 곤충표본

4 실험방법

각 프레파라트 곤충표본을 관찰한 뒤 스케치하고 명칭을 기입하고, 어떤 형태의 구기와 다리를 가지는지 비교한다.

실험보고서

조번호:	이름:
학번:	학과:
실험일자:	제출일자:

1) 스케치한 구기와 다리의 명칭을 기입하고, 어떤 형태를 나타내는지 생각해보자.

	목(order) 다리 구기
①	
②	
③	
④	

2) 곤충의 구기와 다리가 목(order)에 따라 다르게 발달한 것을 볼 수 있는데, 그러한 차이를 보이는 이유는 무엇일지 차이를 보이는 형태의 구기나 다리를 서로 비교해서 생각해보자.

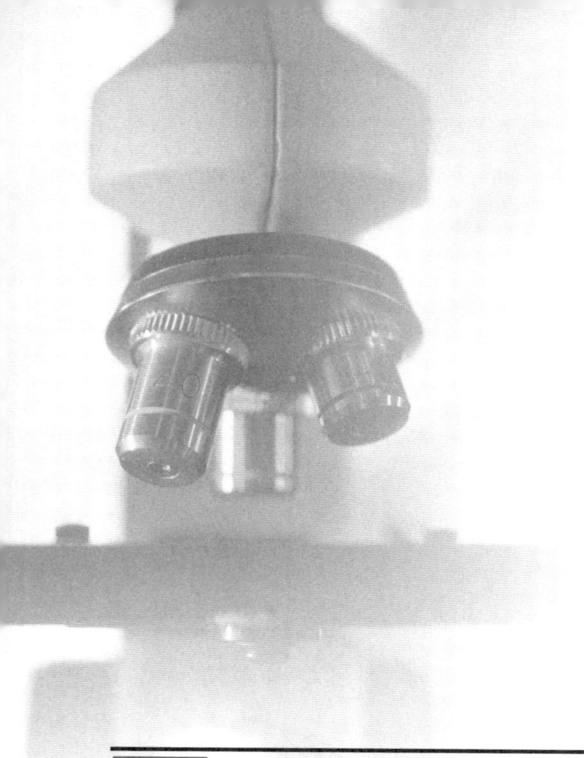

실험 08

무척추동물 관찰 II (수서곤충)

1 목 적

수서곤충을 관찰하고 동정함으로써 그 형태와 특징을 이해하고, 동정의 의미를 이해한다.

2 이 론

수서곤충(aquatic insect)은 생활사의 전부 또는 일부를 수중에서 생활하는 곤충을 총칭하는 말로 아래와 같은 특징을 나타낸다.

1 특징

① 바다에서 발견되는 몇 종을 제외하고 모두 하천이나 호수 등 내륙의 수역에 서식한다.

② 곤충강의 대부분 주요 목(order)들이 해당된다.

③ 생활사의 전부를 물속에서 생활하는 종류도 있지만 대부분의 경우 알, 애벌레, 번데기, 성충 중 일부분만을 물속에서 생활한다.

④ 우리나라와 같은 온대지방에서는 겨울에 알이나 유충단계를 물속에서 지내고 봄, 여름에 걸쳐 성충으로 우화한다.

⑤ 호흡 (물속에서 산소의 이용)의 종류가 다양하다.

- 기관아가미(tracheal gill)를 가지고 물속의 용존산소를 효율적으로 받아들이는 호흡을 한다(예: 하루살이).
- 물 표면으로 떠올라 기문으로 호흡한다(예: 딱정벌레목, 노린재목, 파리목 일부).
- 긴 호흡관을 물 바깥으로 내어 호흡한다(예: 게아재비).
- 배마디 끝에 공기방울을 달고 다니면서 호흡한다(예: 물방개).
- 모반이라는 미세한 털로 된 기관을 이용한 호흡을 한다(예: 여울벌레).

⑥ 분류군의 모든 군이 수서 생활을 하는 1차 적응군과 분류군의 일부만 수서생활을 하는 2차 적응군으로 나뉜다.

- 1차 적응군 – 하루살이목, 잠자리목, 강도래목, 날도래목
- 2차 적응군 – 노린재목, 딱정벌레목, 파리목, 나비목, 풀잠자리목

⑦ 사는 곳에 따라 하천, 강과 같은 유수생태계에서 서식하는 유수성 곤충과 연못, 호수 등의 정수성 생태계에서 서식하는 정수성 곤충으로 나뉜다.

- 유수성 곤충 – 하루살이, 강도래, 날도래
- 정수성 곤충 – 잠자리, 노린재

2 수서곤충의 이용

수서곤충은 다양한 담수생태계의 환경에 오랜 기간 적응해 왔으므로 수질에 대한 종 특유의 내성범위를 가진다. 이러한 특성 때문에 수서곤충은 수질 환경을 평가하는 지표 생물로 많이 연구되고 있으며, 하천의 수질평가에 널리 이용되고 있다(예: 군오염지수를 이용한 수질판정, 분류군 풍부도를 이용한 수질판정).

3 시약 및 재료

- 수서곤충 샘플
- 해부현미경
- 핀셋
- 알코올(100%)
- 검색표
- 패트리디쉬

표 8-1. 수서곤충의 종류 및 적응상태

목	수서종류	알	유충	번데기	성충
톡토기목 (Collembola)	일부	수서, 육상	수서, 반수서	-	반수서
하루살이목 (Ephemeroptera)	전체	수서	수서	-	육상
잠자리목 (Odonata)	전체	수서, 육상	수서	-	육상
메뚜기목 (Orthoptera)	일부	육상	반수서	-	반수서
노린재목 (Hemiptera)	일부	수서, 육상	수서, 육상, 반수서	-	수서, 육상, 반수서
강도래목 (Plecoptera)	전체	수서	수서	-	육상
딱정벌레목 (Coleoptera)	일부	수서, 육상	수서, 육상	육상	수서, 육상, 반수서
파리목 (Diptera)	일부	수서, 육상	수서	수서, 육상	육상
벌목 (Hymenoptera)	일부	수서(기생)	수서(기생)	수서(기생)	수서, 육상
나비목 (Lepidoptera)	일부	수서	수서	수서	육상
뱀잠자리목 (Megaloptera)	전체	육상	수서	육상	육상
풀잠자리목 (Neuroptera)	일부	육상	수서	육상	육상
날도래목 (Trichoptera)	전체	수서, 육상	수서	수서	육상

4 실험방법

1) 수서곤충 샘플을 패트리디쉬에 놓고 알코올(100%)을 뿌린다.
2) 해부현미경으로 관찰한다.
3) 검색표를 보면서 동정한다 (목(order) 수준).

실험보고서

조번호:	이름:
학번:	학과:
실험일자:	제출일자:

1) 동정된 개체를 목별로 한 개체씩 스케치하고 동정된 목(order)명을 기입한다.

2) 스케치한 각 목(order)의 개체들이 형태적으로 어떠한 차이를 보이는지 생각해보자.

저서성 대형무척추동물의 대표적 예:

1. 환형동물문(Annelida)

◎ 실지렁이류

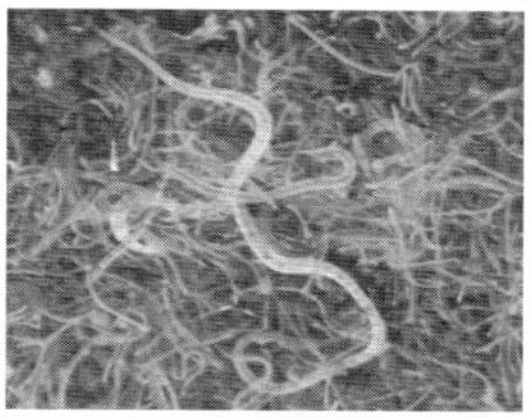

◎ 거머리류

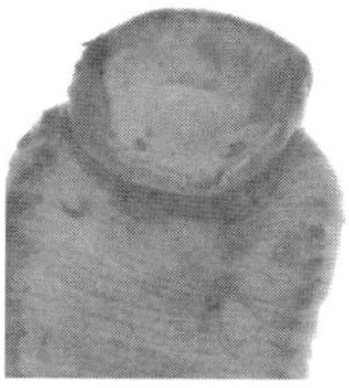

2. 선형동물문(Nemathelminthes)

◎ 선충류

3. 편형동물문(Platyhelminthes)

◎ 플라나리아류

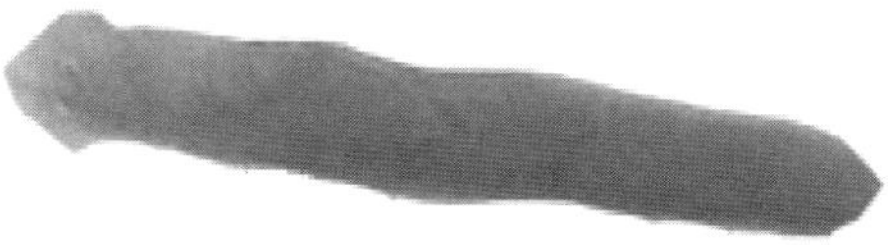

4. 연체동물문(Mollusca)

◎ 복족류

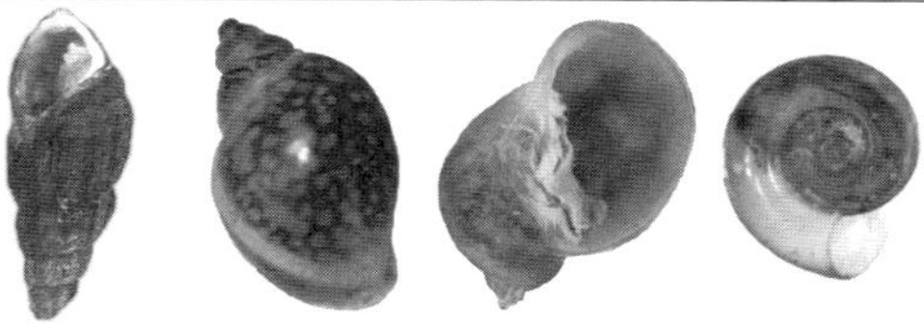

◎ 부족류

5. 절지동물문(Athropoda)

◎ 갑각류(Crustacea)

① 옆새우류

② 가재류

③ 물벌레류

④ 새우류

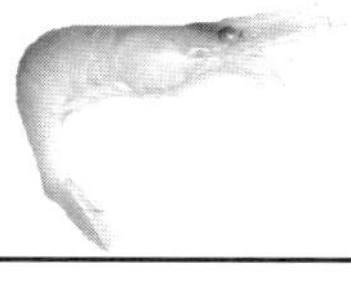

곤충류(Insecta)

① 하루살이목(Ephemeroptera)

㉮ 납작하루살이과	㉯ 알락하루살이과	㉰ 꼬마하루살이과	㉱ 등딱지하루살이과

㉲ 강하루살이과	㉳ 갈래하루살이과	㉴ 하루살이과	

		㉵ 피라미하루살이과	

② 강도래목(Plecoptea)

㉮ 강도래과	㉯ 그물강도래과	㉰ 녹색강도래과
	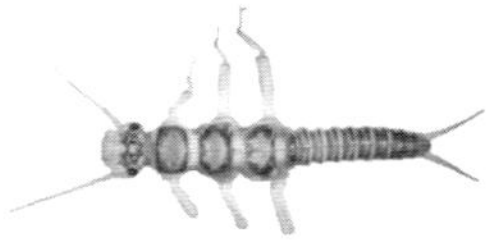	
㉱ 민강도래과	㉲ 큰그물강도래과	㉳ 넓은가슴강도래과

③ 날도래목(Trichoptera)

㉮ 줄날도래과	㉯ 광택날도래과	㉰ 물날도래과
		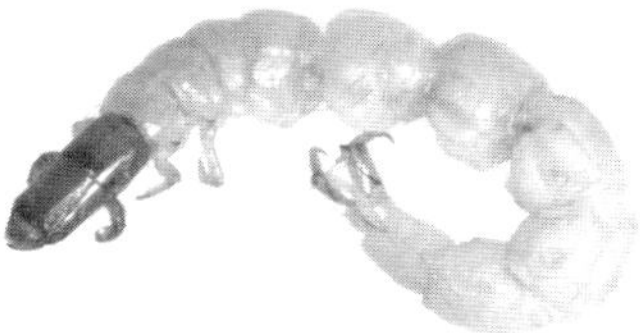
㉱ 바수염날도래과	㉲ 네모집날도래과	㉳ 각날도래과
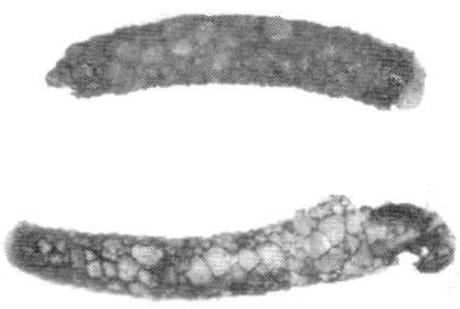		
㉴ 애날도래과	㉵ 날도래과	㉶ 나비날도래과
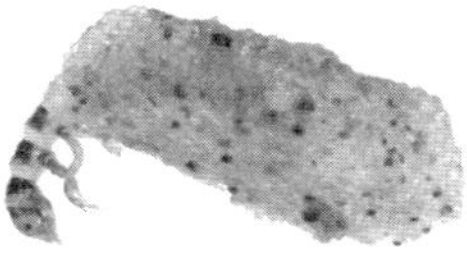		

㉷ 우묵날도래과

㉸ 날개날도래과

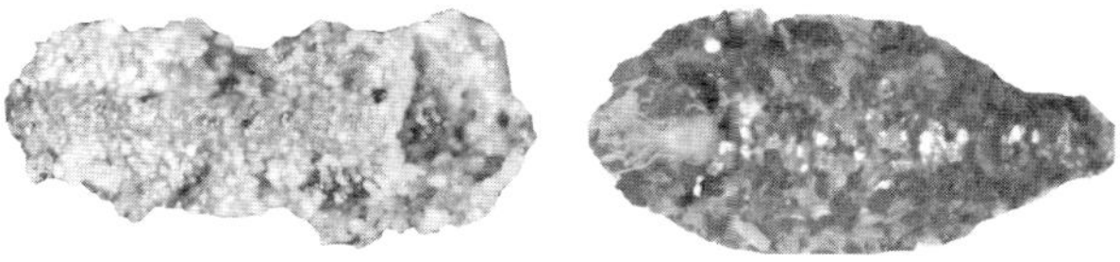

④ 딱정벌레목(Coleoptera)		
㉮ 물삿갓벌레과	㉯ 여울벌레과	㉰ 물방개과
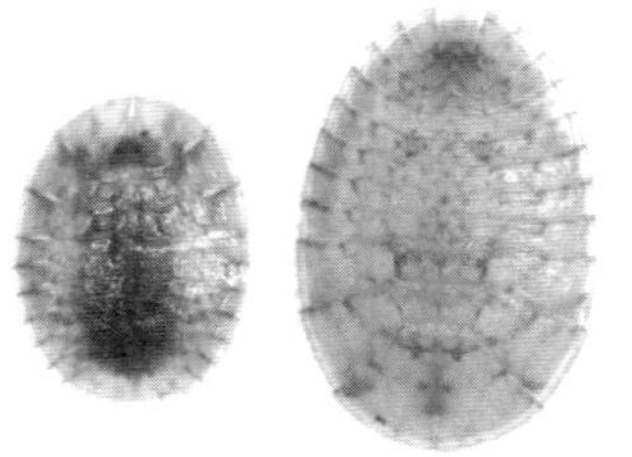		
㉱ 물진드기과	㉲ 물땡땡이과	㉳ 잎벌레과
		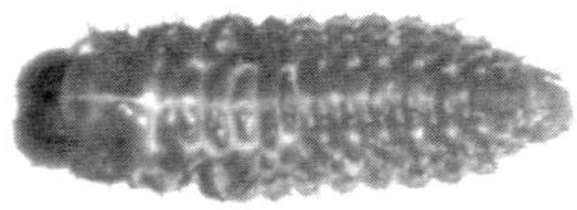

⑤ 노린재목(Hemiptera)		
㉮ 소금쟁이과	㉯ 물장군과	㉰ 장구애비과
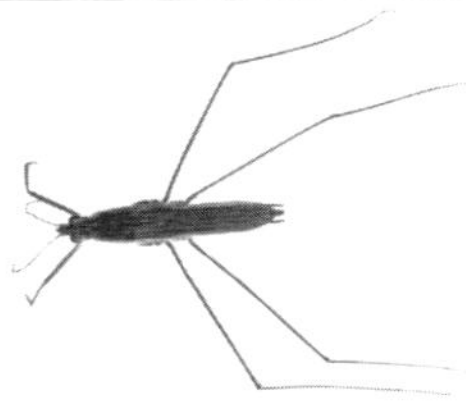		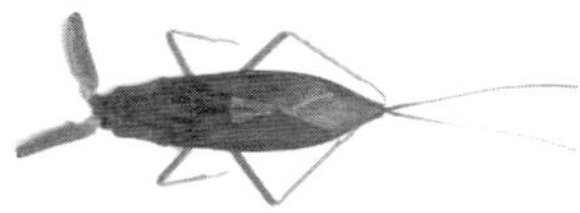
㉱ 송장헤엄치게과	㉲ 물둥구리과	㉳ 물벌레과
	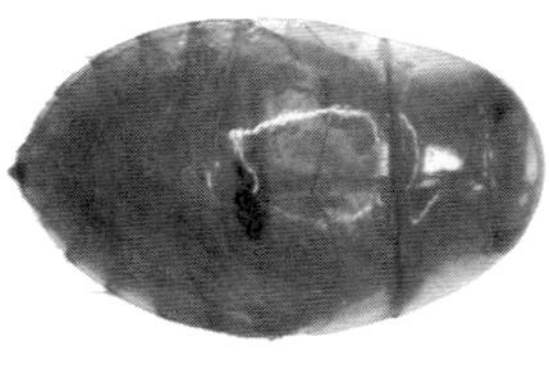	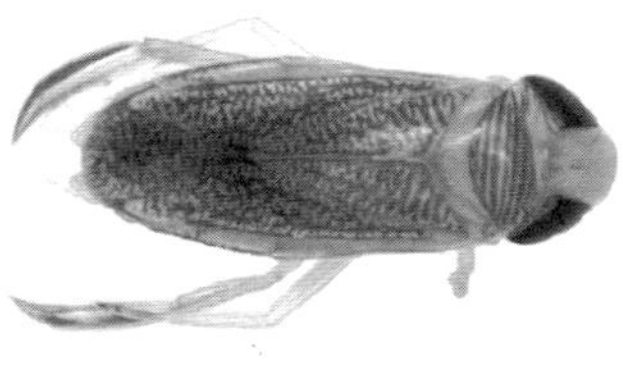

⑥ 파리목(Diptera)		
㉮ 깔따구과	㉯ 먹파리과	㉰ 등에모기과
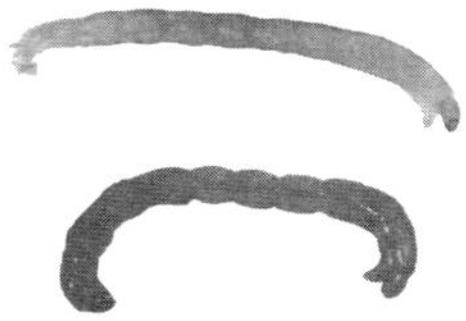		
㉱ 각다귀과	㉲ 모기과	㉳ 꽃등에과
	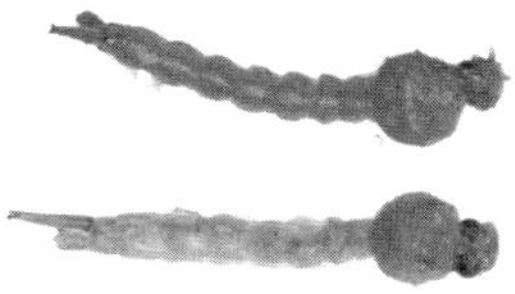	
㉴ 동애등에과	㉵ 등에과	㉶ 집파리과

㉷ 나방파리과	㉸ 장다리파리과	㉹ 개울등에과

⑦ 잠자리목(Odonata)

㉮ 부채장수잠자리과

㉯ 북방잠자리과

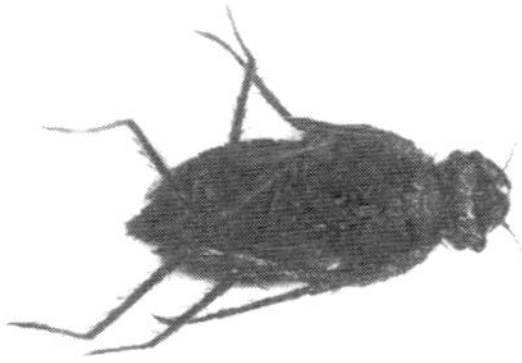

㉰ 왕잠자리과

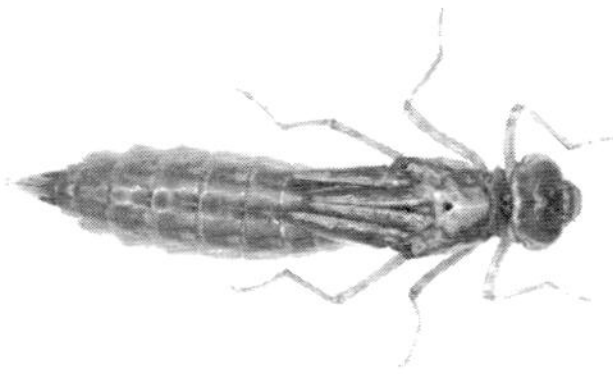

㉱ 잠자리과

㉲ 실잠자리과

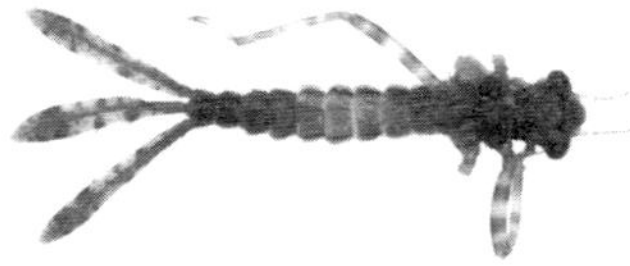

㉳ 방울실잠자리과

㉴ 물잠자리과

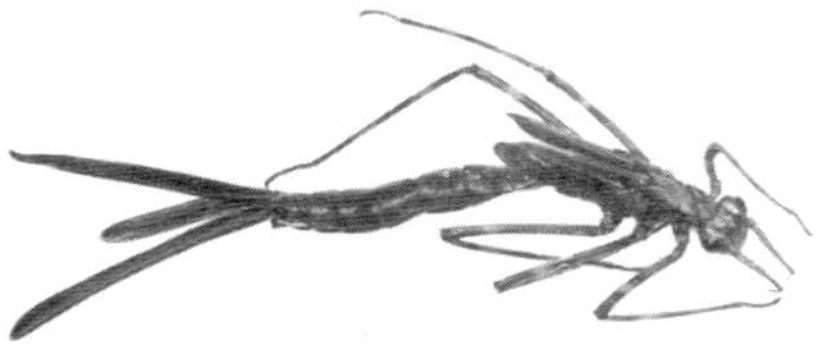

⑧ 뱀잠자리목(Megaloptera)

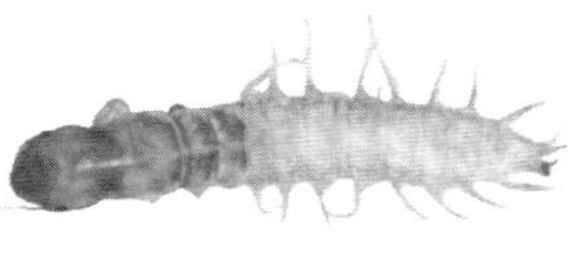

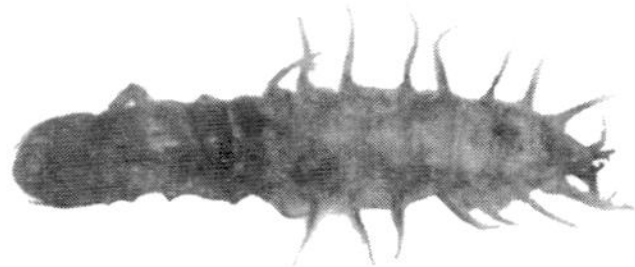

⑨ 톡토기목(Collembola)

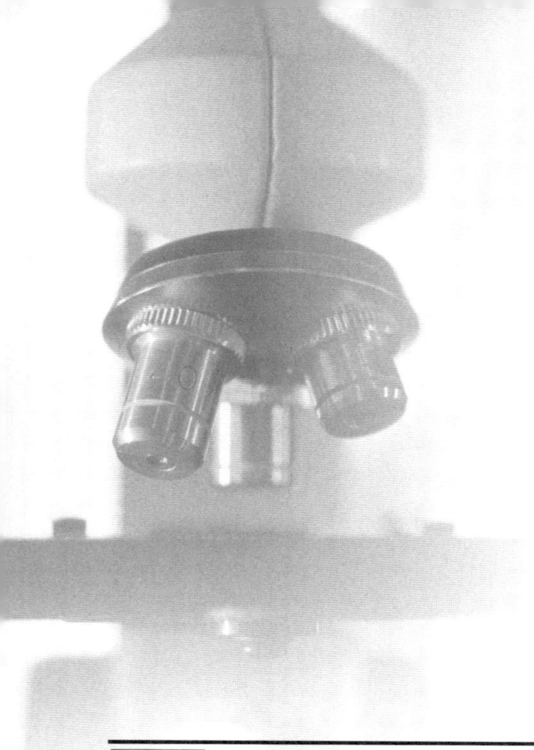

실험 09

동물 내부 조직 관찰

1 목 적

동물의 4가지 기본조직의 형태들을 관찰하고 대조표본과 비교해본다.

2 이 론

세포(cell)는 모든 생물체를 구성하는 기본단위이다. 동물세포는 식물세포와는 달리 세포막(cell membrane)을 둘러싸는 세포벽(cell wall)이 없을 뿐만 아니라 액포(vacuole)의 형성이 없는 것이 특징이다. 이러한 세포들은 집단을 이루어 구조와 기능에 있어서 동일한 목적을 갖는 조직을 형성하고 다시 고요한 성질을 가진 조직이 모여 기관을 이루게 된다. 동물의 조직은 상피조직, 결합조직, 근육조직, 신경조직 4가지로 구분된다.

I 상피조직(epithelial tissue)의 관찰

1 상피조직(epithelial tissue)

1) 이 론

구강상피세포(oral epithelial cell)의 관찰: 구강(oral cavity)의 내면을 덮고 있는 상피세포는 편평형의 보호상피이다. 자신의 구강에 존재하는 상피세포를 채취하여 염색액으로 염색하고 그 형태를 관찰한다.

2) 시약 및 재료

- 사람의 구강점막 약간
- lugol 용액 10 mL
- 생리식염수 20 mL
- 70% 알코올 20 mL

표 9-1. 상피세포의 분류

<table>
<tr><th>세포층의 수</th><th>세포의 모양</th><th>상피세포의 분류</th></tr>
<tr><td rowspan="3">단층상피
(simple epi.)</td><td>편평상피
(squamous epi.)</td><td>단층편평상피
(simple squamous epi.)</td></tr>
<tr><td>입방상피
(cuboidal epi.)</td><td>단층입방상피
(simple cuboidal epi.)</td></tr>
<tr><td>원주(원주섬모)상피
(columnar epi.) (columnar ciliated epi.)</td><td>단층원주(원주섬모)상피
(simple columnar epi.)</td></tr>
<tr><td>중층상피
(stratified epi.)</td><td></td><td>위중층섬모원주상피
(pseudostratified columnar ciliated epi.)</td></tr>
<tr><td rowspan="4">위중층상피
(pseudostratified epi.)</td><td>편평상피</td><td>중층편평상피
(stratified squamous epi.)</td></tr>
<tr><td>입방상피</td><td>중층입방상피
(stratified cuboidal epi.)</td></tr>
<tr><td>원주상피</td><td>중층원주상피
(stratified columnar epi.)</td></tr>
<tr><td></td><td>이행상피
(transitional epi.)</td></tr>
</table>

3) 실험기구

- 현미경
- 슬라이드글라스 2장
- 이쑤시개 1개
- 여과지 1매
- 커버글라스 1장
- 스포이드 1개

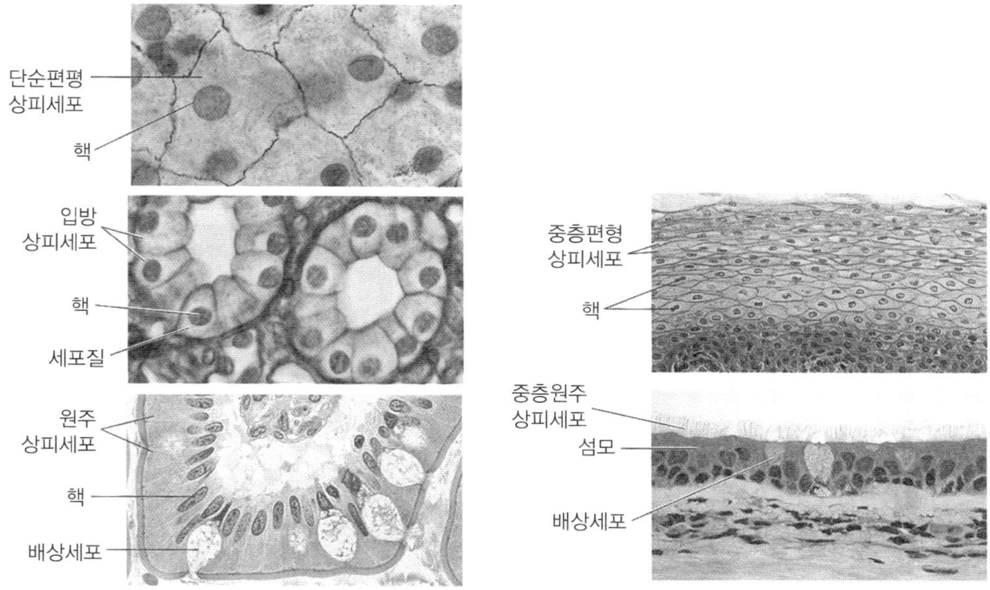

[그림 9.1] 상피조직의 종류

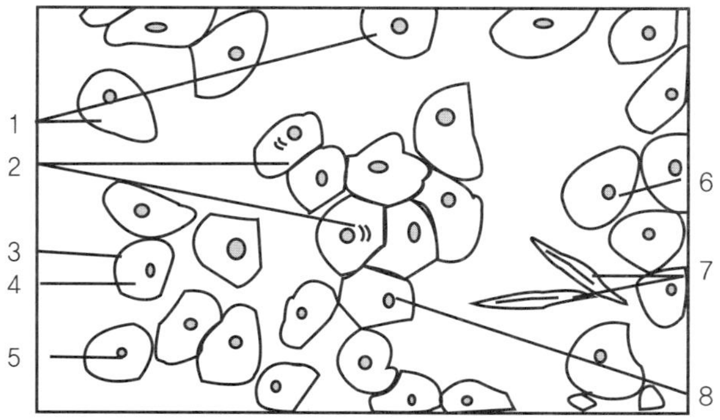

1. 평상피세포 2. 포의 주름 3. 포막 4. 포질 5. 핵 6. 평상피세포(표면)
7. 편평상피세포(측면) 8. 핵(중심외 위치)

[그림 9.2] 비각질중층편평상피 (×110)

주의사항

1) 염색액을 씻어 낼 때 조직의 탈락을 방지하기 위해 물이 조직에 직접 닿지 않도록 주의한다.
2) 먼저 저배율(×40, ×100)에서 관찰한 후 고배율로 검경한다.

4) 실험방법

① 70% 알코올로 소독한 이쑤시개의 넓은 끝부분으로 입속의 뺨 표면을 가볍게 긁는다.
② 이때 묻어 나온 것을 깨끗한 슬라이드글라스 위에 가볍게 문질러 놓는다.
③ 슬라이드글라스는 2~3분 후, 재료 위에 70% 알코올을 떨어뜨려 4~5분 동안 고정시킨다.
④ 잠시 후에 슬라이드글라스를 물로 씻고, 1~2방울의 lugol 용액을 재료 위에 떨어뜨려 5분간 염색한다.
⑤ 슬라이드 글라스의 염색약을 물로 씻어내고 커버글라스를 덮은 후, 현미경으로 관찰한다.

2 장상피세포(intestinal epithelial cell)

1) 이 론

동물의 소화관 내벽을 이루는 장상피는 대부분 원주형의 흡수기능을 갖는 상피세포와 점액(mucus)을 분비하는 배상세포(goblet cell)로 구성되어 있다. 실험동물의 소화관을 세절하여 염색한 후 상피세포의 형태를 관찰한다.

2) 시약 및 재료

- 개구리의 장상피
- lugol 용액 10 mL
- 30~50% 알코올 20 mL
- 초산 5 mL

3) 실험기구

- 현미경
- 해부기 1세트
- 슬라이드글라스 1장
- 커버글라스 1장

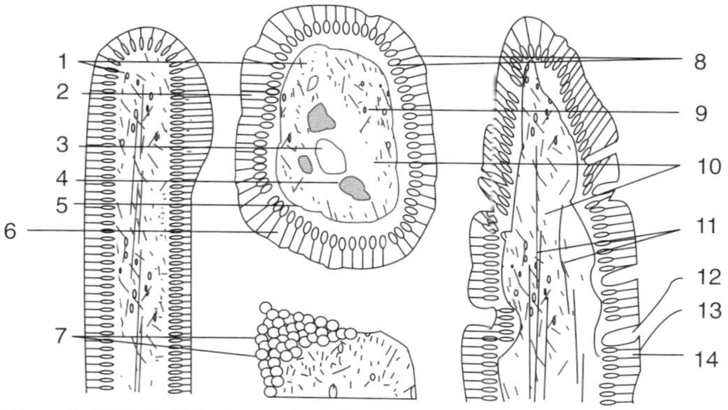

1. 융모 2. 원주상피중심 3. 유미림프관 4. 평활근섬유 5. 기저막 6. 림프구
7. 상피의 사면(세포의 선단부와 기저부) 8. 배상세포(핵, 세포질) 9. 모세혈관
10. 결합조직(점막고유판) 11. 평활근(종단면) 12. 배상세포 13. 줄무늬가장자리 14. 원주상피

[그림 9.3] 단층원주상피

4) 실험방법

① 개구리의 소장 일부를 1 cm 정도로 절개하여 30~50% 알코올에 담가 고정한다.

② 10~20분 후에 핀셋으로 집어 슬라이드 글라스 위에 올려 놓는다.

③ 1% 초산을 한 방울 가하고 나서, 잠시 후 슬라이드글라스를 물로 씻는다.

④ 1~2방울의 lugol 용액을 재료 위에 떨어뜨려 2~3분간 염색한다.

⑤ 슬라이드 글라스의 염색약을 물로 씻어내고 커버글라스를 덮은 후 융털돌기를 확대하여 관찰한다

표 9-2. 결합조직의 분류

고유결합조직 (connective tissue proper)	특수결합조직 (connective tissue with special properties)	지지결합조직 (supporting connective tissue)
• 치밀결합조직 (dense connective tissue) • 성긴결합조직 (loose connective tissue)	• 점액성조직 (mucous tissue) • 조혈(림프, 골수)조직 (hematopoietic tissue) • 지방조직 (adipose tissue) • 탄력조직 (elastic tissue)	• 연골조직(cartilage) • 골조직(osseous tissue)

II 결합조직(connective tissue)의 관찰

결합조직(connective tissue)은 몸의 형태를 결정하고, 세포와 기관을 서로 결합, 연결시켜 몸을 지지하는 역할을 담당한다. 결합조직은 상피조직, 근육조직, 신경조직과는 달리 세포 외 기질(extracellular matrix), 단백질 섬유(protein fibers), 무정형기질(amorphous ground substance). 그리고 조직액(tissue fluid)을 포함한다. 결합조직은 고유의 지지, 결합기능 이외에 장기 사이의 공간을 채워주고, 지방저장, 조혈작용, 방어작용에 관여하는 등 기능이 매우 다양하다.

1 골조직(osseous tissue)

1) 이론

골(bone)은 인체에서 가장 단단한 조직으로서 골격의 주요 구성요소로 근육을 지지하고, 생명유지에 중요한 기관들을 보호하며 혈구세포를 형성하는 기능을 가지고 있다.

골은 지지결합조직으로 석회화된 세포외 기질에 세 가지 다른 유형의 세포, 즉 골소강 내에 존재하는 골세포(osteocyte), 골에 필요한 유기성분을 함유하고 있는 골모세포(osteoblast), 그리고 골의 흡수와 재생에 관여하는 파골세포(osteoclast)들로 구성된 골원(osteon)의 집합체이다. 골기질의 물질교환은 골기질 내를 관통하는 골세관(canaliculi)을 통해 이루어진다. 척추동물의 장골을 연마, 염색한 후 골단면을 관찰한다.

2) 시약 및 재료

- 척추동물의 장골
- lugol 용액 10 mL
- 자일렌 10 mL
- 올리브유 5 mL
- 캐나다 발삼 5 mL

3) 실험기구

- 현미경
- 시험관 1개
- 슬라이드글라스 1장
- 샌드페이퍼
- 해부기 1세트
- 페트리접시 1개
- 커버글라스 1장

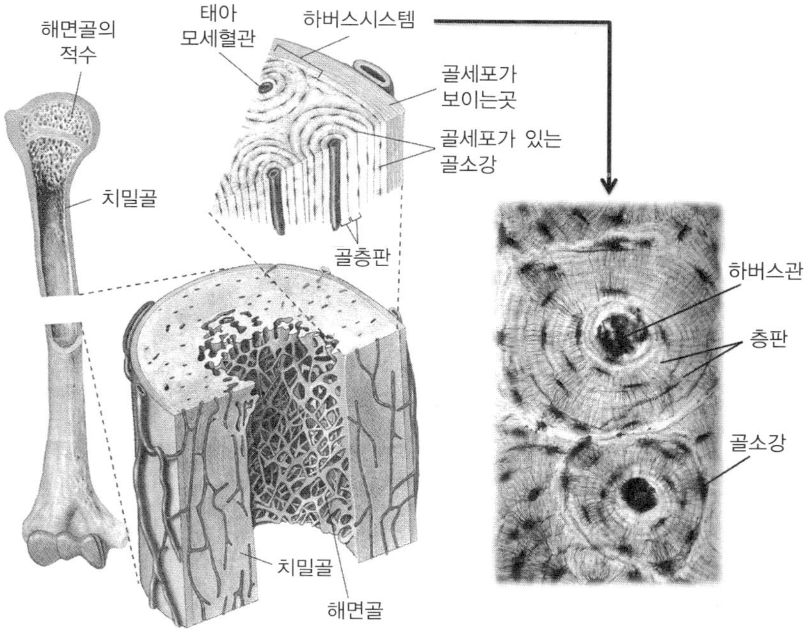

[그림 9.4] 골세포와 하버스계통의 일부

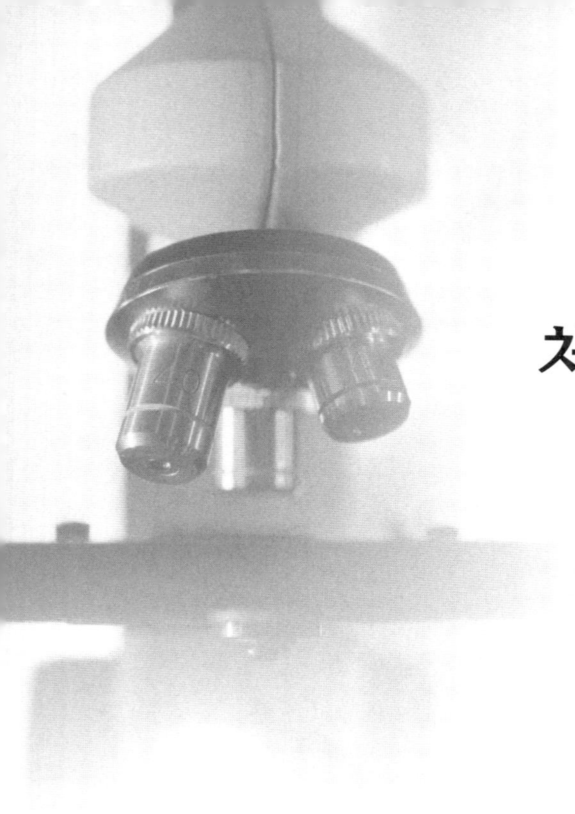

실험 10

체세포분열-유사분열

1 목 적

세포의 체세포분열을 직접 관찰함으로써 각 시기를 이해한다.

2 이 론

세포(cell)의 자기복제 능력은 세포의 연속성 유지를 위해 필요하다. 보통 세포분열(cell division)은 핵분열(karyokinesis)의 양상에 따라 유사분열(mitosis)과 무사분열(amitosis)로 구분되며 유사분열은 다시 체세포의 증식과정인 체세포분열(somatic cell division)과 생식세포, 즉 정세포(sperm)나 난세포(egg)의 형성과정인 감수분열(meiosis)로 구분된다.

진핵세포(eukaryotic cell)는 일정한 주기의 세도분열과정을 통해 동일한 유전정보를 갖는 세포들로 증식해 나가는데, 이 과정을 편의상 간기(interphase)와 분열기(mitosis)로 나눌 수 있다.

간기(또는 휴지기) 동안에는 광학적으로 뚜렷한 염색체(chromosome)가 관찰되지 않으며 생합성(biosynthesis) 등 물질대사(metabolism)가 왕성히 일어나고 DNA가 복제된다. 간기의 핵질은 분열기에 염색체를 구성하는 염색질(chromatin)로 불규칙하게 분포되어 있다. 유사분열은 염색체의 상태에 따라 전기(prophase), 중기(metaphase), 후기(anaphase), 말기(telophase)로 나누어진다.

체세포분열(somatic cell division)은 생명체의 성장(growth), 손상되거나 파괴된 조직을 재생(regeneration)시키기 위해 필요한 세포분열방식으로 염색체 수가 모세포(mother cell)와 동일한 딸세포(daughter cell)를 생산하며 유전적 잠재력 또한 모세포와 동일하게 보존된다. 그러므로 체세포분열은 염색체수의 유지, 생장, 지속, 생물체의 보수를 위해 새로운 세포를 생산해 내기 위한 일련의 세포분열방식이며 간기와 분열기(전기, 중기, 후기, 말기)로 나누어진다. 식물의 근단을 이용하여 표본을 만들어 유사분열과정을 직접 관찰해보자.

1 체세포분열(유사분열)

체세포분열의 주기는 간기, 전기, 중기, 후기, 말기로 이루어지며, 간기는 다시 G1기, S기, G2기로 나눈다.

1) 간기

물질대사가 왕성한 시기로서, DNA가 이때 복제된다.

2) 전기

핵분열과정에서 가시적인 핵변화의 초기단계이며, 간기 염색질로부터 염색체가 개개의 단위로 나타나는 단계이다. 전기가 시작되면 염색질은 가늘고 긴 끈모양의 염색사로 된다. 전기가 경과함에 따라 짧고 두꺼운 전형적인 염색체가 형성된다. 이때 동물세포에서는 중심체가 양극으로 이동하기 시작하며, 중심체 주위에는 투명한 섬유성인 방추사(spindle fiber)가 나타난다. 이 방추사는 중기가 시작될 때까지 중심체가 양극으로 이동하는 동안, 염색체를 사이에 두고 계속 뻗어나가 방추체상(spindle figure)으로 변형된다. 식물세포에서는 중심체가 없는 반면에, 간기세포의 원형질막 부근에 있던 미세섬유에서 방추사가 유래된다고 알려져 있다.

3) 중기

각 염색체의 동원체가 분열 적도면에 배열되는 시기이며, 인과 핵막이 없어진다. 그리고 중심체는 양극에 도달하여 방추사가 완전히 뻗어서 방추기관(spindle apparatus)이 형성된다. 중기 염색체는 동원체에서 인접된 두 개의 종렬 염색분체로 구성되어, 각 염색체의 구조적 특징을 나타낸다.

4) 후기

이미 종렬에 의해 쌍을 이룬 각 염색분체가 동원체가 있는 곳으로부터 갈라지면서 양극으로 이동하기 시작하여 양극에 도달되기까지이다. 이때 각 염색체는 동원체의 위치에 따라 여러 가지 모습을 나타낸다.

5) 말기

양극에 도달한 염색체가 간기 염색질로 변형되어 가고, 이때 핵막과 인이 다시 형성되며, 두 개의 새로운 핵이 완성된다.

3 시약 및 재료

- 양파의 뿌리
- 에탄올 10 mL
- 아세트산-카민 4 mL
- 1N HCl 10 mL
- 아세트산 10 mL

4 실험기구

- 현미경 1대
- 슬라이드글라스 5장
- 알코올램프 1개
- 해부침 2개
- 커버글라스 7장
- 여과지 3대

5 실험방법

① 발근 시킨 양파의 뿌리가 1~2 cm 정도 자랐을 때 뿌리의 끝으로부터 약 5 mm 정도 절단하여 고정액(에탄올 3 : 빙초산 1)으로 5~7분 동안 고정시킨다.

② 1N HCl이 들어 있는 비커를 알코올램프로 가열하여 중탕한 후 55℃가 되었을 때 고정한 근단을 거즈에 싸서 넣고 약 8분간 가열한다.

③ 근단을 들어내어 슬라이드글라스 위에 올려놓고 아세트산-카민액을 한 방울 떨어뜨린 다음 2개의 해부침으로 근단을 잘게 찢는다.

④ 커버글라스로 덮는다.

⑤ 약 10분이 경과한 후 고무가 달린 연필로 커버글라스를 가볍게 두드려 세포들이 잘 펴지게 한다.

⑥ 여과지를 커버글라스 위에 덮고 오른손 엄지손가락으로 압착시킨 후 현미경으로 검경한다.

표 10-1. 세포의 분열주기

간기 (interphase)	DNA 합성 전기(G1)	DNA 합성 준비기, 세포의 분화와 성장
	DNA 합성기(S)	DNA 복제
	DNA 합성 후기(G2)	처음 DNA 양의 2배
분열기 (mitosis)	전기(prophase)	핵분열 개시, 염색체 응축 핵막 소실, 핵질과 세포질 혼합 방추사(spindle fiber) 성상체(aster) 출현
	중기(metaphase)	염색체는 염색분체로 방사상으로 적도판에 배열
	후기(anaphase)	염색체가 분리, 양극으로 이동
	말기(telophase)	염색체가 간기 염색질로 변형 핵막과 인 형성, 딸핵 형성 세포질 분열(동물: 원형질막 함입, 식물: 세포판 형성)

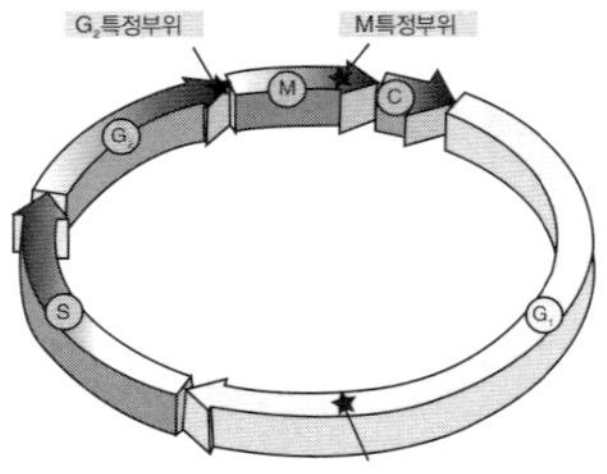

[그림 10.1] 세포주기의 조절

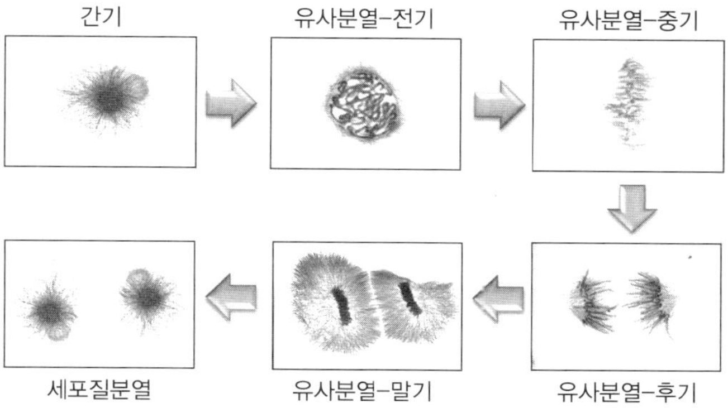

[그림 10.2] 세포분열 과정

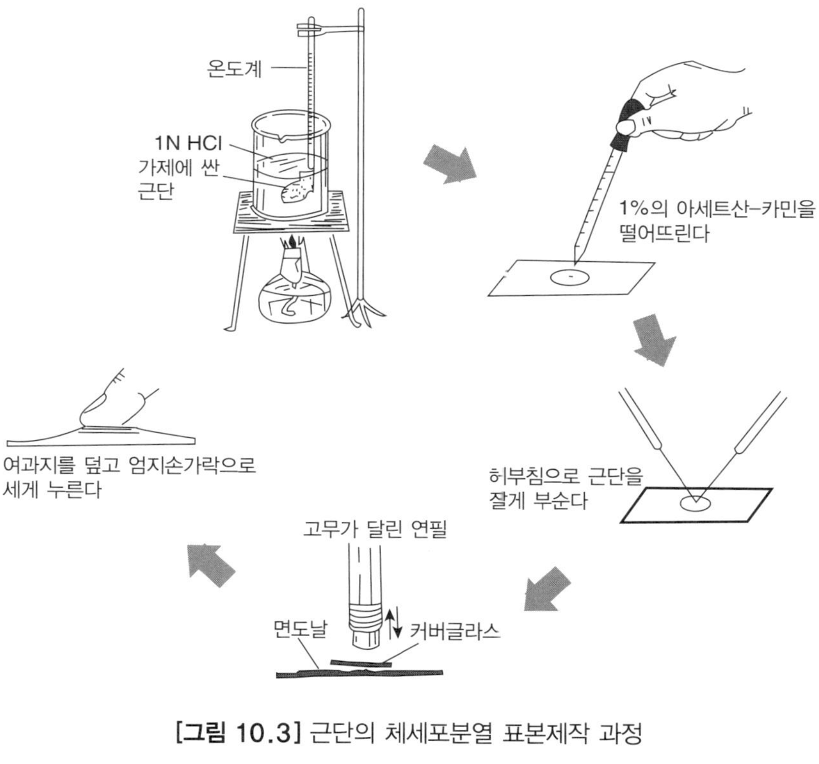

[그림 10.3] 근단의 체세포분열 표본제작 과정

주 | 의 | 사 | 항

1) 아세트산-카민에 의한 염색방법으로는 세포질이 염색되지 않아 세포질내의 변화는 관찰하기 어렵지만 염색질과 염색체는 선명히 염색되므로 간기세포와 유사분열과정에 있는 각 시기를 선명하게 관찰할 수 있다.
2) 커버 글라스를 덮을 때 기포가 생기지 않도록 아세트산-카민을 충분히 떨어뜨린다.
3) 세포층이 분산되어 있지 않거나 염색이 충분히 되어있지 않은 경우에는 다시 커버 글라스 한쪽 가장자리에 아세트산-카민을 한 방울 떨어뜨리고 몇 분이 지난 후 압착시켜 관찰한다.

실험보고서

조번호:	이름:
학번:	학과:
실험일자:	제출일자:

1) 관찰한 체세포 분열을 각 시기별로 도해하고 각 부분의 명칭을 써라.

2) 분열하고 있는 세포와 보통세포의 핵의 크기에서 차이를 발견할 수 있는가?

3) 염색체는 어느 시기에서 가장 뚜렷하게 보이는가?

4) 양파의 염색체수 2n은 몇 개인가?

문 제 및 토 의

1) 식물세포와 동물세포의 체세포분열에 있어서 차이점은 무엇인가?

2) 1N HCl을 가하는 이유는 무엇인가?

실험 11

생식세포분열–감수분열

1 목 적

본 실험에서는 화분모세포(pollen mother cell)가 감수분열하여 꽃가루(pollen)가 만들어지는 과정을 관찰함으로써 생식세포에서 이루어지는 감수분열을 이해하고자 한다.

2 이 론

세포분열은 세포에서 세포로 유전적 연속성을 유지해 주기 때문에, 모든 생명현상 중에서 가장 중요한 현상이다. 식물과 동물은 세포의 구조에서 다소 차이를 나타내기 때문에, 세포분열의 과정도 약간의 차이를 보이고 있다. 그러나 근본적인 과정은 유사하다. 세포분열을 크게 핵분열(karyokinesis)과 세포질분열(cytokinesis)로 나누며, 핵분열의 양상에 따라 무사분열(amitosis)과 유사분열(mitosis)로 나눈다. 또, 유사분열에는 유전물질을 간직하고 있는 염색체(chromosome)의 행동에 따라 체세포분열(somatic cell division)과 감수분열(meiosis)로 나눈다.

1 생식세포분열(감수분열)

유성생식(sexual reproduction)은 두 개의 배우자(gamete)가 세포의 접합(fusion)에 의해서 이루어진다. 고등한 생물의 생식세포는 생식세포형성(gametogenesis)과정을 통하여 만들어지는데, 이는 체세포분역과 달리 2회에 걸친 핵분열에 의해 염색체 수가 반으로 줄어든다.

감수분열은 제1정모세포와 제1난모세포가 제2정모세포와 제2난모세포가 되는 제 1분열과정과 반수체염색체(haploid chromosome)를 지닌 정세포와 난세포가 형성되는 제 2분열과정으로 이루어져 있다. 핵이나 세포질의 변화과정은 체세포분열(유사분열)과 비슷하나, 특이적인 차이점은 제 1분열과정의 전기가 체세포 분열에 비해 매우 복잡하며, 이때 상동염색체(homologous chromosome)끼리 접합(synapsis)하여 2가염색체(bivalent chromosome)가 형성된다는 것이다.

1) 제1분열

① 전기에는 핵속에 이중으로 된 가느다란 실 모양의 염색사 및 염색립(chromomere)이 뚜렷하여지고(세사기, leptotene stage), 이들 염색사는 서로 상동인 것끼리 접합하여(접합기, zygotene stage), 접합이 끝난 쌍을 이룬 염색체는 짧고 굵어져서 전형적인 염색체의 모습을 갖추어 간다(태사기, pachytene stage), 이때의 염색체는 종렬된 염색체 2개가 접합된 2가염색체가 된다. 2가염색체는 4개의 염색분체(chromatids)로 되어 있기 때문에 4분자염색체(tetrad chromosome)라 한다. 다음에 4분자염색체는 한 곳 또는 여러 곳에, 염색분체간에 키아스마(chiasma)를 이루어 교차(crossing over)를 일으키면서 염색분체간에 부분적으로 분리가 일어나 서로 교차되어 있는 것을 볼 수 있다(복사기, diplotene stage). 이들 2가염색체가 서서히 핵 주변으로 분산된다(이동기, diakinesis stage).

② 핵막과 인이 사라지며, 방추사가 완전히 형성되면 적도면에 배열된다(중기). 적도면에 배열된 중기 염색체에는 종렬된 염색체가 짝을 이루고 있다.

③ 후기가 되면 상동염색체는 접합한 곳에서 분리되어 양극으로 분리, 이동한다.

④ 말기를 거쳐 염색체는 종렬된다.

2) 제2분열

DNA복제 없이 곧 제2 분열의 전기과정을 거친다. 적도면에 배열된 중기 염색체는 종렬된 자매 염색분체(sister chromatids)로서 이들은 동원체에서 서로 분리되며, 후기, 말기 과정을 거쳐 반수체 염색체(haploid chromosome)를 지닌 세포가 형성된다.

정자형성(spermatogenesis)과 난자형성(oogenesis)의 근본적인 차이는 감수분열의 결과로 생긴 4개의 반수체세포로부터 발생하는 기능적인 배우자수가 정자형성과정에서는 4개의 반수체세포가 모두 기능적인 배우자인 반면, 난자형성과정에서는 오직 1개의 반수체세포가 기능적 배우자로 작용하고 나머지는 극체(polar body)로 퇴화한다는 것이다.

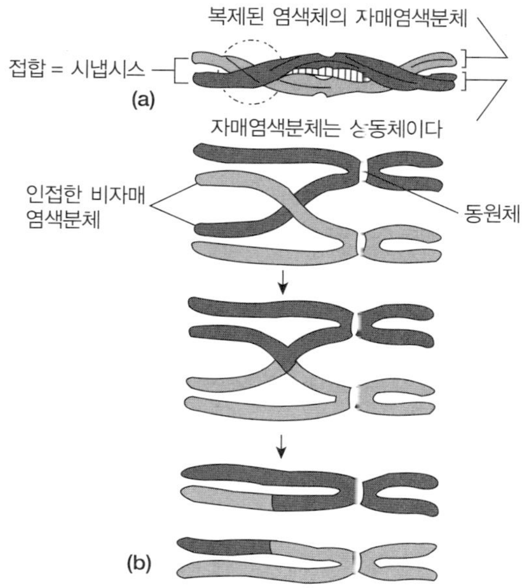

[그림 11.1] 교차

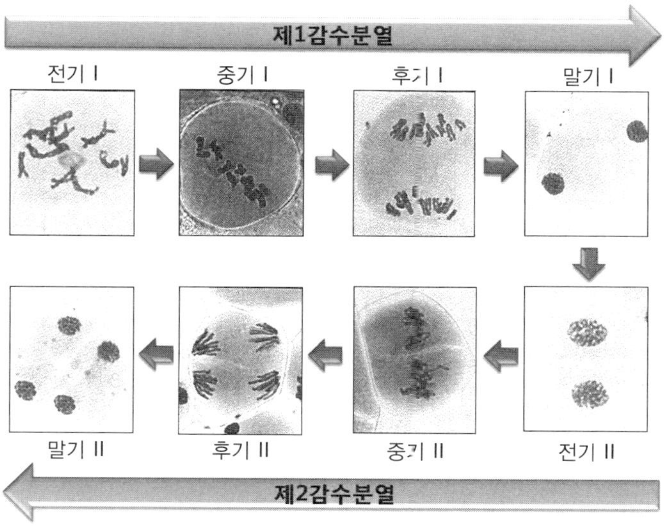

[그림 11.2] 감수분열 과정

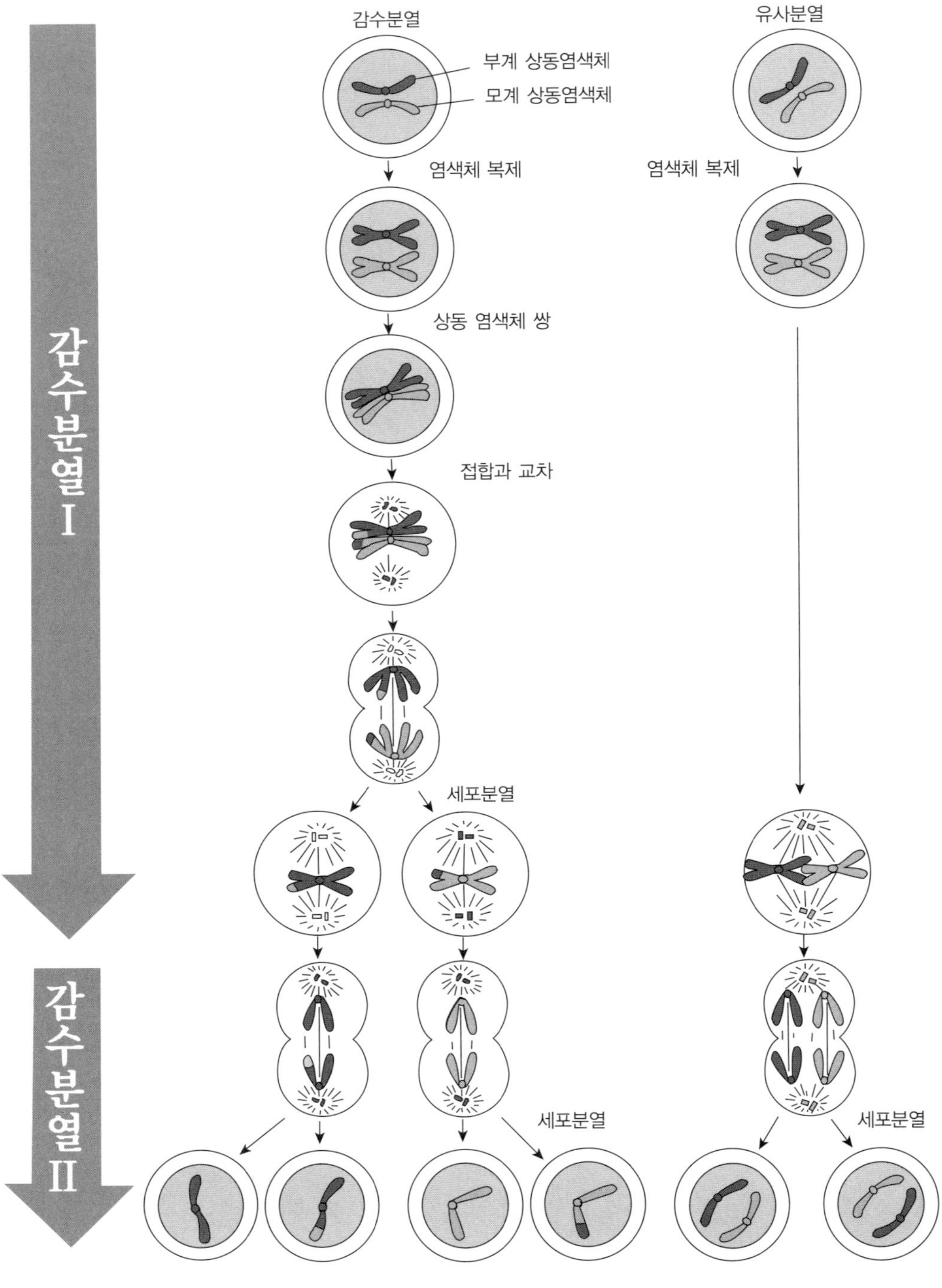

[그림 11.3] 식물세포의 체세포분열과 감수분열의 비교 모식도

3 시약 및 재료

- 자주닭개비(tradescantia reflexa)
- 아세토카아민

4 실험기구

- 옷핀
- 핀셋
- 슬라이드 글라스
- 커버 글라스
- 현미경
- 여과지

5 실험방법

① 자주닭개비(tradescantia reflexa)의 화경(peduncle)에 밀집하고 있는 꽃봉오리 중 어린 봉오리의 가운데를 옷핀으로 조심스럽게 벌려 꽃밥을 들어내어 슬라이드 글라스에 옮긴다.

② 핀셋으로 꽃밥을 터뜨린 후 아세토카아민 한 방울을 떨어뜨려 조심스럽게 커버 글라스를 덮는다.

③ 3~5분 후에 슬라이드 글라스를 접힌 여과지 사이에 넣고, 엄지손가락으로 가볍게 압착시킨다.

④ 현미경을 사용하여 저배율에서 고배율로 관찰한다.

⑤ 스케치 한다.

주 | 의 | 사 | 항

화분모세포에서 꽃가루가 형성되는 모든 과정이 1개의 꽃봉오리에서 잘 관찰되지 않으므로, 여러 개의 꽃봉오리에서 감수분열의 각 단계를 관찰하여야 한다.

실험보고서

조번호:	이름:
학번:	학과:
실험일자:	제출일자:

1) 감수분열의 각 단계를 찾아 스케치하여라.

2) 제 1분열과정의 전기를 각 단계별로 찾아 스케치하여라.

3) 1.과 2.에서 찾은 각 단계의 특징은 무엇인가?

4) 염색체는 어느 단계에서 가장 뚜렷하게 보이는가?

5) 자주닭개비의 반수염색체는 몇 개인가?

문|제|및|토|의

1) 유사분열과 감수분열의 차이점은 무엇인가?

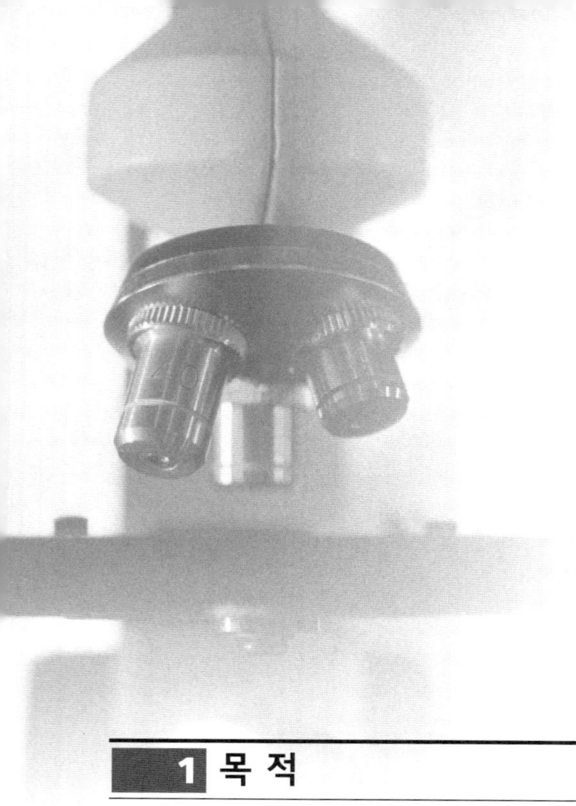

실험 12

원형질 분리와 복귀

1 목 적

세포에서의 원형질 분리와 복귀를 알아보고자 한다.

2 이 론

원형질은 생명력을 갖는 세포의 기초물질로서 세포의 물질대사 운동, 성장 등의 생활현상을 이루는 곳이다.

싱싱하며 충분한 수분을 섭취하고 있는 식물세포에서는 중앙의 큰 액포가 엽록체나 기타 세포내 소기관들을 세포벽으로 밀어낸다.

중앙의 액포는 수분의 섭취나 손실에 관여하는 처음의 구조로서 이의 변화가 세포내 소기관의 분포에 영향을 미칠 수 있기에 살아있는 식물세포내의 삼투 상태를 알아볼 수 있는 표식자로 사용되어 질수 있다.

세포액에는 다양한 종류의 염류와 당분을 비롯하여 여러 가지 물질이 녹아 있음으로 삼투압을 갖고 있다. 세포를 고장액에 넣으면 원형질막이 반투과성을 갖고 있기 때문에 수분이 밖으로 탈출함으로 세포질의 부피는 작아지지만, 세포막의 크기는 거의 변화하지 않음으로 곧 세포막에서 분리되어 원형질 분리현상(plasmolysis)이 일어난다. 한편 이것을 저장용액에 옮기면 원상태가 되는데 이것을 원형질 분리복귀(deplasmolysis)라 한다.

식물세포에는 이와같은 원형질 분리를 이용하면 간단하게 세포의 삼투압을 측정하는 것이 가능하고, 동물세포에는 적혈구를 재료로 하여 헤마토크리트법(hematocrit method)을 이용한다. 눈금이 있는 원심분리관에 혈액을 넣고 원심분리하여 혈구와 혈청으로 나누고 혈구층의 높이를 눈금으로 읽은 후 혈청대신에 여러 가지 농도의 식염수를 넣어 혈구와 함께 잘 섞어서 원심분리하여 다시 혈구 층의 높이를 눈금으로 읽어서, 앞의 눈금과 비교한다.

혈구의 높이(혈구의 체적)가 혈청과 함께 있을 때와 변하지 않는 식염수의 농도가 그 동물세포의 등삼투압점이다.

3 시약 및 재료

- 양파의 인경
- KNO_3
- 그 밖의 염류
- 설탕
- $CaCl_2$
- 증류수

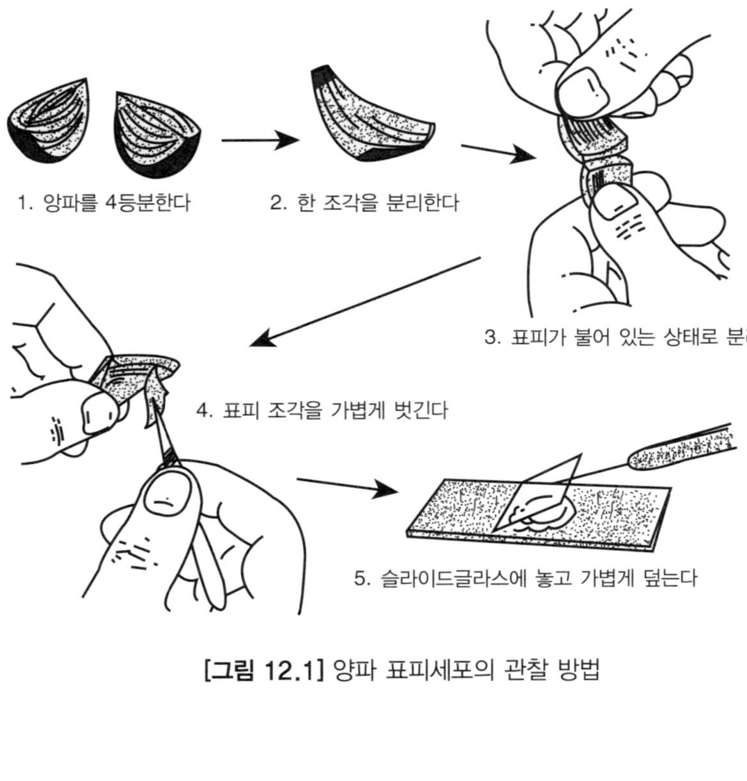

[그림 12.1] 양파 표피세포의 관찰 방법

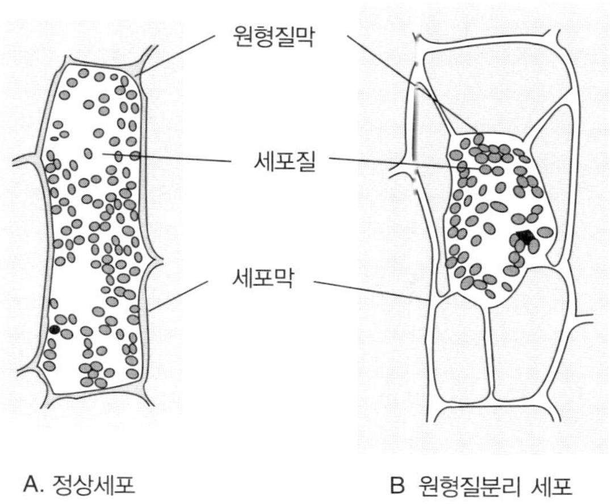

12.2] 원형질 분리

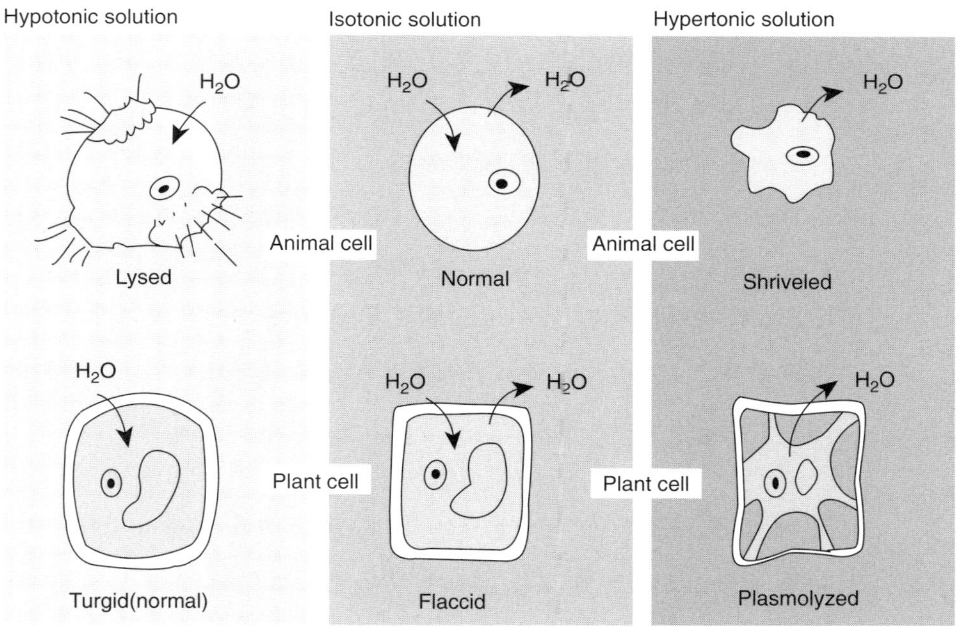

[그림 12.3] 세포에 대한 용액의 농도

4 실험기구

- 현미경
- 묘사기(카메라면 더욱 좋다)
- 접안마이크로미터
- 접물마이크로미터
- 스톱워치
- 메스실린더
- 여과지
- 스포이드
- 커버 글래스
- 슬라이드 글래스
- 면도칼
- 핀셋
- 메스
- 자루가 있는 침
- 샤레(지름 5 cm가량의 것 5쌍 또는 시계접시 10개)

5 실험방법

① 양파의 인경 바깥 쪽에서 2~3매째의 인편을 취하여, 안쪽의 표피를 벗겨서 한편이 5 mm 가량 되 도록 정사각형을 만든다. 이것을 증류수로 봉하여 프레파라트를 만들어 현미경으로 세포 전체의 상태를 잘 관찰해 둔다.

② 이 프레파라트와는 별도로 증류수 대신에 KNO_3, $NaCl_2$, $C12H_{22}O_{11}$ 등 농도가 확실한 수용액(0.2~0.5M)을 사용한다. (백분율로 표시하면, $C_{12}H_{22}O_{11}$ 액이면 10%이상, KNO_3 액이면 1.3%이상) 커버 글래스 밖에 이들 용액이 흘러가지 않도록 특별히 주의를 한다(1의 요령으로 만든 프레파라트에 서 여과지로 수분을 충분히 흡수한 다음, 스포이드로 각 용액을 주입시켜도 좋다.)

③ 각 용액을 넣어서 몇 분 후에 실험실 온도에서 어떤 정도로 분리하는가를 관찰한다. 이 때 많은 세포를 한 시야에 넣는 것이 바람직하다. 따라서 400배 이하의 저배율이 좋다. 원형질분리는 세포의 성질, 용액의 종류에 따라 분리되는 정도가 각기 다른데 세포막의 구석진 곳에서 일어나기 쉽다. 분리가 일어나면 원형질막이 세포막에서 떨어져 나가므로 쉽게 확인할 수 있다. 그러나 세포 막에서 분리하기 어려운 부분이 있게 되면, 분리한 원형질과 세포막 사이에는 원형질이 가는 실로 되어 남는 경우가 있다. 이것을 Hecht의 실세포막이라 한다. 이런 현상은 세포막이 전투성임에 대 하여 원

형질막은 반투성이기 때문에 일어난다. 죽은 세포에서는 원형질분리가 일어나지 않는데 그 이유는 세포가 죽으면 원형질은 반투성의 기능을 잃기 때문이다.

④ 같은 용질에서 농도가 조금씩 다른 용액을 사용하여 각각 원형질분리를 일으키면 농도별로 분리의 정도에 차가 생긴다. 즉 보다 엷은 농도의 용액에서는 분리가 일어나지 않는다. 이때의 농도, 즉 원형질막이 세포막에서 떨어질까말까하는 경계가 되는 곳을 한계원형질분리라 한다. 이 때는 용액과 세포액의 삼투압은 같다고 할 수 있으므로 용액의 농도에서 세포의 삼투압을 알아낼 수도 있다.

⑤ 원형질 분리 때 사용한 프레파라트를 재물대에 고정시킨 채, 커버 글래스의 한 쪽 끝에서는 여과지로 용액을 빨아들이고 또 다른 한 쪽 끝에서는 물을 넣어 용액을 완전히 물로 바꾼다. 이어서 현 미경으로 관찰하면 지금까지 세포막에서 분리되었던 원형질막이 세포막의 안쪽으로 접근해 가며, 원 형질막으로서의 관찰이 어려울 정도가 된다. 이것이 원형질복귀이다.

실험보고서

조번호:	이름:
학번:	학과:
실험일자:	제출일자:

1) 양파의 표피세포가 서로 다른 용액에서 왜 달리 반응하는지 그 이유를 설명하여라.

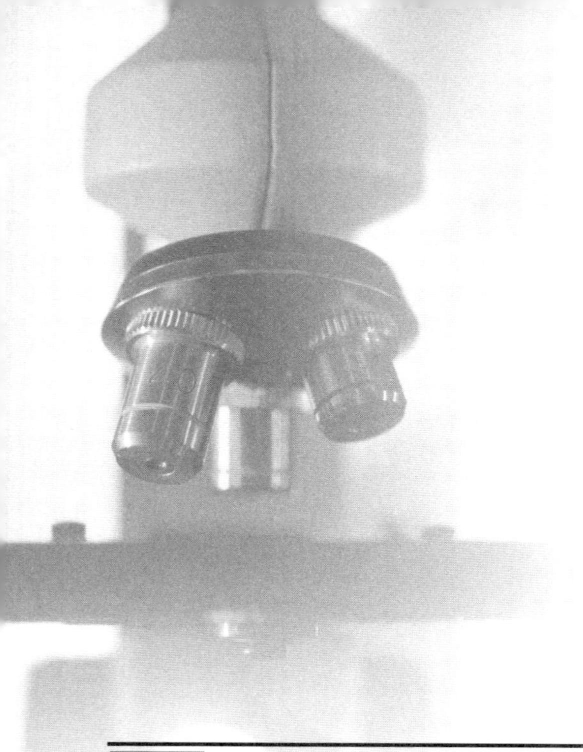

실험 13

혈구관찰 및 혈액형 검사

1 목 적

표준혈청을 사용하여 본인의 혈액형을 관찰해보고 직접 혈구를 관찰하고 그 형태를 알아보면서 혈액에 관한 전반적인 것을 이해한다.

2 이 론

단세포생물이나 하등 무척추동물의 경우 물질을 수송하기 위해 특별히 분화된 기관계가 없어도 확산이나 능동수송 및 세포질 유동만으로 물질을 운반할 수 있다. 그러나 체제가 복잡한 고등 다세포동물의 경우 물질을 효과적으로 운반할 수 있도록 순환기관이 있어야 한다. 즉 이러한 동물은 소화기관에서 흡수된 영양소, 세포대사에 의해 생성된 대사산물이나 노폐물, 내분비기관에서 분비된 호르몬, 호흡 기체, 항체, 염류 등을 운반하는 기관계를 가지는데 이를 순환계라 한다.

1 혈액형 검사

일반적으로 동물에 있어서 생물학적인 현상으로서 한 동물의 혈청이 다른 동물의 적혈구를 응집하는 작용이 있다. 이것을 적혈구 응집반응이라 하고 사람 상호간에 있어서도 이 반응이 있으며 이 반응의 여하에 따라 혈액을 O, A, B, AB의 4형으로 분류한다. 응집반응은 적혈구내의 응집원과 혈청내의 응집소의 반응으로 이루어지며, 응집원은 A 와 B 두 종류가 있고 응집소에는 anti A(α)와 anti B(β)의 두 종류가 있으며 이들의 유무에 따라 혈액형이 분류된다. A와 anti A, B와 anti B가 만나면 응집이 일어난다.

2 혈구관찰

혈액은 세포성분인 혈구(blood cell)와 액체성분인 혈장(plasma)으로 이루어져 있다. 사람의 혈액량은 체중의 약 8%를 차지하며 물보다 점성이 크고(5~6배), pH는 약 7.4이다. 혈구는 적혈구와 백혈구 및 혈소판으로 구분되며, 백혈구에는 과립백혈구인 호중성구(neutrophil), 호염기성구(basophil), 호산성구(eosinophil)와 무과립백혈구인 림프구(lymphocyte)와 단핵구(monocyte)가 있다.

표 13-1. 혈액형 및 응집원과 응집소

혈액형	혈구 응집원	혈장 응집소
A	A	β(anti B)
B	B	α(anti A)
AB	A, B	×
O	×	α, β

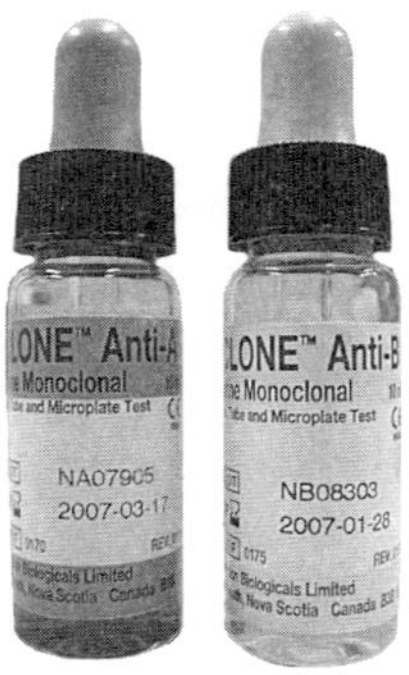

[그림 13.1] 혈액형 검출 시약(Anti-A, Anti-B)

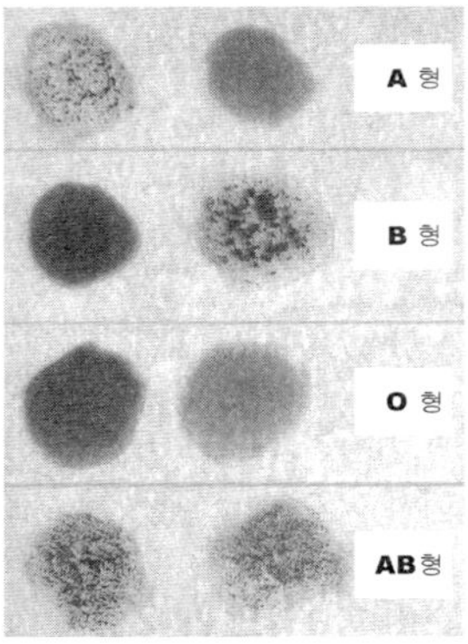

[그림 13.2] ABO식 혈액형

표 13-2. 적혈구, 백혈구, 혈소판의 특징

	지름(μm)	수(mm^3당)	형태	핵	생성	파괴	수명	작용
적혈구	7~8	♂ 500만 ♀ 450만	원반형	무	골수	간 지라	3~4개월	O_2운반
백혈구	10~15	6천~1만	부정형	유	골수 지라	골수 지라	2~10일	식균작용
혈소판	3이하	20~30만	부정형	무	골수	지라	2~5일	혈액응고

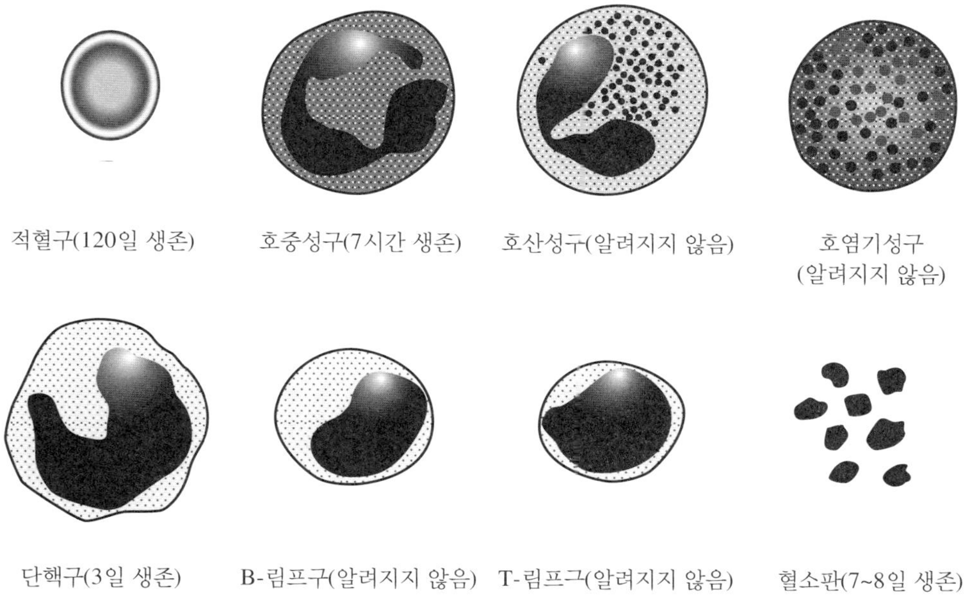

[그림 13.3] 혈구의 종류

3 시약 및 재료

- 표준혈청 anti A
- 표준혈청 anti B
- 알코올
- 라이트 염색액(Wright' s stain)

4 실험기구

- 슬라이드 글라스
- 현미경
- 면봉
- 알코올 솜
- 커버 글라스
- 란셋(lancet)
- 스포이드
- 솜

5 실험방법

1 혈액형 검사

① 슬라이드 글라스 위에 표준혈청 각각 1방울씩 떨어뜨린다.

② 손가락 끝을 70% 알코올로 소독한 후, 란셋으로 찔러 표준혈청에 피를 떨어뜨린다.

③ 나무막대로 저어준 후, 약 20분 후에 응집여부를 관찰한다.

2 혈구관찰

① 손가락 끝을 70% 알코올로 소독한 후, 란셋으로 찔러 슬라이드 글라스 위에 떨어뜨린 후 커버 글라스를 덮어 혈액을 밀면서 도말하여 말린다.

② 완전히 마른 후 라이트 염색액(Wright' s stain) 한 방울로 3분 정도 염색한 다음 완충액 몇 방울을 떨어뜨려서 3~5분 후 받침유리 뒷 면을 20초정도 조심스럽게 씻어낸다.

③ 슬라이드 글라스의 물기를 흡지로 제거하고 현미경하에서 관찰한다.

④ 적혈구와 몇 종류의 백혈구를 관찰한다.

주 | 의 | 사 | 항

1) 혈청을 취할시 또는 혈액을 혼합할 시에 나무막대를 혼용하므로서 anti A, anti B, 표준혈청이 서로 섞이지 않도록 한다.
2) 응집반응은 적혈구가 서로 응집하여 혈구덩어리가 생긴 것으로서 육안적으로도 쉽게 식별할 수 있다. 그러나 반응이 약한 경우에는 "루페"나 낮은 배율의 현미경을 사용할 필요가 있는데, 이 조작은 온도가 너무 낮으면 반응이 불명료하고 온도가 너무 높으면 위(僞)반응(pseudoagglutination)이 나타나므로 실온(15°C~18°C)에서 시행하여야 한다.

실험보고서

조번호:	이름:
학번:	학과:
실험일자:	제출일자:

1) 자신의 혈액과 어떤 표준혈청이 응집하였으며, 응집상태는 어떠하였는가?

2) 적혈구와 백혈구의 형태를 관찰하여 그림을 그리고 그 수를 비교하시오.

문제 및 토의

1) 자신의 혈액형은 무엇이고, 그 근거는 무엇인가?

2) 혈액을 공혈받거나 수혈할 때 자신에게 가능한 혈액형은 무엇이고, 그 이유는 무엇인가?

3) 만약 틀린 혈액형을 공혈 받거나 수혈한다면 그 결과는 어떻게 될까?

4) 혈액의 구성성분과 그 특징에 대해 조사하시오.

실험 14

cell counting

1 목 적

Hemocytometer를 이용하여 단위용적(1 mm^3)당 혈구수를 counting하고, 계산해 본다.

2 이 론

1 혈액의 구성

혈액은 세포성분인 혈구(Blood cell)와 액체성분인 혈장(Plasma)으로 이루어져 있다. 혈액의 45%를 차지하고 있는 혈구는 운반작용을 하는 적혈구와 식균 · 면역작용을 하는 백혈구, 혈액응고를 담당하는 혈소판으로 구성되어 있다. 또한 혈액의 55%를 차지하는 혈장은 혈액응고 인자를 함유하고 있으며 면역인자를 포함하고 있다.

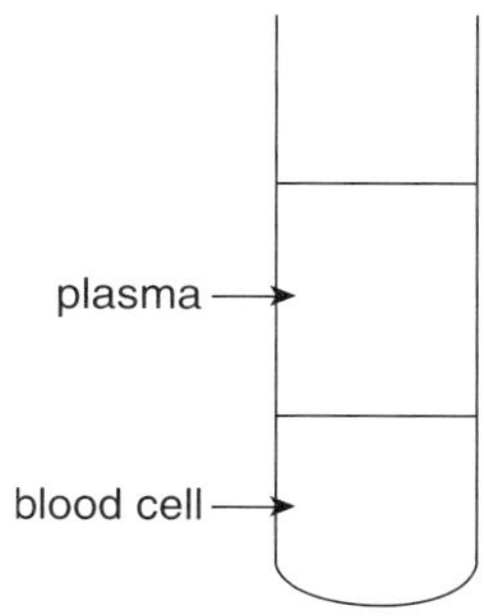

2 적혈구

적혈구는 지름 6~8 μm, 두께는 가장자리가 2~2.4 μm, 중앙부가 1 μm 이하로 양쪽이 오목하게 들어간 원반모양으로 이는 표면적을 넓게 하고 유연성을 높여주는 구조이다. 또한 발생과정에서 핵이 퇴화하여 무핵 상태이며 모양, 크기, 수 등은 동물의 종류에 따라 그리고 건강상태에 따라 차이가 있다. 적색골수에 있는 줄기세포(stem cell)에서 만들어지고 조직 내의 저산소증 자극에 의해 신장 세포에서 분비되는 적혈구 조혈인자(erythropoietin)에 의해 생산이 조절되며 골수에서 매 초당 약 2백만 개의 적혈구가 생산 된다. 건강한 성인의 경우 평균 남성 510~580만 개/mm^3, 여성 430~520만 개/mm^3이며 연령, 성, 환경 등에 따라서 차이가 있으며 수명은 약 120일로 spleen에서 파괴되고 그 잔해는 macrophage에 의해 제거된다. 전체 혈액으로는 혈구수가 너무 많아서 산정할 수 없어 희석된 혈액의 혈구수를 측정하여 단위용적(1 mm^3)내의 수를 산정한다.

3 시약 및 재료

- RBC 산정용 혼합 pipet(melangeur)
- microscope
- alcohol
- saline(0.15M NaCl)
- hemocytometer
- lancet
- cover glass
- D.W.

4 실험방법

1 채혈과 희석

청결히 건조한 RBC산정용 혼합 pipet으로 유출한 혈액을 0.5까지 정확히 흡인한 후 saline을 101까지 정확하게 흡인(200배 희석)하고, melangeur를 잘 흔들면서 혈액이 유출하지 않게 한다.

2 Hemocytometer 사용

산정 직전에 melangeur를 충분히 흔들어 준 다음 먼저 5~6방울 버리고 한 방울을 구획선이 있는 중앙에 떨어뜨린 다음 cover glass를 덮는다(cover glass를 먼저 놓아도 무방).

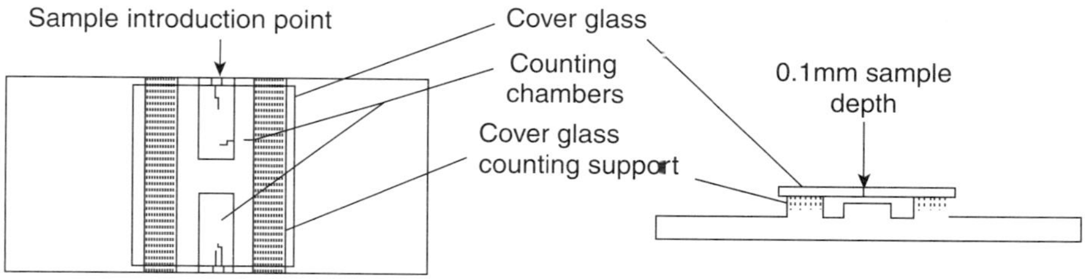

[그림 14.1] Hemocytometer 구조

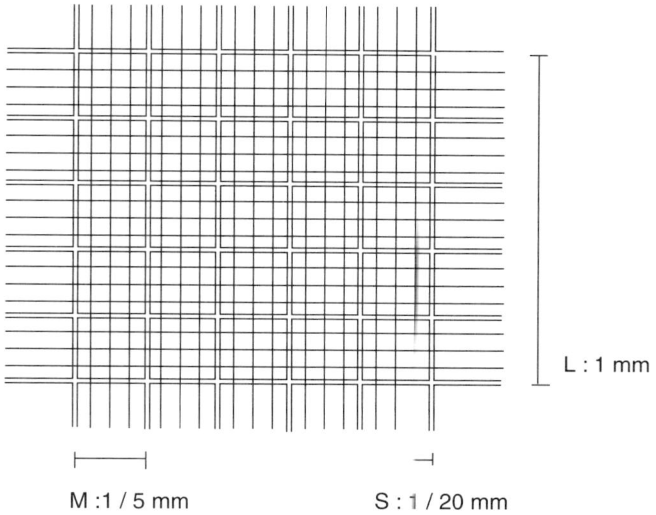

대방실(large chamber) 1mm × 1mm
중방실(middle chamber) 1/5 mm × 1/5 mm
소방실(small chamber) 1/20 mm × 1/20 mm

[그림 14.2] cell counting(대방실, 중방실, 소방실)

3 산정법

※소방실의 경우

$$x = a \times \underbrace{\overbrace{20 \times 20 \times 10}^{\text{소방실의 체적배수}}}_{20 \times 20\text{: 소방실의 면적배수}} \times \overbrace{200}^{\text{희석배수}} = 8{,}000{,}000a$$

4 사용이 끝난 melangeur는 먼저 증류수로써, 다음에는 알코올로 세척한 후 공기를 흡입하여 건조시켜 둔다.

실험보고서

조번호:	이름:
학번:	학과:
실험일자:	제출일자:

1) 자신의 혈액을 Hemocytometer를 이용하여 혈구를 counting하고 계산해보자.

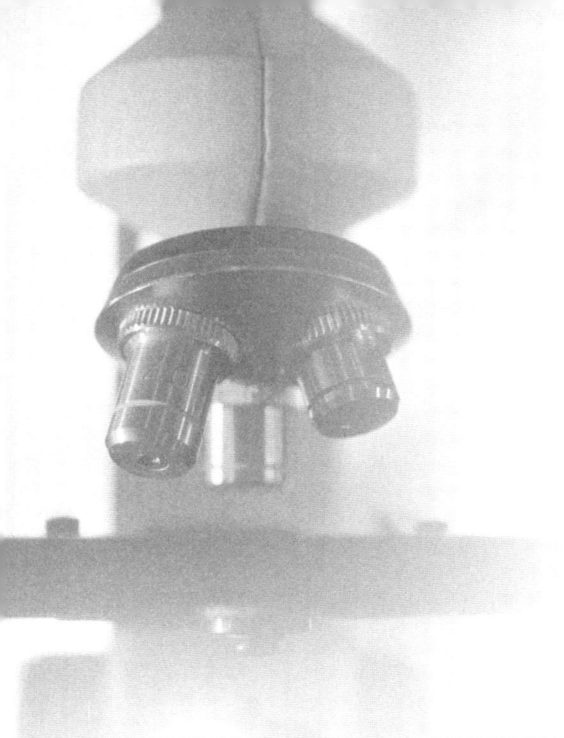

실험 15

호흡량 측정

1 목 적

본 실험에서는 발아중인 종자의 호흡량을 측정함으로써 소모 및 발생된 기체의 변화와 온도에 따른 호흡속도를 파악하고 호흡의 의미와 과정을 이해하고자 한다.

2 이 론

생물이 생명현상을 유지하기 위해서는 반드시 에너지가 필요하다. 물질대사과정에 의해 고분자 상태에서 저분자 상태로 분해된 단당류, 아미노산, 지방산, 글리세롤 등이 세포로 흡수되어 포도당 등과 같은 유기분자로 분해되고, 궁극적으로는 산소가 전자수용체로 작용하여 이산화탄소와 물로 분해되면서 에너지를 방출하는데, 이와 같은 산화환원반응을 호흡(respiration) 또는 세포호흡(cellular respiration)이라 한다. 이때 발생된 에너지는 ATP(adenosine triphosphate)의 고에너지 인산화합물로 전환되어 저장되고, 호흡과정 중 소비되는 산소와 방출되는 이산화탄소간의 가스교환이 일어난다.

세포호흡은 세포질에서의 해당과정(glycolysis; glyco = sugar, lysis = split)-미토콘드리아 기질에서의 구연산 회로(citric acid cycle, TCA(tricarboxylic acid) cycle, Krebs cycle)-미토콘드리아 내막에서의 전자전달계(electron transport system; ETS)를 거치면서 단계적으로 수행된다. 세포호흡의 재료가 되는 물질은 대부분 포도당 형태로 전환되어 에너지 생성을 위한 과정을 거치게 되는데, 1분자의 포도당이 호흡과정에서 완전히 산화되면 총 36 또는 38 ATP를 생산하게 된다. 세포호흡으로 만들어진 ATP는 리보오스(ribose)의 5번 탄소에 3개의 인산기가 결합되어 있는데, 그 중 당과 결합되지 않은 나머지 2개의 인산기가 절단되면서 다량의 에너지(7.3 kcal/mol)가 방출되고 이 에너지가 대부분의 생화학적 반응에 에너지로 사용된다.

한편, 어떤 미생물의 경우에는 산소의 존재가 없는 조건에서 에너지를 생산한다. 이 경우 에너지 생산을 위한 호흡과정에 산소의 존재가 전혀 필요 없으므로 산소의 존재를 필요로 하는 유기호흡(aerobic respiration)에 반대되는 의미로서 무기호흡(anaerobic respiration)이라 한다. 유기호흡의 경우, 전자수용체가 산소이고, 무기호흡에서는 질소, 황, 탄소 등인데, 대표적인 예로서 발효가 있다.

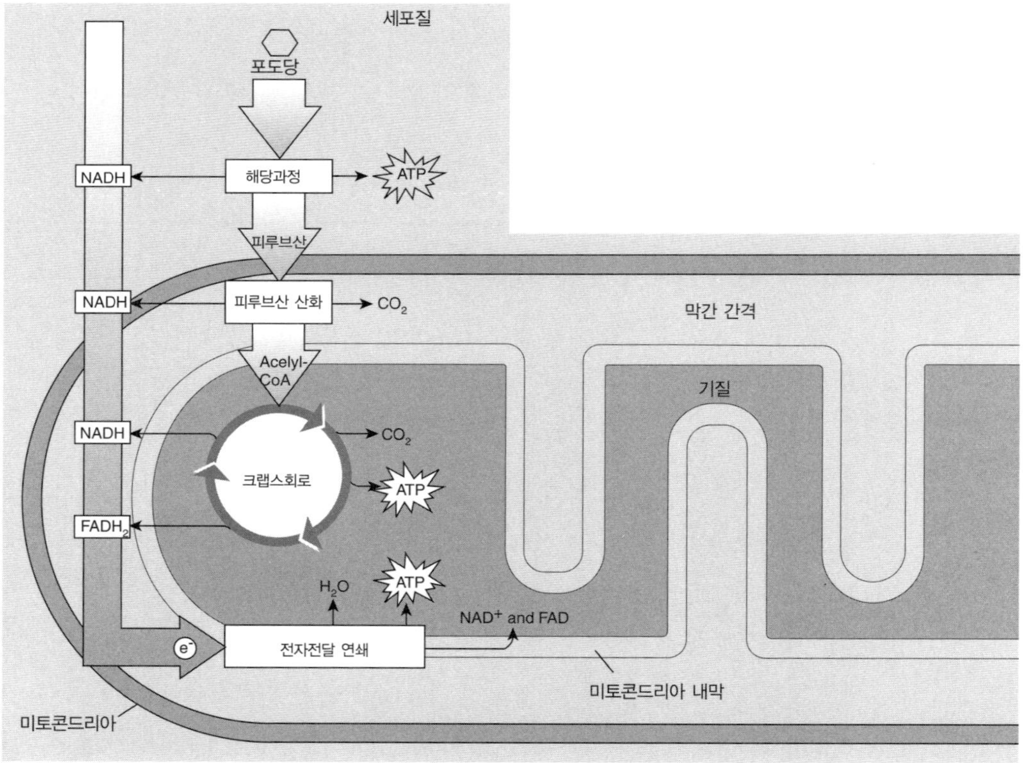

[그림 15.1] 유기호흡의 개요

3 시약 및 재료

- 발아중인 완두(*Pisum sativum* L.)
- 수한화칼륨(KOH) 알갱이
- 바세린
- 메틸렌블루(methylene blue)
- 실리카겔(silica gel)

4 실험기구

- 호흡병
- 유리모세관
- 솜
- 고무마개
- 모눈종이

5 실험방법

① 호흡병에 24시간 동안 발아시킨 완두콩 20알을 넣는다.

② 그 위에 솜을 덮고 수산화칼륨(KOH) 알갱이 10알을 넣는다.

③ 호흡병 입구를 고무마개로 막고, 유리모세관 끝어 소량의 메틸렌블루를 넣어 채운 후 2~3분간 방치한다. 이때 고무마개가 새지 않도록, 바세린을 발라주는데, 범벅이 되지 않도록 얇게 발라주야 한다.

④ 고무관을 클램프로 막고 반응을 시작해 염색액이 이동하는 것을 관찰한다. 이때 메틸렌블루가 호흡병 안으로 들어가지 않도록 한다. 즉, 염색액이 병 입구까지 다다르면 클램프를 열어준다.

⑤ 보정호흡병(compensation respiratory bottle)에는 완두 대신 실리카겔을 20알 넣고 위와 동일한 과정을 동시에 수행한다.

⑥ 위 실험을 실온(20°C), 얼음위(0°C), 따뜻한 물(40°C)에서 각각 수행하여 온도에 따른 호흡율의 변화를 본다.

⑦ 실제 호흡량 = 모세관 단면적 × 이동거리/단위시간(min), 단위콩

실험보고서

조번호:	이름:
학번:	학과:
실험일자:	제출일자:

1) 호흡병과 보정병에서 어떤 변화가 관찰되었는가?

2) 각 병에서 메틸렌블루는 어느 방향으로 이동하였는가?

3) 일반 화학 반응에서는 온도가 10°C 증가하면 반응속도는 2배 빨라진다(Q_{10} = 2). 본 실험에서의 Q_{10} = ?

4) 결과는 다음과 같이 정리하시오.

시간(min)	이동한 모세관 눈금(mm)								
	0°C			20°C			40°C		
	A	B	C	A	B	C	A	B	C

(A; 호흡병, B; 보정병, C; 보정값)
(보정값 = 호흡병에서의 메틸렌블루의 이동거리 − 보정병에서의 메틸렌블루의 이동거리)

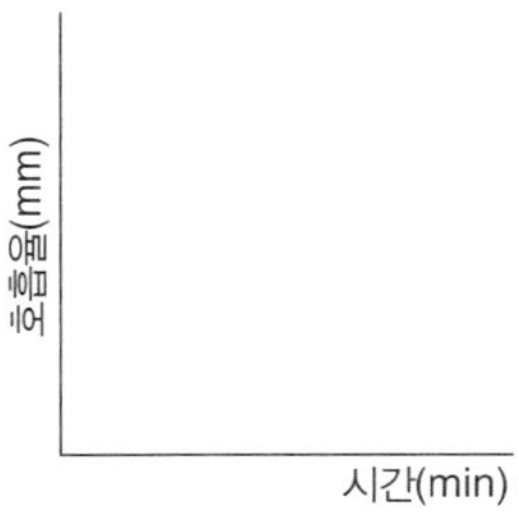

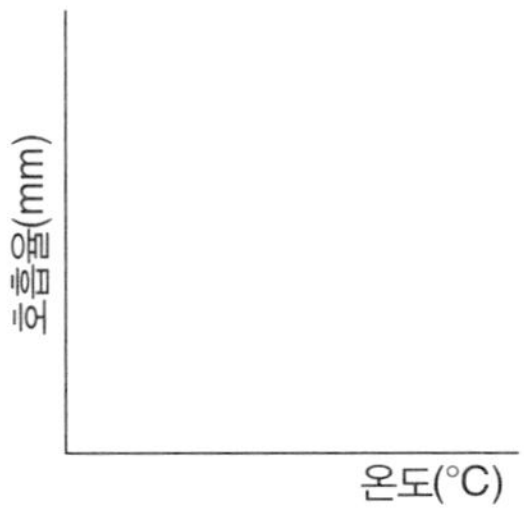

문|제|및|토|의

1) 메틸렌블루의 이동은 무엇을 의미하는가?

2) 메틸렌블루는 왜 그 방향으로 이동하는가?

3) KOH는 CO_2를 제거하는데, 왜 CO_2를 제거해야 하는가?

4) 보정병을 설치하는 이유는?

5) 보정병에는 완두콩 대신 실리카겔을 넣는다. 실리카겔은 호흡을 하지 않는데, 이것을 넣는 이유는?

6) 만약 호흡병에 KOH를 넣지 않았다면 염색액은 어느 방향으로 이동하겠는가?

7) 각 병에서 증가한(발생된) 기체와 감소한(소모된) 기체는 각각 무엇이며 그 이유는?

실험 16

광합성의 색소분리

1 목 적

혼합물로부터 그 성분을 분리하여 확인, 정량하고자 한다.

2 이 론

생화학자들은 식물의 잎에는 녹색 색소외에 다른 색소가 들어 있을 것이라는 추측은 하였으나 해답을 얻지 못하던 중 Chromatography가 개발되어 색소분리가 가능하게 되었다. 이는 색깔을 기록 한다는 의미로서 Chroma(color)와 graphein(to write)의 합성어에서 나온 말이다. 이 방법은 처음에는 색소분리에 이용되었으나, 뒤에는 색소가 아닌 혼합물의 분리에도 이용되어 오늘날은 유기 및 무기 물의 혼합물 뿐만 아니라 화합물의 분리에까지 광범위하게 이용되고 있다.

Chromatography는 혼합물로부터 그 성분을 순수하게 분리하거나 확인, 정량하는 가장 편리한 방 법중의 하나이다. 색소분리 방법중 흡착 -Chromatography는 물에는 녹지 않으나 유기용매에 잘 녹는 물질을 흡착제에 대한 흡착성의 차이로서 이용하여 분리하는 방법이며 분배 -Chromatography는 혼합물의 성분들이 서로 섞이지 않는 두 가지 용매에 다같이 녹지만, 두 용매에 대한 용해도(분배)가 다를 경우, 그 성분을 분리할 수 있는 방법이다.

Paper chromatography는 filter paper에 흡착된 용매(물)는 정지상 구실하고 물과 잘 섞이지 않은 유기용매는 이동상 구실을 한다. 그리고 filter paper는 정지상의 지지체(supporting medium)가 된다. Paper-chromatography는 5 μg 이하의 물질을 정상적으로 확인하는데 매우 편리하여, 시료의 성분과 유기용매가 동시에 이동되는데 이동하는 동안 물과 유기용매의 분미계수의 차이에 따라 이동속도 가 다르며 유기용매에 따라 잘녹는 성분이 덜녹는 성분보다 더 먼 데까지 이동된다.

3 시약 및 재료

- 시금치
- 아세톤
- 톨루엔

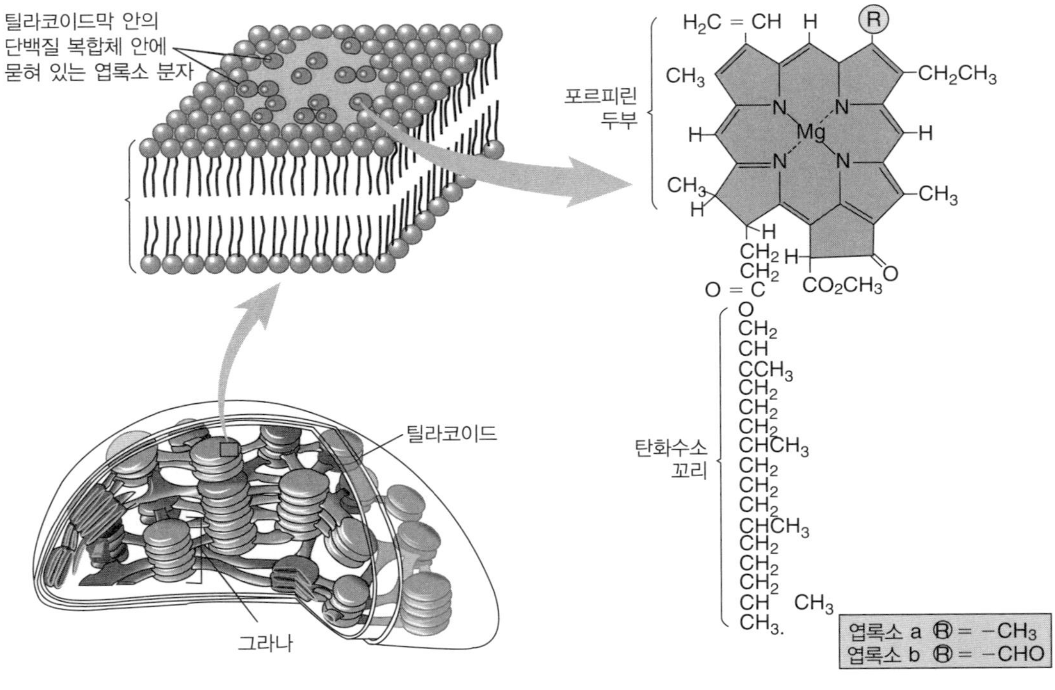

[그림 16.1] 엽록소

4 실험기구

- 여과지
- 고무마개
- 절구와 공이
- 스포이드
- 거즈
- 시험관
- 핀
- 비이커
- 점적용 나무막대

5 실험방법

① 50 g의 시금치와 아세톤 20 cc를 절구에 넣어 공이로 짓이겨 색소를 추출한다(약간의 모래를 첨가 여도 됨).

② 추출액을 거즈로 걸러 비이커에 모은다.

③ 색소액을 filter paper에 점적한다(직경 5 mm 이내).

④ 시험관에 톨루엔(toluene)을 20 cc 정도 넣은 후, 점적된 filter paper를 담근다.

⑤ 마개를 막고 30분간 방치한다.

⑥ filter paper에 분리된 색소를 sketch하고 명명한다.

⑦ Toluene이 여과지의 윗끝 가까이 까지 상승하면 여과지를 들어내서 서서히 말리고 여과지 상에 색소가 분리되어 있는 것을 관찰하라.

주 | 의 | 사 | 항

여과지를 손으로 만지지 않도록 하며 여과지가 시험관 벽에 닿지 않도록 한다.

[그림 16.2] 종이 크로마토그래피

실험보고서

조번호:	이름:
학번:	학과:
실험일자:	제출일자:

1) 색소들의 Rf 값을 구하여라.

문 | 제 | 및 | 토 | 의

1) Rf 값에 변화를 줄 수 있는 요인에 대해 설명하여라.

2) 종이크로마토그래피의 원리에 대하여 설명하여라.

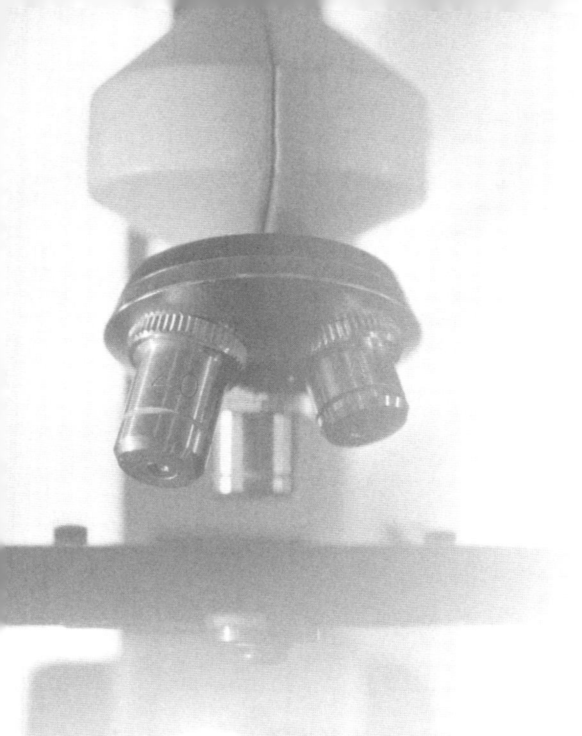

실험 17

척추동물관찰 I (개구리 해부)

1 목 적

개구리의 내부 및 외부형태를 살펴봄으로써 생태적 특징과 몸의 구조를 연계하여 이해한다.

2 이 론

1 분류학적 위치

척추동물문(Vertebrata)
　무양막아문(Anamniota)
　　양서강(Amphibia)
　　　무미목(Anura)
　　　　개구리과(Ranidae)
　　　　　개구리속(*Rana*)
　　　　　　황소개구리(*Rana catesbeiana*)

개구리의 실험동물로서의 가치는 다음과 같다. ① 재료를 구하기 쉽고 기르기가 용이하며, ② 외형이 그다지 불쾌감을 주지 않고, 크기가 적당하며, ③ 표면에 비늘이나 껍질 또는 깃털 같은 것이 없어 취급하기 편리하며, ④ 체제가 고등 척추동물에 흡사하다. 또, ⑤ 각 기관이 완전할 정도로 분화했고, 그 세포, 조직 등이 대형이므로, 해부, 조직, 생리 등의 실험에 알맞고, ⑥ 개구리 알을 구하기 쉽고 사람이 살고 있는 근처에도 많으므로 관찰이 용이하며, 올챙이의 성장이 빠르고 변태가 뚜렷하므로 발생학 실험에서도 좋은 재료가 된다. 그리고 동물이 수서에서 육서로 옮겨온 과정의 중요 단계에 있는 것이 개구리이기에 여러 가지로 중요성을 갖는다.

2 재료를 죽이는 방법

실험동물을 죽일 때에는 고통을 덜 주고 단시간 내에 목적하는 처치를 하여야 한다.

① 뇌(연수)를 파괴하는 방법－개구리의 등정중선과 양쪽 고막의 밑을 연결하는 줄이 교차하는 곳을 바늘로 찔러서 뇌를 파괴하면 된다. 그러나 뇌신경계의 관찰시에는 사용할 수가 없는 방법이다.

② 개구리의 위턱을 끊어내는 방법－생리실험 같은 데에 많이 쓰이지만, 해부에서는 그다지 쓰이지 않는 방법인데, 개구리의 위턱을 끊어내는 것으로 뇌는 물론 양쪽의 눈과 고막까지도 끊어낸다.

③ 약품(클로로포름, 에테르)으로 마취시키는 방법－마취의 정도가 약하면 실험동물이 다시 깨어날 수 있으므로 주의해야 한다.

3 시약 및 재료

- 황소개구리
- 클로로포름에테르
- 에테르
- 탈지면
- 해부기 set

4 실험방법

① 수조 속에 살아 있는 개구리와 클로로포름이나 에테르로 마취한 개구리를 비교하면서 외부형태와 구강안을 관찰하자. 또한 암 · 수컷의 차이점도 비교하자.

② 마취된 개구리를 배가 위로 향하게 해부접시에 놓고 핀으로 사지를 고정시키고 핀셋으로 피부를 들고 정중선을 피하여 항문부근에서 아래턱까지 가위로 절개하면 근육벽이 나온다. 중앙의 복정맥을 피하여 핀셋으로 근육벽을 들고 피부를 절개할 때와 같은 방법으로 항문부근부터 절개하되, 흉부에 이르면 쇄골과 오훼골이 있으나 근육과 함께 절개하자.

③ 흉부와 복부를 좌우로 절개하고 핀으로 해부접시 바닥에 고정하면 내장이 완전히 노출된다. 이때 주의할 것은 혈관을 피하여 혈액이 흐르지 않도록 해야 한다.

④ 항문 근처를 해부할 때는 방광이 약한 박막으로 덮였으니 터지지 않도록 주의하자. 이제 해부접시에 실험재료가 잠길 정도로 물을 채우고 내부구조를 관찰하자.

1 외부형태

몸은 앞쪽에 머리가 있고 목이 없이 바로 몸통과 연결되며, 몸통에는 네 다리가 있다. 몸과 머리의 경계는 양쪽 고막의 뒷 끝을 맺은 가선이다. 머리의 앞 끝은 둔한 삼각형으로 돌출하여 소위 주둥이(吻, snout)를 이루었다. 몸은 앞 · 뒤로 가늘어지며, 양편 앞뒤로 네 다리가 붙었고 꼬리(tail)는 없다.

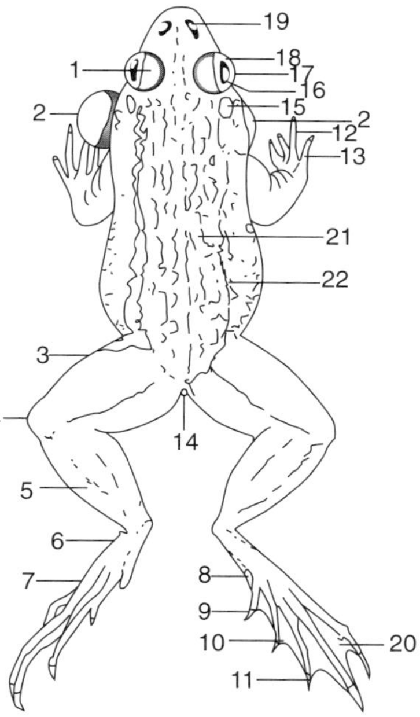

1. Upper eye lid(윗눈꺼풀) 2. Vocal sac(명낭)
3. Thigh(대퇴부) 4. Knee(무릎) 5. Leg(종아리)
6. Tarsus (발목) 7. Foot(발) 8. Extradigit(번외지)
9~13. Digit 1~Digit 5(제1지~제5지) 14. Anus(항문)
15. Tympanic memb(고막) 16. Papilla(동공)
17. Eye(눈) 18. Iris(홍채) 19. External naris(외비공)
20. Web(물갈퀴) 21. Integumental fold(피부습)
22. Longitudinal granular fold(피부종습)

[그림 17.1] 외부형태

1) 피부(Skin)

개구리의 몸통표면은 유연성이 있는 습윤한 얇은 피부로 덮여있다. 이것은 병원체를 막아내고 피부호흡(cutaneous respiration)을 도우며, 개구리는 물을 마시지 못하므로 수분흡수까지도 도와준다.

또한, 피부에는 많은 혈관이 분포함으로서 피부호흡을 가능하게 하여 준다. 그러나 피부호흡을 하기 위해서는 수분이 필수적으로 있어야 하므로, 개구리가 건조하고 기온이 높은 환경에 장시간 노출되는 경우 피부를 통한 수분의 손실로 탈수의 위험이 있을수 있다. 부드러운 피부에는 점액샘(mucous gland)이 있는데, 점액샘에서 분비되는 점액(mucus)에 의해 피부는 매끈매끈하게된다. 이것은 피부의 건조를 방지하고 개구리가 물속에서 수영할 때 마찰을 감소시켜주며 개구리를 잡아먹는 동물이 개구리를 잡는 것을 어렵게 한다. 피부의 색은 개체 또는 그들이 생활하고 있는 환경에 따라 다소 차이가 있으며, 일반적으로 등쪽은 검은점 또는 흰점이 산재해 있고, 배쪽의 피부는 모두 흰색을 띠고 있다. 등쪽 양편에는 배측선피부융기(dorsolateral grandular fold)가 있다.

2) 머리(Head)

머리는 전체가 둔한 삼각형을 하고 있으며 다음을 관찰할 수 있다.

① 외비공(external naris): 눈의 앞가장자리에서 입끝까지를 문(rostrum)이라 하며, 문의 중앙에 한 쌍의 외비공이 있으며, 이는 내비공을 통해 구강(oral cavity)과 연결된다. 외비공에는 열렸다 닫혔다하는 판막이 있어서 호흡을 돕고 있다.

② 눈(eye): 머리의 양쪽에 솟아 있으며, 그 표면에는 각막(cornea)이 있고, 이것의 가두리에 황갈색을 띠는 홍채(iris)가 있어 그 안에 동공(pupil)이 위치 한다. 눈의 외부에는 자유롭게 움직일 수 있는 윗눈꺼풀(upper eye-lid)과 아래눈꺼풀(lower eye-lid)이 있으며, 그 안에 투명한 순막(nictating membrane)이 있다. 순막은 투명하고 눈의 하연(下緣)에 붙어 있으며, 개구리는 물 속에 있을 때에는 순막으로 눈의 표면을 아래서부터 위로 덮어 싸고 있으며 공기 속에 있을 때는 순막을 열고 있다.

③ 고막(tympanic membrane): 눈 뒤에 황갈색을 띄는 타원형의 투명한 막으로 겉귀는 없다. 고막의 중심부, 즉 가운뎃귀 속에 있는 소주골(小柱骨, columella)을 찾을 수 있다.

④ 울음주머니(명낭, vocal sac): 아래턱의 뒤쪽에 피부가 팽출하여 된 것으로 수컷에만 있다.

⑤ 구강(oral cavity): 입을 넓게 벌리고 속을 들여다보면 다음과 같은 부분을 관찰할 수 있다.

㉠ 혀(tongue): 속에 H자형의 설연골(舌軟骨)이 있는 연한 근육으로 된 기관이며, 아랫턱 양쪽 끝에 붙었고, 끝은 두 갈래로 갈라졌다. 포식할 때는 원활하게 움직이며 점액이 분비되어 있으므로 곤충 등의 포획시에 잘 붙어 들어간다.

㉡ 구개(palate): 입속 천장을 말하며 한가운데 양쪽에 안구가 돌출한 부위가 있다. 구개 위에 분필가루나 잉크를 조금 묻혀 놓으면 섬모 운동을 볼 수 있다.

㉢ 이(teeth): 윗턱에는 안쪽을 향한 치열(齒列)이 있다. 이것이 악치(顎齒; maxillary teeth)이며 약 50개가 있고, 또 구개의 한가운데의 양측 서골(vomer) 위에 각 5~10개의 서골치(鋤骨齒; vomeric teeth)가 있다.

㉣ 내비공(internal naris): 서골치와 윗턱의 중앙에 있는 구멍으로 외비공과 연락이 되며 호흡에 관여한다. 호흡할 때 있어서의 공기는 외비공에서 내비공을 통하여 구강 속으로 들어간다.

㉤ 유스타키오관(eustachian tube): 안구 돌출부 뒤쪽에 있는 큰 구멍으로 귀의 고실에 통해 있다.

㉥ 인두(pharynx)와 후두(larynx): 구강 안쪽의 식도와 통하는 개구부를 목구멍(인두)이라하며, 목구멍 조금 안쪽에 앞뒤로 방추형으로 긴 열공이 숨구멍(후두)이며 기관지로 통하는 입구이다.

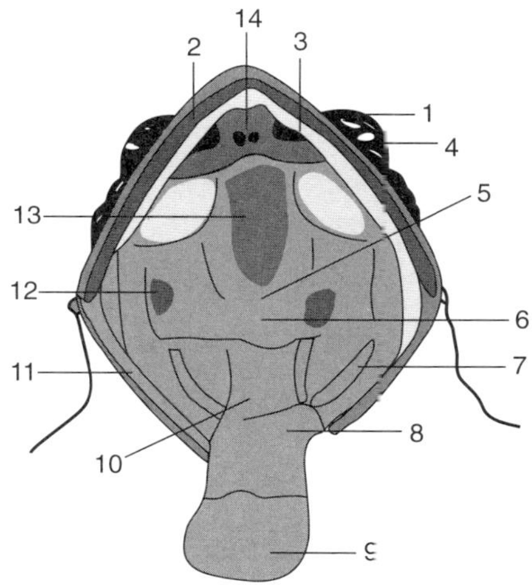

1. Eye (눈) 2. Upper jaw (상악) 3. Internal naris (내비공) 4. Nictating membrane (순막) 5. Pharynx (인두) 6. Larynx (후두) 7. Hyoid cartilage (설연골) 8. Lingual radix (설근) 9. Tongue (혀) 10. Lingual muscle (설근육) 11. Lower jaw (하악) 12. Opening of Eustachian tube (유스타키오관) 13. Palate (구개) 14. Vomerian teeth (서골치)

[그림 17.2] 구강

⑥ 몸통(trunk): 몸통의 배쪽 앞부분을 가슴(breast)이라 하고, 그 뒷부분을 배(abdomen)라 한다. 또한, 등쪽의 앞부분을 어깨(shoulder), 그 뒤쪽을 허리(loin), 뒷끝을 궁둥이(buttock)라 하고 그 끝에 총배설강(cloaca)의 개구부인 항문(anus)이 있다.

⑦ 다리(appendage, leg): 짧은 앞다리(fore limb) 1쌍과 비교적 긴 뒷다리(hind limb) 1쌍으로 구성되며, 앞다리의 몸에서 가까운 곳에서부터 어깨에 부착된 부분이 상박(위어깨, arm), 그 밑이 앞어깨(하박, fore arm), 팔목(wrist), 손바닥(palm) 순이며, 손가락(finger)은 몸통 쪽에서부터 1, 2, 3, 4, 5순으로 5개의 손가락이 있으나 제 1지는 흔적적이다. 수컷에서는 제 2지에 근육성 혹(naptial pad, 육융)있는데, 이를 혼인육지라 하며 생식시기에 암컷을 껴안는데 사용된다. 뒷다리도 몸통에서부터 넓적다리(thigh), 종아리(leg), 발목(tarsus), 발(foot), 그리고, 발가락(toe)의 순이다. 발가락은 5개로 물갈퀴(web)가 발달되어 있으며, 제1지 위쪽에 흔적적인 발가락인 번외지(extra digit)가 있다.

2 내부형태

박동하는 심장(心臟; heart)은 엷은 심낭 속에 있으며 제일 먼저 보인다. 심장의 좌우에 허파가 있는데 공기가 가득차 있을 때는 아주 크지만, 해부용침으로 찌르면 줄어들어 다른

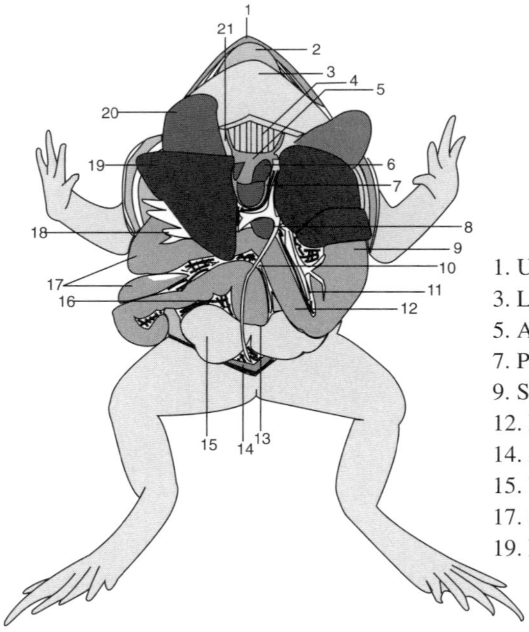

1. Upper jaw(윗턱) 2. Tongue(혀)
3. Lower jaw(아랫턱) 4. Sternohyoid muscle(흉설골근)
5. Arterial trunk(동맥간) 6. Heart(심장)
7. Pericardium(심낭) 8. Gall bladder(담낭)
9. Stomach(위) 10. Spleen(비장) 11. Pancreas(췌장)
12. Duodenum(십이지장) 13. Rectum(직장)
14. Anterior abdominal vein(전장정맥)
15. Urinary bladder(방광) 16. Kidney(신장)
17. Small intestine(소장) 18. Fat body(지방체)
19. Liver(간) 20. Lung(폐) 21. Thyroid(갑상선)

[그림 17.3] 내부관찰

기관을 관찰하는데 편리하다. 중앙에 제일 큰 기관인 간이 검붉은색으로 보인다. 그 좌측에 위가 있고 이어서 창자가 있다. 암컷에서는 많은 알(egg)이 복면 전부를 덮기도 하므로 이를 먼저 제거해야만 하고, 항문 근처에서는 오줌이 충만되어 있을 경우 방광을 쉽게 찾을 수 있다. 내장의 색은 시기와 개체에 따라 다르다 내부관찰시에 신선한 재료를 사용해야만 기관의 색을 잘 관찰할 수 있다.

(1) 소화기관(Digestive organ)

소화관을 식도로부터 떼어내어 관찰하면 다음과 같은 부분들을 관찰할 수 있다.

① 식도(oesophagus): 인두에서 위까지의 음식물의 통로로 1~1.5 cm 정도의 매우 짧은 관이며 목구멍에서 깔대기 모양으로 아래로 가면서 가늘어진다. 내면에 세로주름이 많으며 여기에서 펩신(pepsin)을 분비한다. 식도벽은 위벽보다 더 얇아 신장성(伸長性)이 많아서 위와의 경계가 분명하다.

② 위(stomach): 간의 정중선에서 약간 왼쪽에 있어서 일부가 간에 가려져 보이는데, 담홍황색의 분문부(cardia region)와 보다 희게 보이는 유문부(pyloric region)로 되어 있다. 내부주름은 식도보다 훨씬 크고 높으며, 뒤로 갈수록 점차 낮아진다.

③ 소장(small intestine): 위의 유문부 말단, 즉 가늘어진 부분부터가 소장이다. 소장은 주로 영양분 흡수를 하나 소화의 작용도 있다. 십이지장(十二指腸, duodenum)은 위의 유문부 아랫쪽에 위치하며, 바로 오른편 앞쪽으로 굽었고(第1十二指腸屈曲), 또 왼편 뒤쪽으로 전행(轉行)한다(第2十二指腸屈曲). 이 두 굴곡(屈曲)의 중간부가 십이지장이며, 소장은 이곳에서부터 수차례 굴곡하여 오른쪽 간의 아래쪽에서 대장(large untestine)으로 된다. 소장의 내면에는 융모(villi)가 없고, 복잡한 주름(fold)구조로 되어 소장작용을 완수한다. 소장은 내부의 주름을 기준하여 보면 대개 5부로 구별할 수 있다.

④ 대장(large intestine): 대장은 직장(直腸, rectum)만으로 되어 있다. 뒤끝이 가늘어져서 총배설강(總排泄腔, cloaca)에 개구한다. 개구리에서는 직장에서도 흡수작용이 있다. 내면전반은 치밀한 그물모양 주름이 있고, 후반(後半)에서는 직장과 평행하는 세로로 달리는 주름으로 변한다.

⑤ 총배설강(cloaca): 직장의 가장 뒷부분으로서 수컷에서는 수정뇨관(輸精尿管, 2개)과 방광(1개)의 개구가 있고, 암컷에서는 자궁(輸卵管後端)의 개구(開口)와 수뇨관(輸尿管, 2개)과 방광(1개)의 개구가 있다. 그리고 오줌은 수뇨관에서 직접 방광에 들어가는

것이 아니고, 총배설강을 거쳐서 방광으로 들어간다.

⑥ 소화선(digestive gland)

ⓐ 간(liver): 간은 암적갈색이며 두개의 엽(lobe)로 되었는데, 좌측의 것이 크며 다시 두 개의 엽으로 갈라져서 간은 세 개의 엽으로 볼 수도 있다. 좌우 간엽 사이에는 녹정색인 콩알만한 것이 보이는데, 이것이 담낭(쓸개주머니, gall-bladder)이며, 속에 쓸개즙(bile juice)를 담고 있다. 담낭를 터뜨리면 녹색의 쓸개즙이 나오는데, 맛을 보면 상당히 쓰다. 그 다음에 간의 일부를 메스로 베고 단면(斷面)을 보면 여러 개의 관(管)을 볼 수 있다. 이것이 간관(hepatic duct)이다.

ⓑ 췌장(이자, pancreas): 위와 십이지장 사이에 위치하는 불규칙한 엽상기관이며, 담황백색을 하고 있다. 이자에서는 췌관(pancreatic duct)이 나와서 십이지장에 개구하고 이자액을 보낸다.

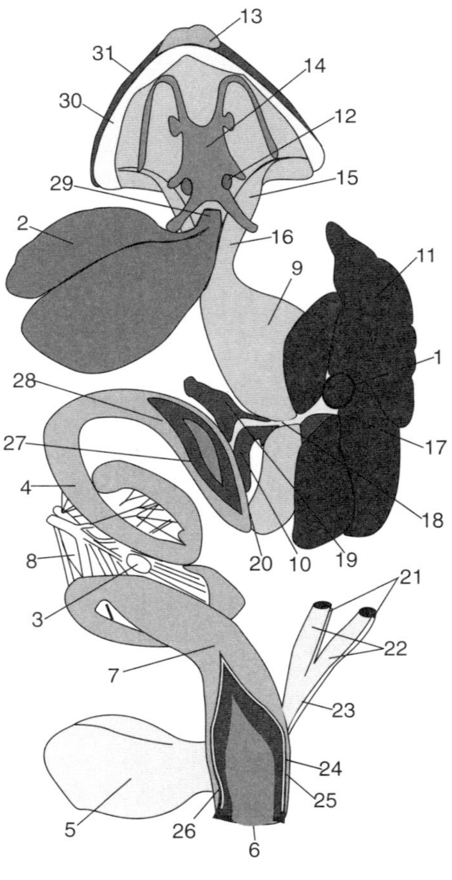

1. Gall bladder(담낭) 2. Lung(폐) 3. Spleen(비장)
4. Small intestine(소장) 5. Urinary bladder(방광)
6. Anus(항문) 7. Rectum(직장) 8. Mesentry(장간막)
9. Stomach(위) 10. Pancreas(장) 11. Liver(간)
12. Thyroid(갑상선) 13. Tongue(혀)
14. Hyoid cartilage(설연골) 15. Pharynx(인두)
16. Oesophagus(식도) 17. Hephatic duct(간관)
18. Bile duct(담관) 19. Pancreatic duct(췌관)
20. Pyloric region(유문부) 21. Urinary duct(요관)
22. Oviduct(수란관) 23. Uterus(자궁)
24. Opening of uterus(자궁구)
25. Opening of ureter(뇨관구)
26. Opening of urinary bladder(방광구)
27. Opening of bile duct(담관구)
28. Duodenum(십이지장) 29. Larynx(후두)
30. Lower jaw(하악) 31. Upper jaw(상악)

[그림 17.4] 호흡계, 소화계

ⓒ 비장(지라, spleen): 장간막 사이에 있는 작은 팥알 같은 담홍색의 기관이다. 소화기관은 아니다.

(2) 호흡기관(respiratory organs)

호흡기는 입에서부터 숨구멍을 거쳐 좌우로 갈라져 허파에 이르는 기관들을 말한다.

① 허파(lung): 복강(腹腔)의 안쪽에 한 쌍 있다. 공기가 충만 되어 있기도 하고, 공기가 빠져 오그라져 있기도 한다. 허파가 오그라졌을 때 가는 빨대로 공기를 불어 넣으면 부풀어 오른다. 이것에서 보면 허파 속에 많은 혈관이 분포된 것을 볼 수 있다. 허파는 수많은 조그만 기포(air cell)로 된 탄성 있는 주머니이며 끝이 뾰족하다. 많은 기생충도 허파 속에 들어 있다.

② 기관(trachea): 허파의 앞 끝은 기관지(bronchi)에 붙고 짧은 기관지는 곧 합쳐서 한 개의 기관(氣管)이 된다. 기관은 짧은 근육성의 관이고, 곧 숨구멍에 연결된다.

(3) 생식기관(genital organs)

① 자성생식기(Female genital organs)

ⓐ 난소(ovary): 복강(腹腔)의 등편에 있는 불규칙한 모양의 큰 기관이고 한 쌍 있으며, 시기에 따라 색과 크기에 차이가 심하다. 성식시기에는 과립 모양의 형체에 일부가 백색의 알(egg)이 충만되어 체강(體腔)의 대부분을 점령한다. 산란 후인 여름에서 가을까지는 황색점상체란(黃色粘狀體卵, 퇴화한알)을 담고 작아진다. 난소에서 약간 앞으로 난소망막(卵巢網膜, mesovarium)에 부착한 손가락 모양의 황색 형체는 지방체(fatty body)이다.

ⓑ 수란관(oviduct): 수란관은 난소의 바깥편에 있는 흰빛이 돌고 꼬불꼬불하게 서리고 있는 것으로서 그 앞은 체강의 앞쪽에 개구하였는데, 이곳을 나팔관(fallopian tube)이라고 한다. 난소에서 체강속으로 배출(난소에 일정한 배출구는 없다)된 알은 나팔관을 거쳐서 수란관으로 들어온다. 수란관에는 앞쪽의 굴곡(屈曲)이 적은 곳과 뒤쪽의 굴곡이 심한 곳의 2부가 있다.

굴곡이 심한 곳부터 뒷부분은 벽이 엷고 커지므로, 이곳을 특히 자궁(子宮)이라고도 한다.

ⓒ 자궁(uterus): 수란관의 뒷부분으로 굵어진 부분이다. 알이 수란관을 거쳐 자궁에 도달하는 동안 내벽에서 분비된 단백질성 피막으로 덮이게 된다.

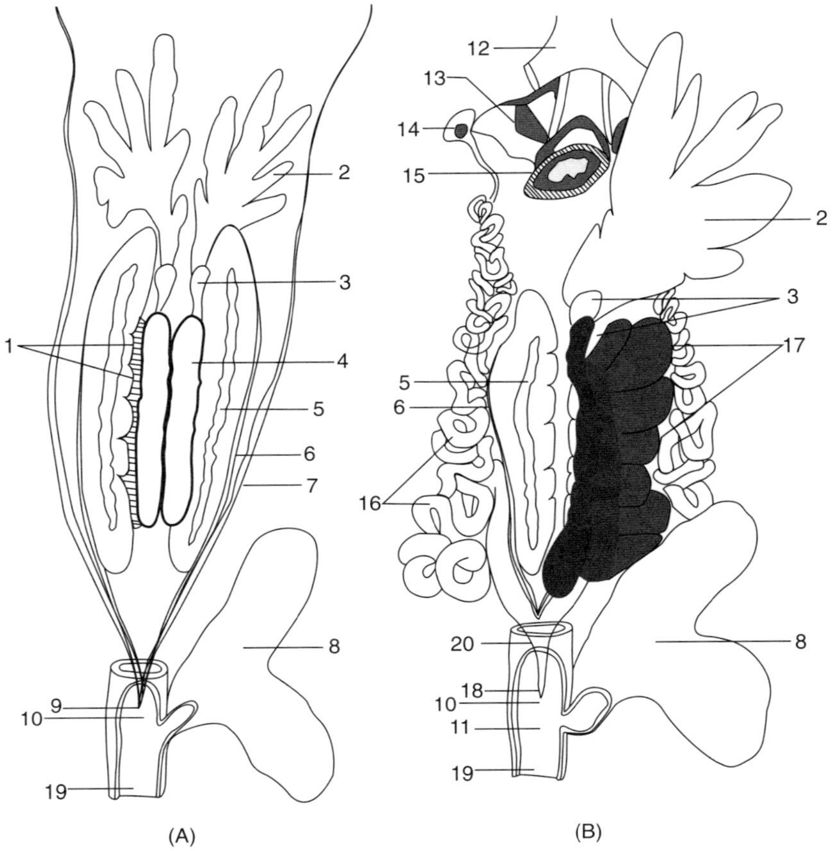

1. Vas efferens(정소관) 2. Fat body(지방체) 3. Bidder's organ(비더스기관)
4. Testis(정소) 5. Adrenal gland(부신) 6. Ureter(요관) 7. Müllerian duct(뮐러관)
8. Urinary bladder(방광) 9. Opening of Müllerian duct(뮐러관구) 10. Opening of ureters(요관구)
11. Cloaca(총배설강) 12. Sternohyoid muscle(흉골설골근) 13. Base of lung (폐기부)
14. Funnel of oviduct(난관누두) 15. Oesophagus(식도) 16. Oviduct(수란관) 17. Ovary(난소)
18. Opening of oviduct(난관구) 19. Anus (항문) 20. Uterus(자궁)

[그림 17.5] 생식기관; (A) 웅성 (B) 자성

② 웅성생식기(male genital organs)

ⓐ 정소 또는 고환(睾丸, testis): 콩팥의 배쪽에 있는 한 쌍의 황색 기관으로 둥근 잣을 까놓은 것 같은 모양으로 앞쪽 끝에 지방체(脂肪體)가 달려있다.

ⓑ 지방체(fatty body): 손가락 모양이며 귤빛을 띠고, 좌우에 수컷에서는 정소의 앞 끝에 암컷에서는 난소망막(卵巢網膜)에 달려 있다. 지방 세포가 모세혈관과 모세림프관 속에 가득차서 된 것으로 시기에 따라 그 크기에는 차이가 있는데, 이 물질은 영양물질로서 동면(冬眠)중에 소모되고 일부는 생식시기에 소모된다고 보고있다.

ⓒ 수정소관(efferdnt yessel): 정소를 핀셋으로 들어올리며 콩팥과의 사이를 자세히 보면 많은 줄같이 보이는 가는 관이 연결된 것을 볼 수 있다. 그 중 무색의 작은 관이 수정소관이며, 정소에서 나온 정자(spermatozoon)는 이 가는 관을 통과하여 수정관(vas deferens)을 거쳐 콩팥 속으로 들어가고 오줌과 섞인 정자는 콩팥의 바깥쪽 뒷편에서 나오는 수정뇨관(genito-urinary canal)으로 와서 저정낭을 걸쳐 총배설강을 통하여 체외로 나오게 된다.

ⓓ 뮐러씨관(Müllerian duct): 이 관은 암컷의 수란관과 상동적(相同的)인 것으로 수컷에서는 흔적적인 기관이다. 콩팥의 겉쪽을 세로로 내려온 백색세관(白色細管)이며, 앞은 대부분 폐쇄되고 뒷끝은 총배설강벽까지 닿아 있다.

4) 비뇨기관(Urinary organ)

① 콩팥(신장, 腎臟; kidney): 척추골에 붙어서 위의 뒤쪽 내장의 뒷부분에 있는 한 쌍의 기관이다. 적갈색을 띠며 갸름하고 납작한 기관으로 한가운데 흰 선이 있다. 대개 오른쪽 콩팥이 왼쪽 것보다 위에 위치한다. 콩팥의 한가운데 세로로 나 있는 굵은 흰색의 선모양으로 된 것이 부신(副腎; adrenal gland)이다.

② 수뇨관(輸尿管; ureter): 콩팥의 뒤 바깥쪽에서 나오는 세관으로 뒤로 나가 총배설강에 개구한다. 수뇨관은 암컷에서 오줌만 통과하나 수컷에서는 수정소관을 통하여 나온 정자가 오줌과 같이 이 관으로 배출되므로 특히 수컷에서는 수정뇨관이라 한다.

③ 방광(膀胱; urinary bladder): 복강의 하단을 보면 엷은 막으로 되고 중앙이 가늘어져서 좌우가 불룩하며 오줌이 들어 있는 것이 방광이다. 오줌은 수뇨관에서 총배설강을 거쳐 방광에 담겼다가 가득차면 다시 총배설강을 거쳐 배출하게 된다.

실험보고서

조번호:	이름:
학번:	학과:
실험일자:	제출일자:

1) 개구리의 소화기계, 호흡기계를 그려 넣고 각 부위의 명칭을 기록하라.

2) 배설기관과 생식기관을 관찰하고 스케치하라.

문제 및 토의

1) 외부관찰

(1) 피부가 미끄러운 이유는 무엇인가?

(2) 외비공은 내비공과 통하는가?

(3) 눈에 있는 순막은 어느 쪽에 있으며 그 역할은 무엇인가?

(4) 개구리의 피부색은 환경에 따라 변하는가?

2) 내부관찰

(1) 위속에 있는 음식물들은 무엇인가?

(2) 허파에 공기가 차 있을 때와 없을 때는 어떤 차이가 있는가?

(3) 지방체의 위치와 기능은 무엇인가?

(4) 총배설강에는 암수 각각 몇 개의 관이 개구하는가?

실험 18

척추동물관찰 II (쥐 해부)

1 목 적

쥐의 내부 및 외부형태를 살펴봄으로써 생태적 특징과 몸의 구조를 연계하여 이해한다.

2 이 론

1 분류학적 위치

- 척추동물문(Vertebrata)
  - 포유강(Mammalia)
    - 설치목(Rodentia)
      - 쥐과(Muridae)
        - 쥐속(*Rattus*)
          - 쥐(*Rattus novegicus albinus*)

포유류는 오리너구리를 제외하고는 대부분이 태생으로 젖샘을 가지고 수유하는 특징이 있다. 또한 횡격막(diaphragm)에 의해 체강이 흉강과 복강의 두 개의 강으로 나누어진다. 쥐는 포유동물 가운데서 비교적 구하기 쉽고 취급하기에 편리하여 실험동물로서 자주 쓰인다. 해부학적 견해에서 비교적 비슷한 토끼가 대용으로 사용되는데 크기가 커서 관찰하는 데 편리한 반면 값이 비싸고 쥐는 크기는 작으나 값이 싸서 자주 이용 된다 .

2 외부형태

몸은 머리와 몸통으로 되어 있으며, 머리에는 입, 코, 눈, 귓바퀴가 있다. 입의 주위에는 입술이 있고, 콧구멍은 코의 앞 끝에 열려있다. 눈은 위 · 아래 눈꺼풀이 있고 눈썹은 가늘고 짧다. 콧구멍과 눈의 위 아래에는 촉모가 있으며 귓바퀴 중앙에는 겉귀구멍이 열려 있다.

몸통은 가슴과 배 부분으로 되어 있다. 항문은 꼬리의 기부 복면에 열려 있고, 비뇨생식문은 양성 모두 항문의 앞쪽 복면에 열린다. 수컷에는 표피에 싸여 있는 음경과 항문 사이에 음낭이 있다. 암컷에는 항문의 바로 앞에 질구가 있고, 그것의 앞부분이 돌출해서 음핵이 된다. 젖꼭지는 보통 가슴에 3쌍, 겨드랑이에 3쌍이 있는데 개체간에 차이가 있다. 각 젖꼭지의 끝에는 유선이 개구가 되는 유구가 있다. 몸의 후단에는 비늘모양의 각피에 덮여 있는 꼬리가 있다.

다리는 앞다리와 뒷다리로 나누어진다. 앞다리는 윗팔, 아래팔, 손으로 되어 있다. 손가락은 5개 있고 엄지손가락은 축소되었으며 손바닥에는 10개의 보행혹이 있다. 뒷다리는 넓적다리, 종아리, 발로 나누어지고 발가락은 5개 있고 발바닥에도 11개의 보행혹이 있다.

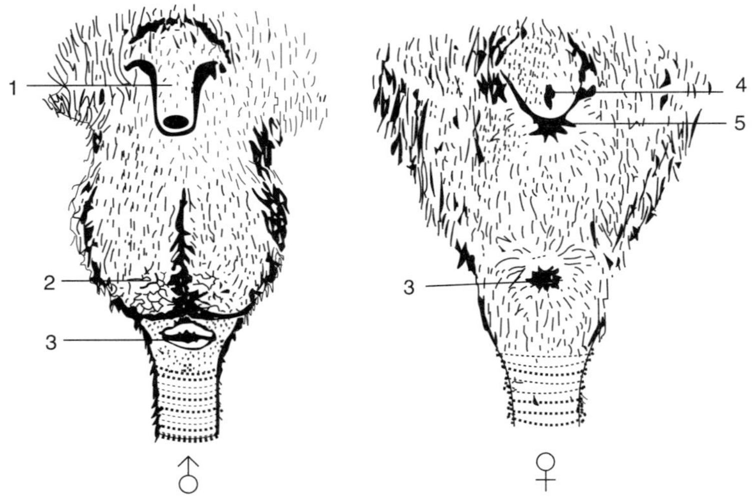

1. Penis(음경) 2. Scrotum(음낭) 3. Anus(항문) 4. Urinary pore(외요도구) 5. Ostium vagina(질구)

[그림 18.1] 외부생식기

3 내부행태

1) 흉부내장(thoracic viscera)

우선 가슴의 횡격막 위를 가로로 자르고, 그것의 양끝부터 앞쪽 중앙을 향하여 갈비뼈를 순서로 자르고 흉강복벽을 삼각형으로 제거한다.

흉강은 흉막에 의해서 덮혀 있고, 이것은 등의 벽으로부터 늘어져서 세로격벽으로 되어 흉강을 둘로 나눈다. 기관의 앞면의 양측에는 두엽으로 되어 있는 회색의 흉선이 있고, 폐는 폐흉막에 의해서 덮혀 있다. 심장은 투명한 심막에 싸여져 있다. 식도는 위치에 따라 목, 가슴, 배의 3부분으로 구별된다. 기관은 후두에서 이어지고 2개의 기관지로 나누어져서 양쪽에 연결된다. 갑상선은 후두의 아래쪽에 1쌍이 있고 우엽과 좌엽으로 나누어지고, 이들은 갑상선 협부에서 연결된다. 갑상선의 각 엽의 위에는 상피소체가 있다. 이는 다같이 내분비선이다.

구강선에는 다음의 것들이 있다. 이하선은 목 양측면 및 배측에 있고, 림프절과도 결합되어 있다. 외누선은 이하선의 앞 부분에 밀착하고 악하선은 후둥의 앞쪽 양측에 있고, 다엽성인 타원형을 하고 있다. 설하선은 악하선의 앞쪽에 부착한다. 소관설하선은 독립된 많은 소설하선으로 된 작은 선으로 입의 점막에 밀착한다.

목에는 많은 림프절이 있다. 현저한 것이라고는 견갑설골근에 덮혀져 있는 전경림프절과 보다 훨씬 뒤쪽에 위치한 후경림프절이 있다. 어깨의 일부부터 이하선과 악하선과의 사이에 붉은 색의 다방성지방조직인 동면선이 있다. 혀의 등면정중선에는 설정중구가 달리고, 표층에 설유두가 있다. 기부에 1개의 유곽유두, 등면 전면에 있는 원추유두와 앞부분에 있는 균상유두가 보인다.

2) 복부내장(abdominal viscera)

복강은 복막으로 덮혀 있고, 이것의 일부는 장간막으로 되어 늘어진 소화관을 받들고 있다. 간은 대개 4엽으로 우엽, 방형엽, 좌엽 및 미상엽으로 구성되어 있고, 앞쪽에는 횡격막에 접한 간검상간막에 계속된다. 간장관은 십이지장에 열린다. 쥐에는 쓸개주머니가 없다. 위는 분문, 유문, 위체, 위기저로 구별된다. 위를 또 다시 점막으로 된 주름모양 융기에 의해서 전위부와 선위부로 나눈다. 비장은 위의 등쪽에 있고 긴타원형으로 암적색을 띤다.

소장은 십이지장, 공장, 회장의 3부로 되었다. 십이지장은 소장의 가장 앞쪽을 말하고, 그것의 등쪽 장간막 위에 수지상지방성의 이자가 있다. 십이지장에 이어진 부분이 공장

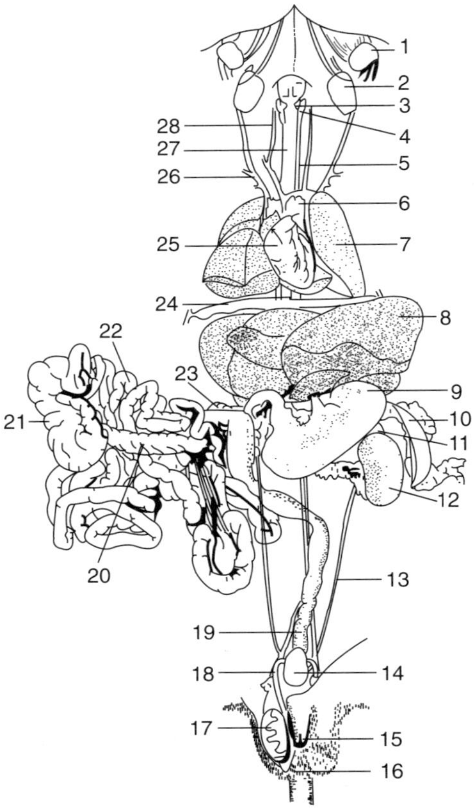

1. Parotid gl.(이하선). 2. Submandibular gl.(악하선). 3. Parathyroid(부갑상선)
4. Thyroid (갑상선) 5. Esophagus(식도) 6. Thymus(흉선) 7. Lung(폐) 8. Liver(간)
9. Stomach(위) 10. Spleen(비장) 11. Adrenal(부신) 12. Kidney(신장)
13. Ureter(요관) 14. Urinary bladder(방광) 15. Penis(음경) 16. Anus(항문) 17. Testis(정소)
18. Spermatic duct(정관) 19. Rectum(직장) 20. Large intestine(대장)
21. Blind intestine(맹장) 22. Small intestine(소장) 23. Pancreas(췌장)
24. Diaphragm(횡경막) 25. Heart(심장) 26. Superior vena cava(상대정맥)
27. Trachea(기관) 28. Common carotid a(총경동맥)

[그림 18.2] 내부구조와 소화계

이고, 되돌아 오는 맹장에 이어진 부분이 회장이다.

대장은 맹장, 결장, 직장으로 구성된다. 맹장은 몸의 우측과 결장과의 경계를 갈라 주는 암갈색의 큰 관인데, 회색의 충수로 끝난다. 결장은 소장에 연결된 부분인데, 상행결장, 횡행결장, 하행결장으로 되어 있다. 직장은 결장에 이어진 백색의 관으로 척추와 방광과의 사이부터 요대를 통하여 항문에 의해서 몸 밖으로 열린다. 신장은 복강의 배벽에 위치한 한 쌍의 강낭콩 모양의 기관이다. 신문에 있어서 누두형의 신우가 신유두를 둘러싸고 신우의 원위단은 요관에 연결된다. 신장의 바로 앞에 1쌍의 황색을 띤 구상체인 부신이 있고, 이는 내분비선이다. 방광은 치골결합의 직전에 있고, 방광경의 등쪽에 위치하는 요관구에 요관이 열린다.

4 생식기관(reproductive organ)

1) 웅성생식기관(male genital organ)

정소는 어린새끼에서는 신장 부근에 있으나 차차로 하강하여 생후 30~40일에 음낭으로 들어간다. 좌우 1쌍의 복잡한 관상건에서 정자를 형성한다. 정세관은 정소문에서 모여져서 정소망으로 되고, 수정소관에 연결되어 정소의 내측에 위치한 정소상체로 들어간다. 정소상체의 앞 부분을 정소상체두, 중앙부를 정소상체복체, 뒷 부분을 정소상체미라고 한다. 수정관은 고상체미의 뒷끝부터 나와서 복강 속으로 들어가고, 좌우의 것이 합쳐져 요도의 기부인 정구에 열린다.

부생식선은 정낭, 전립선, 호복부선의 총칭인데, 수정관팽대부 혹은 정구에 개구한다. 방광과 마찬가지로 결합조직의 막으로 덮혀 있다. 정낭은 1쌍의 반달 모양이고, 끝이 심하게 굴곡한 선인데, 수지상돌기가 다수 돌출한다. 전립선은 응고선, 복부전립선, 배부전립선으로 되어 있다. 호복부선은 좌우의 정관을 둘러싼다. 요도구선, 쿠퍼선은 요도구의 등 위쪽에 있는 1쌍의 선이다. 요도는 방광의 뒤쪽, 내요도구에서 시작하여 음경의 끝의 외요도구에서 끝난다. 음경의 복벽에는 음경골이 있다. 음경의 기부 양측에는 수컷의 음핵선과 상동인 1쌍의 표피선이 있다.

2) 자성생식기관(female genital organ)

난소는 난자를 형성하는 곳인데 난소낭에 덮혀있다. 난소강은 난소문에서 난소와 접착하거나 그것 이외에는 위난소강이라는 공강을 만든다. 수란관은 구불구불 구부러진 세관인 나팔관이라 불리운다. 위난소강에 연결된 난관집에서 시작해서 난관누두, 난관팽대부, 난관협부, 자궁벽을 꿰뚫어서 자궁구에서 끝난다. 자궁은 중복자궁으로, 자궁각과 자궁체로 되었고, 자궁체의 말단은 질 가운데에 돌출한 자궁경으로 된다. 양편 자궁각의 내강은 합하여 개개의 자궁경관을 통해서 질에 개구한다. 자궁경이 질에 돌출하는 부분에는 질원개가 형성된다. 뒷끝은 질전정이 되고, 질구에서 몸 밖으로 열린다. 여기에 1쌍의 음핵선이 보인다.

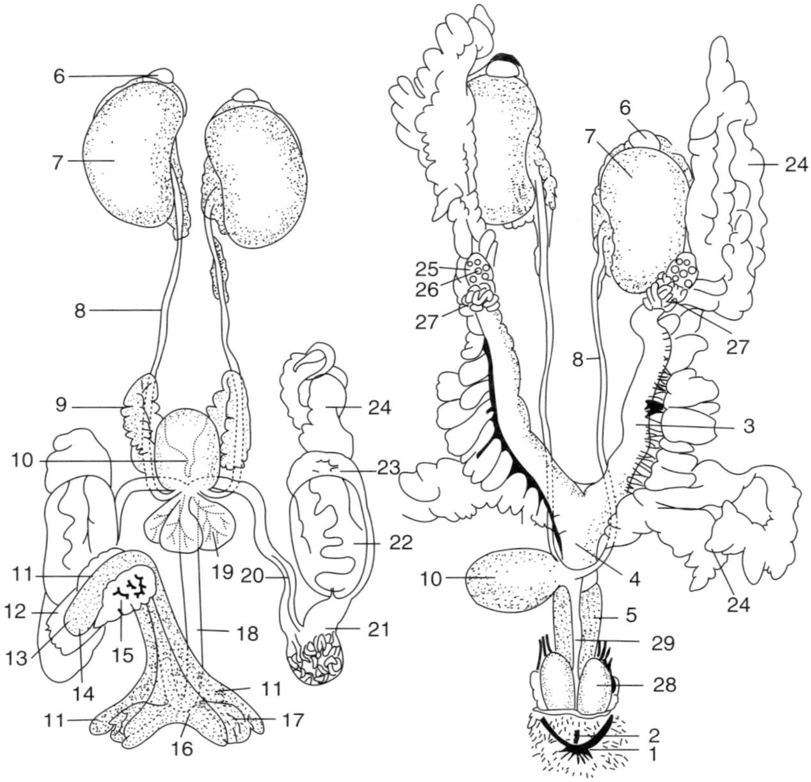

1. Urinary pore(외요도문) 2. Ostium vaginae(질구) 3. Uterus(자궁) 4. Vagina(질)
5. Vaginal vestibule(질전정) 6. Adrenal(부신) 7. Kidney(신장) 8. Ureter(요관)
9. Seminal vesicle(정낭) 10. Urinary bladder(방광) 11. Corpus cavernosum penis(음경해면체)
12. Preputium(표피) 13. Urogenital pore(외요도구) 14. Glans penis(음경귀두)
15. Preputial gl.(표피선). 16. Corpus spongium penis(요도해면체)
17. Urethral bulb gl.(요도구선). 18. Genito-urinary cannel(정뇨관) 19. Prostate gl.(전립선).
20. Spermatic duct(정관) 21. Posterior epididymis(후정소상체) 22. Testis (정소)
23. Anterior epididymis(전정소상체) 24. Fat body(지방체) 25. Ovary(난소)
26. Vesicular follicle(포상난포) 27. Oviduct(난관) 28. Vesicular follicle(포상난포)
29. Urethra (요도)

[그림 18.3] 내부생식기

3 시약 및 재료

- 쥐
- 해부기세트
- 클로로포름 or 에테르
- 해부접시

4 실험방법

① 클로로포름이나 에테르로 마취한 쥐의 외부형태를 관찰하고 암 · 수컷의 외부형태의 차이점도 비교하자.

② 마취된 쥐를 배가 위로 향하게 해부접시에 놓고 양 뒷다리 사이를 가로로 절개한 후 흉부를 향해 세로로 절개하자. 이때 주의할 것은 혈관을 피하여 혈액이 흐르지 않도록 해야 한다.

③ 항문 근처를 해부할 때는 방광이 약한 박막으로 되어있으니 터지지 않도록 주의하자. 이제 해부접시에 실험재료가 잠길 정도로 물을 채우고 내부구조를 관찰하자.

실험보고서

조번호:	이름:
학번:	학과:
실험일자:	제출일자:

1) 쥐의 소화기계, 호흡기계를 그려 넣고 각 부위의 명칭을 기록하라.

2) 배설기관과 생식기관을 관찰하고 스케치하라.

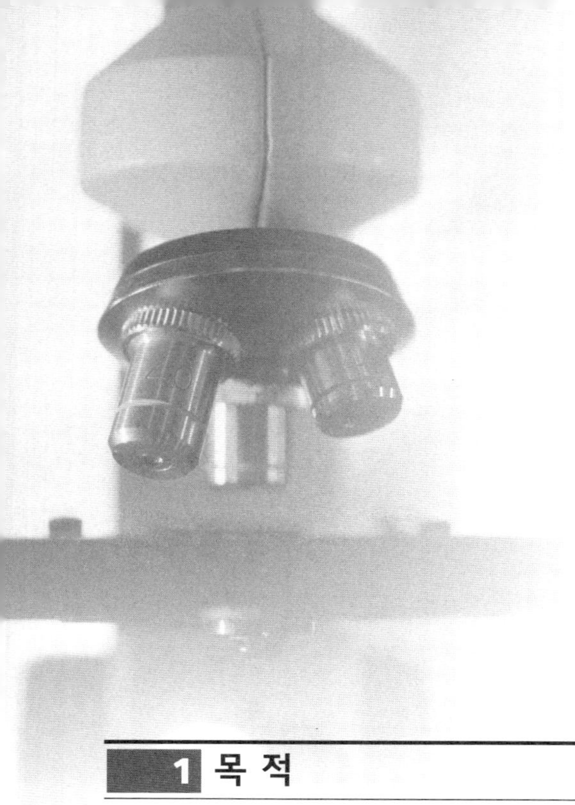

실험 19

동물의 배발생

1 목 적

발생의 의미를 이해하고, 척추동물(vertebrate)의 배발생 과정을 직접 관찰한다.

2 이 론

발생(development)은 수정(fertilization)과 함께 시작되어 생물체가 죽을 때까지 계속되는 연속적인 과정으로 대부분의 동물에 있어 배발생은 거의 유사한 단계를 거쳐 진행된다.

1 양서류의 배발생 과정

수정란은 세포분열, 즉 난할(cleavage)에 의해 할구(blastomere)가 형성되고 여러 조직과 기관형성의 원기를 갖게 된다. 대부분의 수정란은 구형이며 배를 발생시키는 동물극(animal pole)과 영양물질, 즉 난황을 다량 함유하고 있는 식물극(vegetal pole)으로 나뉘어진다.

수정란은 유사분열을 계속하여 단단한 공모양의 세포인 상실배(morula)를 형성하게 되는데, 이때 동물극과 식물극의 기능적 세포 구성성분의 차이로 인해 분열속도, 할구의 크기, 할구의 수에 있어 차이를 보이게 된다. 즉 동물극세포는 식물극세포보다 빨리 분열하여 동물극 세포의 크기가 작지만 할구의 수는 더 많다.

동물극의 세포가 구형의 가장자리로 이동해서 하나의 층으로 이루어진 속이 빈 주머니 모양의 배인 포배(blastula)를 형성하고 빈 공간을 할강 혹은 포배강(blastocoel)이라 한다.

세포분열이 포배기에서 이어져 낭배(gastrula)를 형성하는데 이 시기에는 단일층이던 배가 여러 층으로 분리되기 시작한다. 세포층의 분리는 세포의 특성, 기능적인 측면에서 운명을 달리하는 세포집단의 분리로서 낭배 말기까지 외배엽(ectoderm), 내배엽(endoderm), 중배엽(mesoderm)의 3배엽이 형성된다. 낭배형성 기간동안 세포가 안쪽으로 이동하여 배의 형태형성(morphogenesis)이 일어나며 배의 기본적인 조직과 기관이 결정되고 세포 분화에 의해 특정한 조직과 기관이 만들어진다. 분화된 조직이 1개 이상의 다른 조직과의 상호관계에 의해 기관형성이 이루어진다.

이러한 일련의 과정을 통해 어느 정도 성체의 형태가 형성되면, 부화하거나 출생 후 크기면에서 계속적인 증가, 생식능력의 발생 등 후배발생 과정을 거치며 일생을 살아간다.

2 닭의 배발생

닭의 배발생 시 나타나는 많은 과정들은 다른 양막류에 속하는 척추동물, 특히 포유류(mammals)와 유사성을 보인다. 그리고 닭의 배(chick embryo)는 포유류에 비해 재료를 구하기가 비교적 쉽고 원하는 발생단계를 비교적 쉽게 얻을 수 있으므로 발생 초기과정을 관찰하고 실험에 사용하기에 많은 장점을 가지므로 배발생 단계를 이해하는데 많이 이용되고 있다.

닭의 배발생은 수란관에서 체내수정에 의해 시작되고, 체내에서 난할이 개시되며, 수천 개의 할구로 이루어진 포배(blastula)상태로 산란된다. 산란 후 발생에 필요한 적절한 온도 및 습도에 이르기 전에는 더 이상 발생이 되지 않는다.

일반적으로 조류의 알은 난황의 양과 분포에 따른 난자의 분류상 강단황란(extremly telolecithal egg)에 속하며 난황이 없는 동물극의 세포질은 배반이라고 해서 작은 원반(disk)의 형태로 난황 위에 떠 있으며, 난할이 시작되면 배반엽(blastoderm)이라 불리우며 배와 배외막(extraembryonic membrane)의 대부분은 배반에서 기원한다. 배반엽의 중앙은 배하강(subgerminal cavity)에 의해 밑에 있는 난황과 분리되어 난황을 가지지 않지만. 배반엽의 가장자리는 난황을 포함하고 있는 세포들로 구성되어 있다. 따라서 배반엽의 중심부는 가장자리보다 투명하게 보이므로 이 부위를 명역(area pellucida)이라 하고

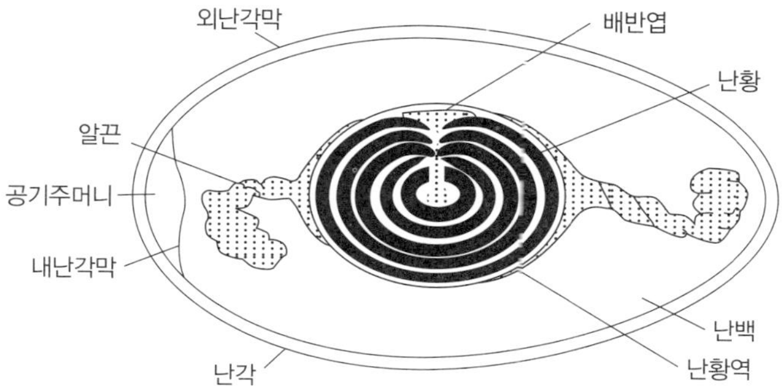

[그림 19.1] 수정란의 횡절단면(×1.5)

가장자리를 암역(area opaca)이라 한다. 암역은 다시 둘로 나누어지는데 발생중인 혈도(blood island)들이 있는 안쪽의 얼룩진 부위인 혈관역(area vasculosa)과 난황이 있는 바깥쪽을 난황역(area vitellina)이라 한다.

3 닭의 배발생 단계

닭의 배발생 단계는 일반적으로 Hamburger 와 Hamilton(1951)이 정상 발생 과정에서 정한 발생단계를 표준으로 사용하며, 발생 시작부터 부화까지 총 46단계로 나뉘는 각 발생단계의 주요 특징들은 다음과 같다.

- **단계 1.** 전 선조기(Prestreak: 0~5시간 부란)

  배순(embryonic shield)은 볼 수 있으나, 낭배기의 시작을 알리는 시원 선조(primitive streak)는 형성되지 않는다.

- **단계 2.** 초기 선조기(Initial streak: 6~7시간)

  시원 선조가 명역의 가장자리에서 짧고 굵은 원뿔 모양으로 나타나기 시작한다.

- **단계 3.** 중기 선조기(Intermediate streak: 12~13시간)

  시원 선조는 명역의 중심부까지 확장된다 아직 원구(primitive groove)는 보이지 않는다.

- **단계 4.** 본 선조기(Difinitive streak: 18~19시간)

  시원 선조의 길이가 최대로 되고, 원구와 원와(primitive pit)와 원결절(primitive knot)이 나타난다. 명역은 그 형태가 마치 서양배모양과 같고, 선조의 길이는 명역 길이의 3/4까지 확장된다.

- **단계 5.** (19~20시간)
  척색 돌기(notochordal process)를 볼 수 있으나. 머리는 아직 형성되지 않았다.
- **단계 6.** (23~25시간)
  두습(head fold)은 볼 수 있으나, 원체절(somite)은 형성되지 않았다.
- **단계 7.** (23~26시간)
  한 쌍의 원체절을 볼 수 있으며, 신경습(neural fold)이 나타난다.
- **단계 8.** (26~29시간)
  신경습이 닫히기 시작하며, 혈도가 나타난다.
- **단계 9.** (29~33시간)
  안포(optic vesicle)가 보이며, 심장관(heart tube)이 합쳐지기 시작한다.
- **단계 10.** (33~38시간)
  세부분에서 팽대된 원시뇌포(brain vesicle)가 보인다. 안포는 아직 수축되지 않은 상태이다.
- **단계 11.** (40~45시간)
  다섯 개의 신경분절이 후뇌(hind brain)에서 보인다. 안포의 기저부가 수축되었고, 심장이 오른쪽으로 구부러진다.
- **단계 12.** (45~49시간)
  종뇌(telencephalon)가 보이고 청와(auditory pits)가 깊어진다. 심장은 S자 형태이다. 양막(amnion)의 두습이 종뇌를 덮고 있다.
- **단계 13.** (48~52시간)
  머리가 오른쪽으로 틀어진다. 종뇌가 커진다. 양막습(amnion fold)이 후뇌까지 머리를 덮는다. 뇌굴곡(cranial flexure)과 경굴곡(cervical flexure)이 나타난다.
- **단계 14.** (50~53시간)
  뇌굴곡은 거의 직각이다. 내장궁(viscera arches) 1과 2, 새열(gill cleft) 1과 2가 확연히 구별된다. 안포가 함몰되고, 렌즈 형성판(lens placodes)이 보인다.
- **단계 15.** (50~55시간)
  뇌굴곡은 90°이상이다. 내장궁 3과 새열 3이 분명하다. 안배(optic cup)가 형성되었다.
- **단계 16.** (51~56시간)

날개 원기를 겨우 볼 수 있다. 꼬리 원기가 나타난다. 다리 원기는 날개 원기보다 크다.

- **단계 17.** (52~64시간)

  날개 원기와 다리 원기가 보인다. 비와(nasal pits)가 형성된다. 요막(allamtois)은 볼 수 없다.

- **단계 18.** (3일)

  다리 원기가 날개 원기보다 약간 더 길다. 양막은 거의 완전하게 닫혀진다. 경굴곡은 거의 직각이다. 상악 돌기(maxillary process)와 네 번째 새열은 불분명하거나 없다. 요막이 보인다.

- **단계 19.** ($3\sim3\frac{1}{2}$일)

  상악 돌기(maxillary process)가 분명히 나타나고 하악 돌기(mandiblar process)만큼 길다. 요막이 작은 돌기의 형태로 꼬리쪽에 나타난다. 눈에는 색소가 없다.

- **단계 20.** ($3\sim3\frac{1}{2}$일)

  몸통이 곧다. 요막은 소낭 모양이며 거의 중뇌만큼 크다. 눈에는 약간의 색소가 있다.

- **단계 21.** ($3\frac{1}{2}$일)

  외지(limb) 원기는 다소 비대칭형이고 이들의 축은 꼬리쪽으로 향해 있다. 상악 돌기는 눈의 중앙까지 확장되며, 하악 돌기보다 길다. 네 번째 내장궁과 새열이 분명하다. 요막은 머리까지 확장된다. 눈의 색소가 확실히 나타난다.

- **단계 24.** (4일)

  날개와 다리의 원기는 폭보다 길이가 길다.

- **단계 25.** ($5\frac{1}{2}$일)

  부리가 나타나기 시작한다.

- **단계 30.** (7일)

  우아(feather germ)가 나타난다. 지골(digit)이 구별되기 시작한다.

- **단계 36.** (10일)

  labial groove는 윗턱 끝에서는 명확히 브이나, 하악 끝에서는 거의 보이지 않는다. 날개 깃털이 분명하다.

- **단계 39.** (13일)

  다리의 윗쪽 표면이 비늘로 덮여 있다. 날개 깃털이 뾰족한 원추형이다.

- **단계 43.** (17일)

  부리의 길이가 5.0 mm이다.

- **단계 46.** (20~21일)

  병아리로 부화한다.

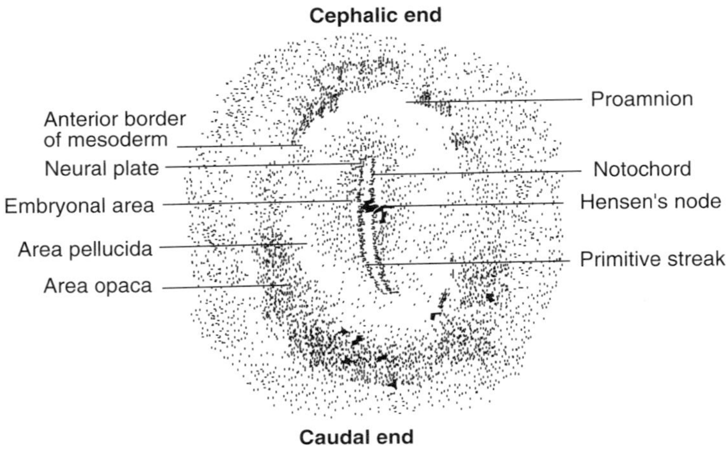

[그림 19.2] 부란 후 18시간 된 닭의 배(×20)

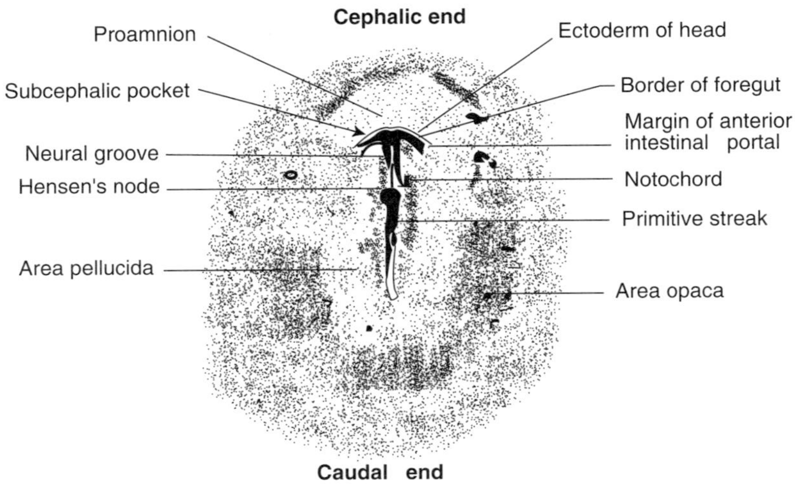

[그림 19.3] 부란 후 20시간 된 닭의 배(×17)

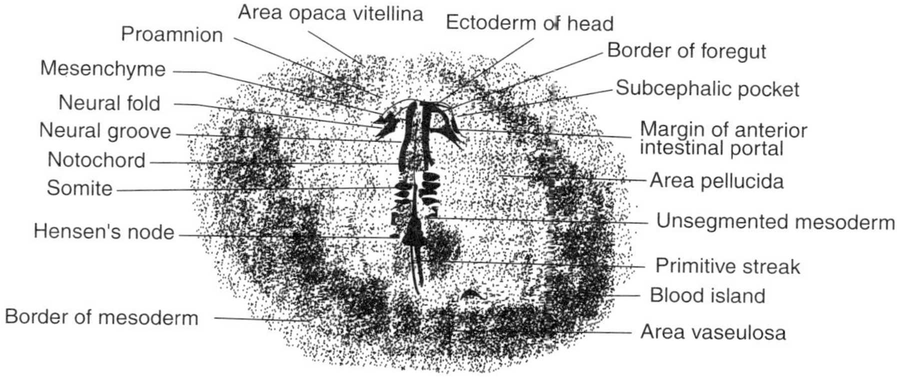

[그림 19.4] 부란 후 24시간 된 닭의 배(×16)

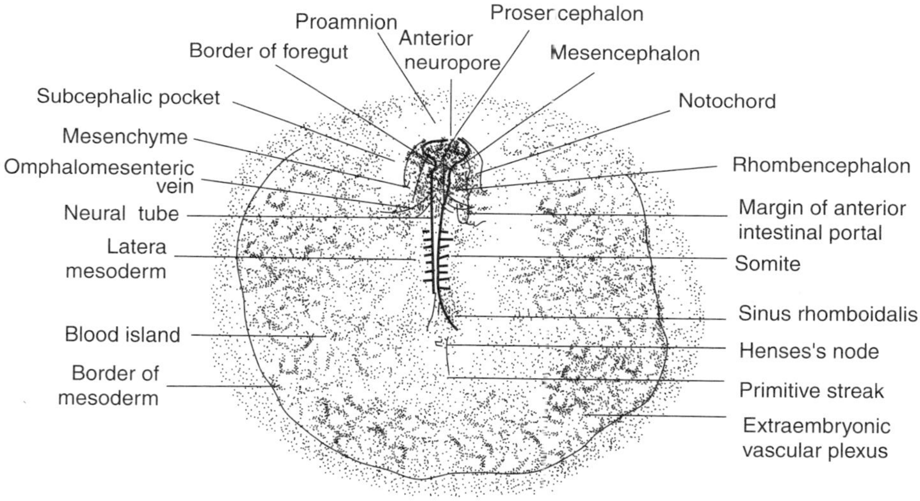

[그림 19.5] 부란 후 27~28시간 된 닭의 배(×14)

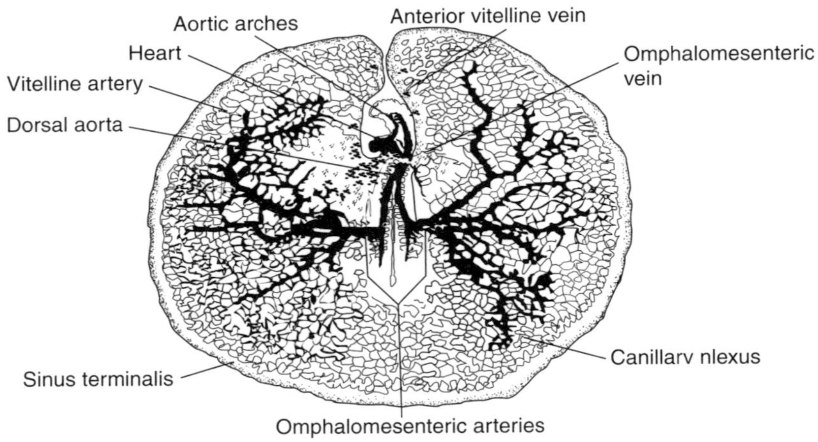

[그림 19.6] 부란 후 44시간 된 닭의 배(×12)

3 시약 및 재료

- 수정란(부란 전, 부란 후 1일, 부란 후 2일, 부란 후 3일)
- 영구 슬라이드
- 0.9% 생리식염수(37°C)

4 실험기구

- 해부현미경 1대
- 해부기 1세트
- 턱이 낮은 유리사발(finger bowl)
- 여과지 3장

5 실험방법

1 배의 분리

① 수정란을 옆으로 뉘인 상태에서 난황이 터지지 않도록 조심스럽게 달걀을 깨 배반엽이 난황의 위쪽에 위치하도록 하면서 수정란의 내용물을 0.9% 생리식염수가 들어있

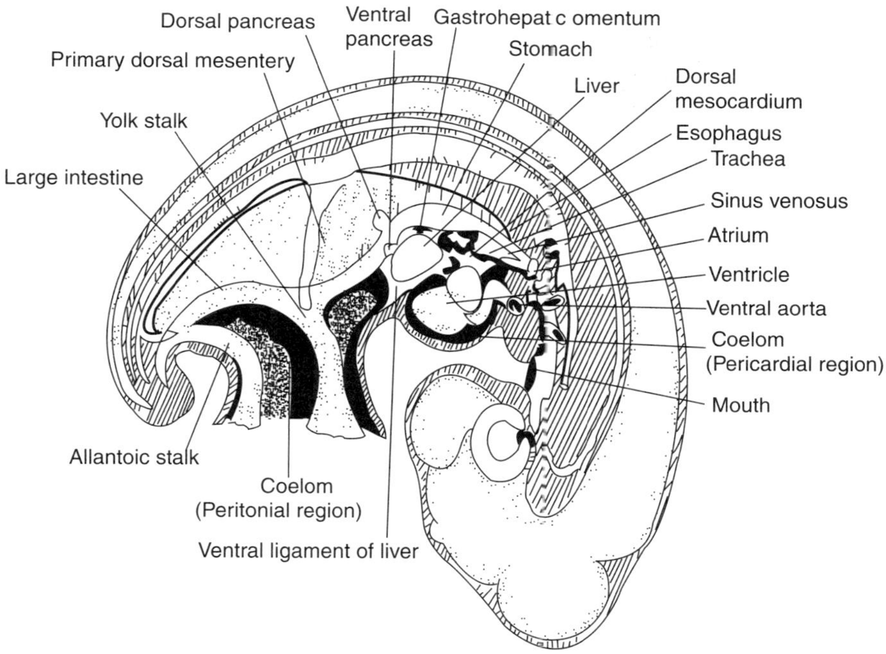

[그림 19.7] 부란 후 4일 된 닭의 배(×14)

는 유리사발에 모은다.

② 암역보다 크게 여과지를 오려 배반엽 위에 조심스럽게 올린 후, 여과지 바깥쪽의 난황막을 오린다.

③ 여과지에 붙은 상태의 배를 새로운 식염수가 들어있는 시계접시에 옮겨 여과지와 난황을 제거한다.

2 관찰

① 배반엽이 겹치지 않도록 잘 편 후, 저배율로 현미경하에서 관찰한다.

② 여러 발생시기에 해당하는 준비된 대조표본을 보면서 척색 및 척추, 뇌, 원체절, 눈, 날개 및 다리, 심장, 부리 등의 형성과정을 추적하여 본다.

실험보고서

조번호:	이름:
학번:	학과:
실험일자:	제출일자:

1) 각각의 배발생 단계를 관찰하고 그려라.

문 | 제 | 및 | 토 | 의

1) 고등 척추동물의 배에서 초기의 배발생이 비슷하게 진행된다. 그 이유는?

2) 노른자와 흰자의 기능은 무엇인가?

3) 닭의 배발생이 원활하게 이루어지기 위한 최적 온도와 최적 습도는?

4) 원체절은 궁극적으로 무엇으로 분화하는가?

5) 발생중인 닭의 배를 싸고 있는 배외막의 종류를 모두 나열하고 각각의 기능을 설명하라.

6) 난황낭은 포유류에서 퇴화되는데 그 이유는 무엇인가?

7) 내배엽, 중배엽 그리고 외배엽에서 유래한 조직과 기관에는 각각 어떤 것들이 있는가?

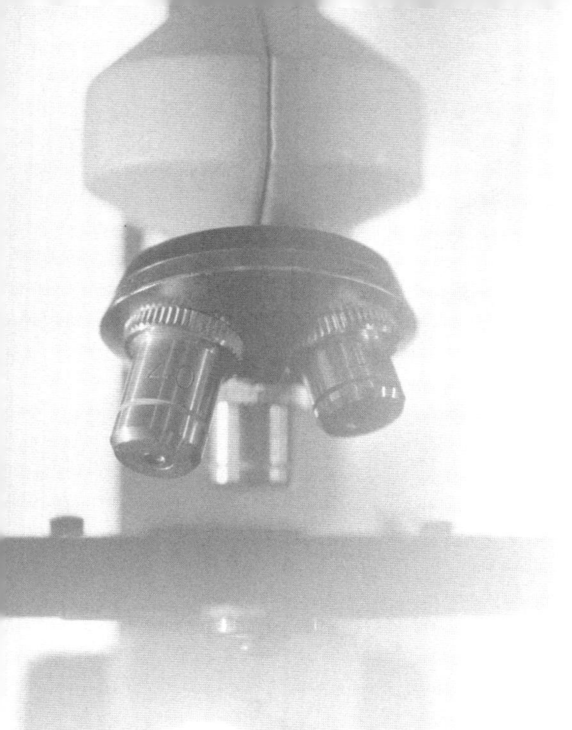

실험 20

DNA 구조 및 추출

1 목 적

본 실험에서는 DNA 이중나선의 구조를 명확히 이해하고 고등식물, 특히 쉽게 구할 수 있고 DNA 추출이 비교적 용이한 민들레 종류(서양민들레, 흰민들레, 민들레 등)를 대상으로 하여 DNA 추출의 흥미진진한 과정을 수행하면서 유전물질로서의 DNA의 중요성에 대해 이해하고자 한다.

2 이 론

1 DNA 구조의 발견

DNA(deoxyribonucleic acid)는 생물체의 유전정보의 저장, 보존 및 전달주체로서 일반적으로 두 개의 폴리뉴클레오티드(polynucleotide) 가닥이 나선상으로 꼬여있는 이중나선(double helix) 구조로 되어 있다.

Rosalind Franklin은 M. H. F. Wilkins의 실험실에서 정제된 DNA의 결정에 대한 X－선 회절연구를 한 결과, Watson과 Crick이 DNA의 구조를 밝히려는 연구를 시작하기 전에 이미 DNA의 X－선 회절양상을 얻어냈다. 이는 DNA가 일종의 나선구조를 하고 있으며 분자내에는 크기가 각각 0.34 nm, 2.0 nm, 그리고 3.4 nm의 규칙적이고 반복적으로 나타나는 세 가지의 중요한 형태가 있음을 보여주었다. Franklin과 Wilkins는 그들이 얻은 X－선 회절양상을 근거로 하여 DNA내 염기들이 접시들을 쌓아놓은 것과 같이 서로 중첩되어 있을 것이라 추측하였다. 이들의 정보와 Chargaff의 염기조성 자료를 이용하여 1953년, 영국의 두 과학자 James Watson과 Francis Crick은 DNA의 3차구조에 대한 모델을 제시하였으며 그 결과 1962년 노벨상을 수상하였다.

2 DNA 구성과 기본구조

DNA를 구성하는 기본단위인 뉴클레오티드(nucleotide)는 데옥시리보오스(deoxyribose)라는 5탄당(pentose)과 당의 1′탄소에 결합되어 있는 4종류의 질소염기(adenine; A, thymine; T, guanine; G, cytosine; C), 그리고 당의 5′탄소에 결합되어 있는 인산기로 구성되어 있다. 한 뉴클레오티드 당의 5번탄소에 결합되어 있는 인산기(5′-p)와 인접한 다른 당의 3번 탄소에 결합되어 있는 수산기(3′-OH) 사이에 인산에스테르결합(phosphodiester bond)이 형성되면서 5′ → 3′방향으로 뉴클레오티드들이 중합되어 하나의 긴 폴리뉴클레오티드(polynucleotide) 가닥이 만들어진다. 각 폴리뉴클레오티드 가닥은 당－인산－당－인산－……이 교대로 공유결합되어 나선형을 이루면서 바깥쪽에 위치함으로써 DNA의 분자적 골격을 형성하고, 각 가닥의 질소염기들이 안쪽에 위치하여 염기간에 수소결합을 형성하여 염기쌍(base pair)을 형성한다. 수소결합 그 자체는 매우 약한 결합이지만, 각 염기쌍을 이루는 2개 또는 3개의 수소결합들이 합쳐져서 이루어진 DNA는 매우 안정된 구조를 가지고 있다.

DNA를 구성하는 뉴클레오티드의 종류는 질소를 함유한 환구조의 염기(base)에 따라 결정되는데, 질소염기는 퓨린(purine)과 피리미딘(pyrimidine)의 두 종류로 나누어진다. 퓨린 염기는 이중환 구조로서 아데닌과 구아닌이 속하고, 피리미딘 염기는 단일환 구조로서 티민과 시토신이 속한다. 이들은 서로 상보적(complimentary)이어서, 아데닌은 티민과, 그리고 구아닌은 시토신과 수소결합을 형성(A = T, G ≡ C)한다. Erwin Chargaff와 그의 공동연구자들은 여러 생물로부터 분리된 DNA의 뉴클레오티드 구성비(염기조성비)를 조사한 결과, 생물이나 조직에 관계없이 퓨린에 대한 피리미딘의 비, 아데닌에 대한 티민의 비, 그리고 구아닌에 대한 시토신의 비는 거의 1 이라는 사실을 밝혀냈다. 이를 간단히 나타내면 DNA내 염기조성비는 [A + G] = [T + C]이고, [A] = [T], 그리고 [G] = [C]이며, 이것을 Chargaff의 법칙이라 한다.

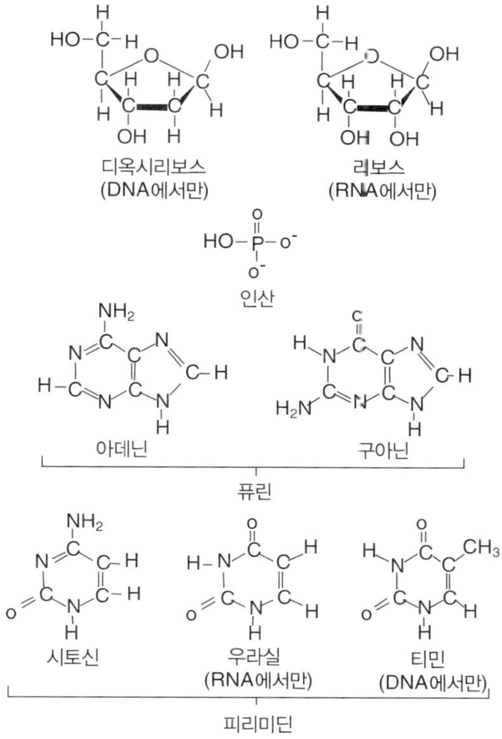

[그림 20.1] DNA를 구성하는 질소염기의 종류와 화학구조

각 염기쌍의 수소결합길이는 A = T는 1.11 nm, G ≡ C는 1.08 nm 정도로서 거의 같고, 염기쌍 평면은 나선축에 수직으로 배열되어 있다. DNA 이중나선은 나선 한 회전(360°)당 10개의 뉴클레오티드쌍이 존재하고, 염기쌍들은 인접한 염기쌍에 대해 36°씩 회전되어 있다. 이중나선은 직경이 2.0 nm, 1회전의 길이는 3.4 nm이며, 나선 한 회전당 10개의 뉴클레오티드쌍이 존재하므로 각 뉴클레오티드 사이의 간격은 0.34 nm이다.

또 DNA를 구성하는 두 폴리뉴클레오티드 가닥은 한쪽 가닥의 5′-p말단과 다른 가닥의 3′-OH말단이 접해있는 형태의 반평행적(antiparallel) 배열을 하고 있는데, 따라서 DNA 이중나선 양끝에는 다같이 5′-p 말단과 3′-OH 말단이 존재한다.

Watson과 Crick이 DNA분자에 대한 모형을 제안한 이래 DNA분자의 몇 가지 형태가 밝혀졌다. 생체를 구성하는 DNA는 대부분 Watson-Crick의 B form helix(B-DNA) 형태를 취하는데, 이것은 DNA 양쪽 끝에서 나선의 축을 내려다볼 때 각 가닥이 시계방향(오른쪽 방향)으로 꼬여가면서 멀어지는 모양의 우선성 나선(right-handed helix)이고, major groove와 minor groove를 나타낸다. 이에 비해 반시계방향(왼쪽 방향)으로 도는, 즉 좌선

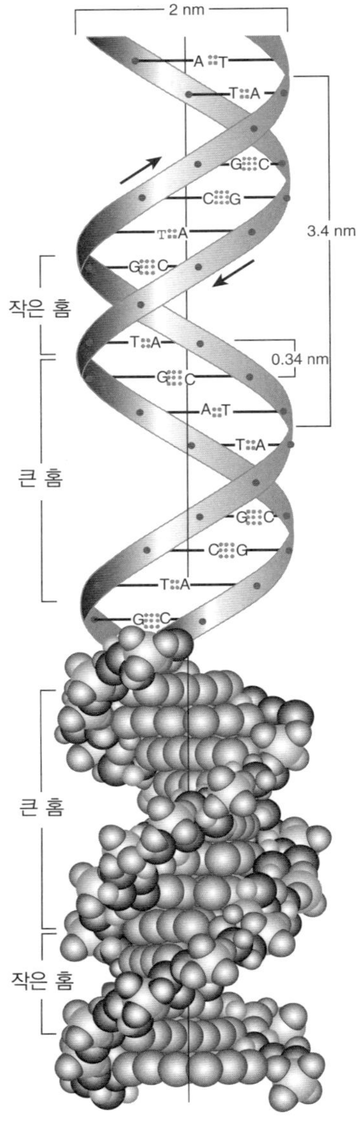

[그림 20.2] DNA의 구조

성(left-handed)의 Z-DNA도 밝혀졌는데, 이것은 major groove와 minor groove의 구분이 없고 주축이 나선 형태라기 보다는 지그재그 형태를 취한다. 염색체의 어느 부위에서는 Z-DNA가 공통적으로 나타나는 것으로 보아, Z-DNA는 진핵생물 유전자들의 발현과 어떤 밀접한 관계가 있는 듯 하며, 그런 지역의 유전자는 불활성상태인 것으로 생각되고 있다.

멘델의 유전법칙이 발표된(1866) 이래 '유전학(Genetics)'과 '유전자(gene)'의 개념이 정립되고 핵산(nucleic acid)이 유전물질임이 밝혀지면서 유전학의 발달이 가속화되었다. 그 후, Watson과 Crick에 의해 DNA의 이중나선 구조가 밝혀지면서(1953년) 유전학은 물론, 분자생물학의 획기적인 발전계기가 마련되었고 오늘에 이르기까지 유전자 지도 작성, 염기서열분석, 유전자 재조합, 유전자 클로닝 등 핵산에 관한 또는 핵산을 이용한 수많은 연구결과가 쏟아져 나오게 되었다. 미생물에서부터 고등생물에 이르기까지 축적된 이러한 유전학적 · 분자생물학적 지식과 기술은 유전공학, 의학, 법의학, 농학, 분류학, 진화학, 생화학, 생태학, 약학 등 직접 관련된 학문의 영역뿐 아니라, 정치, 군사, 사회, 경제, 법, 범죄, 식량문제, 특허권, 유전자이상 및 유전병, 유전자 치료(Gene therapy), 항생물질의 생산, 친자확인 등 인류생활 전반에 걸쳐 영향을 미치게 되었다. 뿐만 아니라, 최근에는 고등동물의 조직과 기관, 심지어는 생물체 자체를 복제할 수 있는 기술까지 보유하기에 이르러, 노화, 유전성 질병, 불치병, 장기생산 등 현재까지 해결할 수 없었던 많은 문제가 가까운 미래에 그 해답을 찾게 될 전망이다.

이상에서와 같이 핵산을 기초로한 실험은 다양한 분야에 유용한 정보를 제공해 주므로 이 모든 실험을 위한 첫 단계로서 핵산의 추출(DNA extraction)은 필수적이라 하겠다. 생체를 구성하는 핵산에는 데옥시리보핵산(dexoyribonucleic acid; DNA)와 리보핵산(ribonucleic acid; RNA)이 있는데, 고등생물을 포함한 대부분의 핵산은 두 종류의 핵산 중 더 안정성을 가진 DNA로 되어 있다. 이중나선이라는 DNA의 기본구조와 유전정보 발현을 위한 암호체제(코돈; codon)는 모든 생물에 공통적이나, 나선의 형태, 구성성분, 배열상태, 다른 물질과의 관계 등 여러 가지 면에 있어 생물종마다 차이가 나기 때문에 DNA의 추출방법을 약간씩 달리 해야 한다. 그러나 DNA 추출의 기본 골격은 세포벽, 세포막, 그리고 핵을 싸고있는 핵막을 분해하는 과정과, 막성분이 분해된 후 여러 가지 세포내 물질이 섞여있는 혼합물에서 DNA만을 선택적으로 추출해내기 위한 과정들로 구성된다.

3 시약 및 재료

- 민들레
- SEVAG solution
- DNA washing solution
- 액체질소 또는 드라이아이스
- *2 × CTAB solution
- 이소프로파놀(isopropanol; −20°C)
- DNA dissolving solution

▶ 용액제조방법

- 2 × CTAB(hexadecyltrimethylammonium bromide) solution
  : 1 M Tris－HCl 25 mL ＋ NaCl 20.45 g ＋ 0.25M EDTA 25 mL ＋ 2% CTAB 5 g ＋ dd H_2O ＝ 250 mL
- SEVAG solution : octanol:chloroform ＝ 1 : 24(v/v)

4 실험기구

- 막자사발 & 공이
- glass hook
- 튜브(50 mL, 한 sample당 4개 필요)
- 피펫
- 항온수조(water bath)
- 4°C freezer
- －70°C freezer
- 종이타올
- 목장갑
- 소형 액체질소 보관용기
- 유리비이커 2개(50 mL)
- 튜브꽂이
- 피펫에이드
- 전자저울
- －20°C freezer
- 원심분리기
- 신문지 여러장
- 실험용 장갑

5 실험방법

① 민들레를 채집하여 잎을 딴 후 엽맥부분을 제거한다.

② DNA 추출을 위한 전단계로, 일단 식물조직을 세포단위로 분해시켜야 하는데, 이를 위해서는 두가지 방법이 있다. 첫번째로는, 재료를 막자사발에 넣고 액체질소를 부어 급냉시켜 곱게 가는(grinding) 방법이 있고, 또는 드라이아이스와 함께 분말기(mixer)에 넣어 분말시키는 방법이 있는데, 어떠한 방법을 선택해도 좋다.

③ 곱게 갈린 식물세포 분말을 50 mL짜리 튜브에 20~25 mL정도 넣은 후 －70°C deep-freezer에 보관한다.

④ 60°C 항온수조에 보관되어 있던 막자사발을 꺼내 물기가 없도록 잘 닦은 후 적당량의

CTAB 용액(세포를 터뜨리는 역할)을 붓고, 여기에 튜브에 들어 있던 재료를 부어 공이로 잠시 갈면서 섞는다.

⑤ 이것을 원래의 튜브로 다시 부어 옮기는데 총 부피가 처음 부피의 2배정도(40~50 mL)가 되도록 한다. 즉, sample과 CTAB 용액의 비율이 1 : 1이 되도록 한 후 잘 섞어 새로운 튜브와 반반이 되도록 나눈다.

⑥ 60°C 항온수조로 옮겨 식물세포와 CTAB 용액이 잘 섞이도록 약 10분 정도마다 살살 흔들어주면서 1시간 정도 둔다. 이 과정에서 세포가 파괴되어 세포내용물이 흘러나온다.

⑦ 약 1시간 후 튜브를 항온수조에서 꺼내어 sample과 1 : 1 정도의 SEVAG 용액을 첨가한 후 흔들어준다.

⑧ 같은 번호의 튜브끼리 같은 질량이 되도록 전자저울에서 SEVAG 용액으로 균형을 맞춘다.

⑨ 원심분리기를 이용하여 1,500 rpm의 속도로 10분간 원심분리한다. 원심분리 결과 튜브내에는 3 층이 형성되는데, 가장 아래층에는 클로로포름과 엽록소가, 중간층에는 기타 식물세포성분이, 그리고 가장 상층에는 DNA와 CTAB 용액이 포함되어 있다.

⑩ 같은 번호의 두 튜브로부터 상층액만을 채취하여 25 mL정도가 되도록 새로운 튜브로 옮긴다.

⑪ 여기에 −20°C에 보관중이던 이소프로파놀을 튜브내의 sample과 거의 동량으로 넣은 후 살짝 흔들어준다.

⑫ 튜브내에서 DNA는 응집되어 덩어리가 생기는데, 이것을 glass hook으로 건져 새로운 튜브로 옮긴다. 만약 침전이 일어나지 않으면 튜브 자체를 약 30분 정도 −20°C 냉장고에 넣어두거나 800 rpm에서 약 3분간 원심분리시킨다.

⑬ 새로이 옮긴 튜브에 10~20 mL 정도의 DNA washing solution을 넣고 살살 흔들어 최종적으로 이물질을 제거한다. 조심해서 washing solution을 따루어 버리고, 눈으로 보아 DNA 덩어리가 깨끗해 질 때까지 3차례 정도 반복한다.

⑭ 마지막 DNA washing solution을 버리고 건조시킨다.

⑮ 완전히 마른후 DNA dissolving solution을 3 mL씩 넣어 녹이는데, 잘 녹지 않으면 37°C 항온기에 넣어 저속으로 진탕하면서 녹인다.

⑯ DNA가 다 녹으면 4°C 냉장고에 보관한다.

주의사항

01) 식물(민들레) DNA 추출실험을 위해서는 실험시작 약 1시간 전에 다음 과정을 미리 수행하여야 한다.

① 항온수조(water bath)에 적당량의 증류수를 채우고 60℃로 유지되도록 온도를 설정한다.

② 항온수조 내에 CTAB buffer(added β-mercaptoethanol 0.5 mL/CTAB 250 mL)와 사발과 공이를 넣어 놓는다. 이 때 β-mercaptoethanol은 CTAB을 항온수조에 넣기 직전에 CTAB 용액에 첨가하고, 잘 섞이도록 흔들어 준다.

③ 이소프로파놀 용액 여러 병을 −20°C 냉장고에 넣어 차갑게 식힌다.

02) 액체 질소로 식물잎을 갈 때는 액체질소가 빠른 속도로 증발하므로, 계속해서 사발에 보충하여 주면서 갈고, 화상을 입지 않도록 목장갑을 끼고 그 위에 비닐장갑을 착용한다. 또, 드라이아이스를 사용할 경우에는 드라이아이스가 증발하면서 부피가 팽창되므로 튜브에 넣을 때 뚜껑을 헐겁게 닫는다.

03) 액체질소를 퍼서 사발에 부을 때는 식물재료가 튀어 질소를 퍼는 용기의 표면에 묻지 않도록 조심해서 붓는다. 만약에 묻었다면 액체질소 자체가 오염(contamination)될 위험이 있으므로 즉시 물로 씻어 깨끗이 한 후 사용한다.

04) 식물재료를 다 간 후 튜브에 넣을 때는 튜브 뚜껑과 몸체에 반드시 고유의 번호를 표기하고, 또 사발은 깨끗이 씻어 헹군 후 재사용 한다.

05) 액체질소를 사용한 막자사발은 수돗물에 넣으면 바로 얼어 굳어지므로, 억지로 떼어서 씻으려 하지말고, 어느 정도 두었다가 얼음이 제거되면 씻는다.

06) SEVAG 용액에는 클로로포름이 함유되어 있어 냄새가 심하므로 직접 냄새를 맡지 않도록 주의한다.

07) 원심분리후 상층액을 옮길 때 아래층의 성분이 딸려 올라가지 않도록 조심해서 채취하고, 남은 것은 반드시 따로 버린다.

08) 이소프로파놀은 냉장고에서 꺼내 바로 사용하고, 온도가 높으면 DNA의 응집이 잘 일어나지 않으므로 어느 정도 온도가 상승하면 냉장고에서 차갑게 식힌 용액과 계속해서 교체사용한다.

09) DNA washing solution을 따루어 낼 때 DNA 덩어리가 함께 딸려나가기 쉬우므로 매우 조심해야 한다.

실험보고서

조번호:	이름:
학번:	학과:
실험일자:	제출일자:

1) 실험과정을 설명 및 도식하시오.

문 제 및 토 의

1) 어떤 DNA의 질소염기배열이 다음과 같을 때 빈 곳을 채워넣으시오.

5′ACCT_____TAGGCTAGAGC____TTAGC_______3′

3′______CTTA_______________ACC_______AATTA5′

2) DNA 추출을 위해 여러 단계의 실험을 행하였다. 각 단계에서 왜 그러한 시약을 사용하여, 왜 그러한 과정을 수행하였는지 이해한 바를 기록하시오.

3) 본 실험의 목적은 무엇인가?

4) DNA의 중요성에 관해 논하시오.

실험 21

중합효소 연쇄반응

1 목 적

본 실험에서는 DNA의 원하는 부분을 증폭하는 방법(중합효소 연쇄반응, polymerase chain reaction, PCR)으로써 특정 부위의 DNA를 수 시간 내에 대량으로 증폭시킬 수 있으며, 실험 결과를 토대로 여러 의학적인 연구에 응용할 수 있는 PCR의 원리를 이해하고자 한다.

2 이 론

PCR의 원리는 세 가지 단계를 반복하여 특정 부위의 DNA 영역을 증폭한다.

1 DNA의 변성(denaturation)

90°C～96°C로 가열하여 이중가닥(double strand DNA, ds DNA)를 단일가닥(single strand DNA, ssDNA)로 분리시킨다. 높은 온도일수록 ssDNA로 잘 이행되지만 *Taq* DNA polymerase도 온도가 아주 높은 상태에서는 활성도가 낮아질 수 있으므로 보통 94°C로 쓴다. 이것은 DNA의 염기 사이에 있는 수소결합이 끊어지기 위해 에너지가 필요하기 때문이다. 일반적으로 94°C 정도에서 1분간 진행된다.

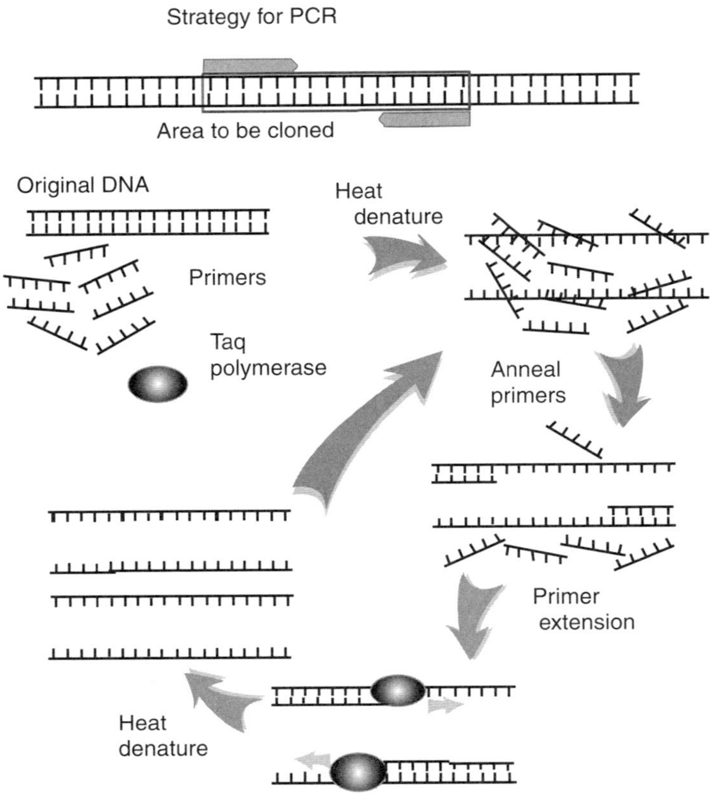

[그림 21.1] PCR의 원리

2 Primer의 결합(annealing)

48°C~65°C에서 진행되며, 염기 간에 G와 C는 수소결합이 삼중으로 일어나고, A와 T는 이중결합이 일어나므로 G + C 비율에 따라 결합온도에 변화를 주어야 한다.

3 DNA의 합성(polymerization)

보통 70°C~74°C에서 시행하며 원하는 PCR 산물의 크기에 따라 합성시간을 조절하여 효소의 활성도의 감소가 최소화되게 한다. *Taq* DNA polymerase는 보통 60초에 500~1,500 nucleotides를 합성할 수 있으므로 일반적으로 72°C에서 합성한다.

위 과정이 계속 반복하여 진행되면서(보통 20~35회) DNA의 원하는 부분을 증폭시키는 것이 중합효소 연쇄반응의 원리이다.

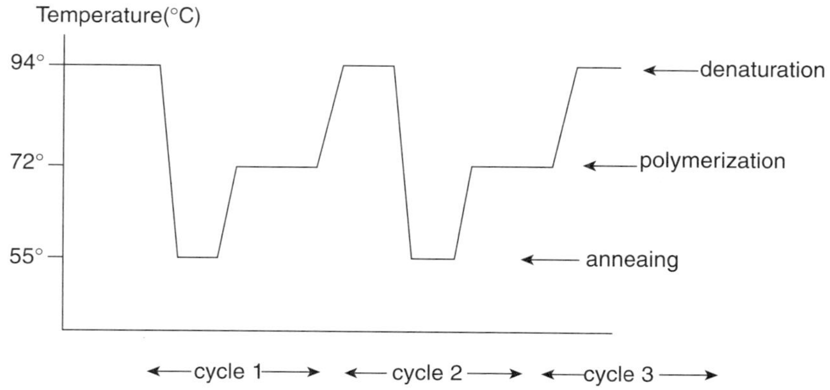

[그림 21.2] PCR의 3단계

3 시약 및 재료

- 정제된 DNA
- *Taq* polymerase, primers
- dNTP, $MgCl_2$
- 10x PCR buffer
- 증류수

4 실험기구

- PCR 기계
- 파이펫
- 전기영동장치
- PCR tube
- tip

5 실험방법

① PCR-Sheet 를 작성한다.

- samples x μL
- D.W x μL (50 μL − DNA μL − 15.1 μL = x μL)
- buffer(10x) 5 μL
- $MgCl_2$ 5 μL
- dNTP 4 μL
- primer1 0.5 μL
- primer2 0.5 μL
- Taq 0.1 μL
- total 50 μL

② 10x PCR buffer, MgCl, *Taq* polymerase, primers, dNTP, DNA, 증류수를 준비한다.

③ 0.2 mL E-tube에 알맞은 양의 증류수를 넣는다.

④ DNA를 넣는다.

⑤ ①~③까지를 혼합

⑥ 0.2 mL tube에 넣고 PCR을 한다.

⑦ PCR을 완료한 후 전기영동을 하여 관찰한다.

실험보고서

조번호:	이름:
학번:	학과:
실험일자:	제출일자:

1) PCR의 결과를 전기영동한 결과 어떻게 나타나는가?

2) PCR의 결과, 증폭되지 않은 샘플이 있다면 왜 그런가?

문 제 및 토 의

1) PCR의 단계에서 여러 시약을 사용하여 실험을 행하였다. 왜 그러한 시약을 사용하였는지 이해한 바를 기록하시오.

2) 본 실험의 목적은 무엇인가?

3) PCR의 원리에 관해 논하시오.

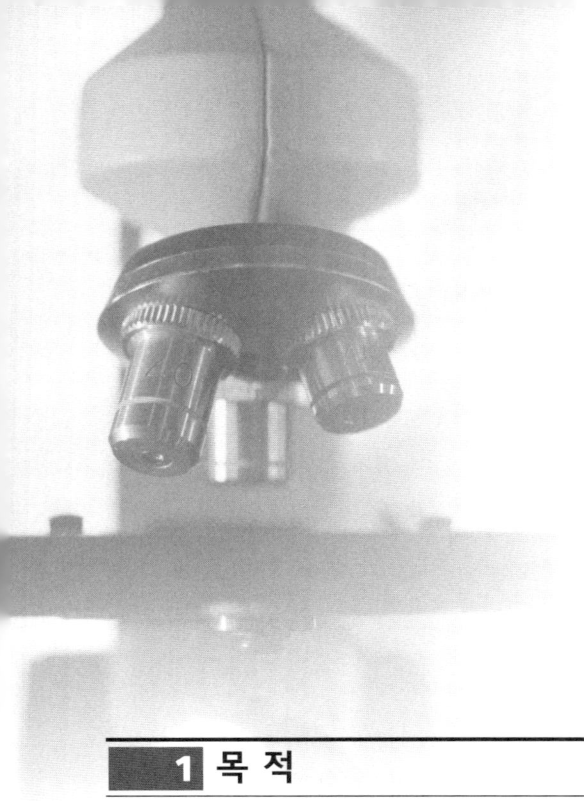

실험 22

초파리 돌연변이체 및 거대염색체 관찰

1 목 적

본 실험에서는 과일트랩을 설치하여 초파리를 채집하고 트랩내부에서의 산란을 유도하여 초파리의 돌연변이체 및 유충의 타선염색체를 관찰함으로써 야생형질과 돌연변이형질을 비교하고, 거대염색체, 다사염색체, 띠(band) 등의 개념을 이해하고자 한다.

2 이 론

1 유전학 실험 재료로서의 초파리

초파리는 실험교배가 가능하고, 세대가 짧고(약 2주 이내), 한 배에서 얻는 자손의 수가 많고, 돌연변이 형질이 많으며, 취급이 용이하고, 실험비용이 적게 드는 등의 장점이 있다. 또한 염색체의 수가 적고, 유충시기에는 다른 발생시기에서는 찾아볼 수 없는 특징적인 크기와 모양의 타선(salivary gland)염색체가 있어 세포학적 측면에서 유전기작을 연구하는 데 좋은 실험재료가 되어 왔다.

초파리는 전 세계적으로 약 2,000종이 알려져 있고, 우리 나라에는 150여종이 있는데, 그 중 실험에 주로 쓰이는 종은 노랑초파리(Drosophila melanogaster)이다. 초파리는 완전변태를 하는 곤충으로서 발생단계는 알－유충(1령기－2령기－3령기)－번데기－성충의 4기로 대별된다. 알에서 성충이 되기까지는 약 213시간이 소요되며, 이는 각 발생단계에 필요한 온도, 영양조건, 유충밀도 등에 따라 차이가 있다. 종에 따라 다소 차이는 있지만, 노랑초파리의 경우는 알에서 발생하여 성충이 되고 이것이 다시 알을 낳을 때까지 걸리는 시간은 약 2주 정도가 걸린다.

2 야생형 초파리와 돌연변이 초파리

야생형 초파리의 암컷은 수컷에 비해 큰 편이고, 복부 끝에는 산란관이 있어 뾰족하며, 등쪽에 검은 줄무늬가 5~6개 정도 있다. 수컷은 암컷에 비해 크기가 작고 복부끝이 둥근 편이며 등쪽의 줄무늬중 끝쪽 몇 개가 합쳐져 있는 등의 특징이 있다.

생물체에는 끊임없이 돌연변이(mutation)가 일어나는데, 이들은 고도로 체계화된 생체방어기작에 의해 곧 회복되지만, 때로는 회복되지 못하고 돌연변이 형질을 나타낸다.

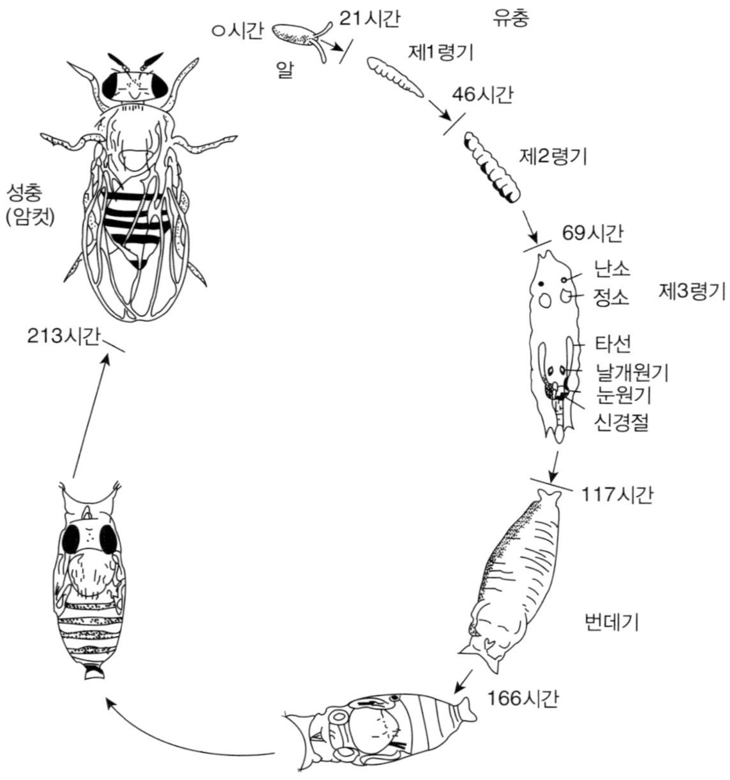

[그림 22.1] 노랑초파리의 생활사

초파리의 경우 돌연변이 형질이 많이 나타나는데다 실험의 용이성으로 인해 많은 학자들에 의해 연구되어 현재까지 많은 정보가 축적되어 있다. 노랑초파리(Drosophila melanogaster)의 경우 수천종에 달하는 돌연변이 계통이 기재되어 있는데, 이들 대부분은 자연발생적으로 생긴 것이지만 연구목적에 따라 물리적 또는 화학적 돌연변이 유발원을 인위적으로 처리하여 만든 것들도 많다.

야생형 초파리의 눈은 둥글고 붉으며, 몸은 황갈색이고 적당한 크기의 날개가 자연스럽게 복부를 덮고 있으며 두부와 흉부에 길고도 자연스러운 강모가 있다. 초파리 집단에는 다양한 유형의 돌연변이체가 있는데, 예를 들면 눈모양(막대모양(bar eye) 등), 눈색과 몸색, 날개의 크기와 모양, 시맥의 유무와 형태, 강모의 길이, 위치, 굵기, 모양 등에 이상을 가진 것들이 있다.

3 초파리의 타선염색체

1881년 Balbiani에 의하여 곤충에서 타액선세포를 최초로 발견한 이래 오늘날에 와서 대부분의 쌍시목(Diptera) 곤충에서 타액선 세포가 확인되었다. 깔따구, 초파리 등을 포함한 쌍시목 곤충의 유충은 타선(salivary gland) 세포에 거대한 타선염색체(salivary chromosome)가 있다. 타선염색체는 체세포 염색체이지만, 유충의 발생과 함께 한 분자의 DNA(즉 염색체)가 복제만 반복하고(약 10번 정도) 복제 후 상동염색체의 분리 및 핵분열과 세포분열이 일어나지 않고 서로 합쳐져 있음으로서 다른 발생시기의 정상적인 염색체보다 150~200배 정도 더 큰 거대염색체(giant chromosome)이다. 각 염색체는 약 210, 즉 1,024분자의 DNA가 염색체 길이를 따라 나란히 배열되어 다발을 형성하고 있는 상태인데, 이것을 다사염색체(polytene chromosome)라 한다.

타선염색체를 염색하여 현미경하에서 관찰해 보면 염색체의 길이를 따라, 길이와 직각 방향으로 모양이 일정하면서도 뚜렷이 구분되는 수많은 띠(band)를 관찰할 수 있다. 이것은 DNA가 매우 응축된 부분과 덜 응축된 부분이 교대로 있어 염색약에 대해 진하고 연하게 염색되기 때문인데, 노랑초파리의 경우 4쌍의 타선염색체(2n = 8)에서 약 5,000~6,000개의 띠가 관찰되었다. 타선염색체는 또한 일반염색체들과는 달리 모든 염색체의 동원체가 한 곳에 모여 있어 특이한 형태를 나타내고 있는데, 광학현미경하에서도 쉽게 관찰된다.

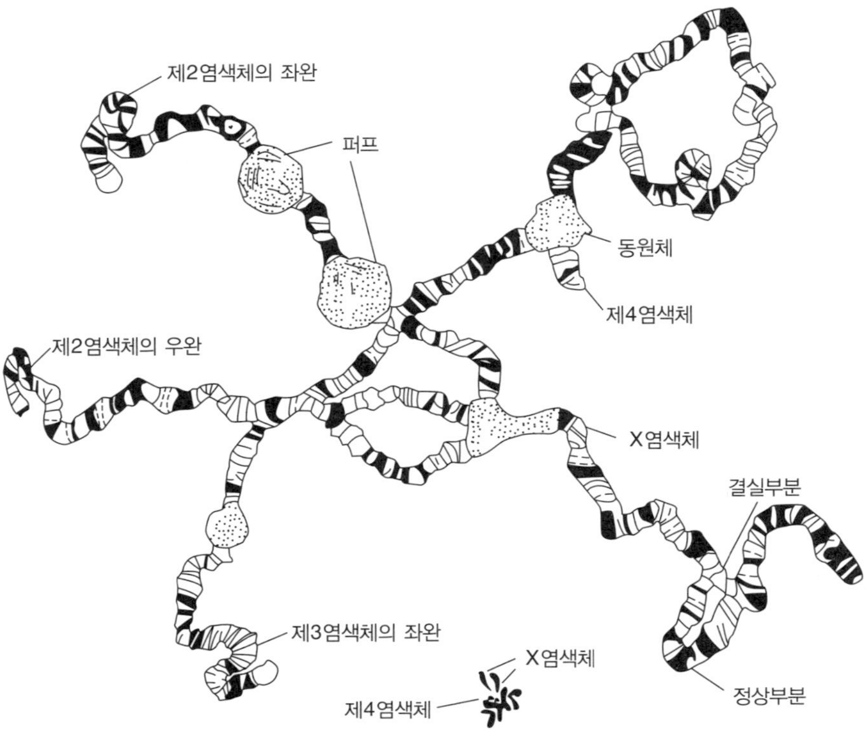

[그림 22.2] 초파리의 타선염색체 모식도

3 시약 및 재료

- 과일(바나나, 복숭아, 포도, 사과 등)
- 초파리용 등장액 또는 식염수
- 1N HCl
- 아세토-올세인(aceto-orcein) 염색액
- 45% 아세트산 용액
- 에테르

▶ 초파리용 등장액 제조법

사용 직전에 다음의 A, B 두 용액을 1 : 1로 혼합한 것으로 2주 이상 보관해서는 안된다.

- A: 7.5 g NaCl, 0.2 g $CaCl_2$, 0.1 g KCl을 500 mL의 증류수에 용해시킨 것.
- B: 0.2 g $NaHCO_3$를 500 mL의 증류수에 용해시킨 것.

4 실험기구

- 초파리 사육용기(입구가 넓고 깊이가 깊지 않은 것)
- 망사
- 해부현미경
- 광학현미경
- 슬라이드글라스
- 커버 글라스
- 해부침
- 안과용 핀셋 2개
- 흡수용 화장지 또는 여과지

5 실험방법

① 바나나, 복숭아, 포도, 사과 등의 과일을 살짝 으깨어 초파리 사육용기에 넣고 다른 곤충이 들어가지 못하도록 망의 크기가 적당한 망사(초파리는 들어갈 수 있어야 한다.)로 입구를 막은 후 과수원이나 후미진 곳의 그늘에 약 5일간 둔다.

② 사육용기를 수거하여 용기내에 에테르를 몇 방울 떨어뜨린다.

③ 야생형 및 돌연변이 초파리의 관찰

㉠ 야생형 초파리의 암컷과 수컷을 해부현미경하에서 관찰한다.

㉡ 돌연변이형질을 보이는 초파리를 찾아내어 관찰하고 야생형과의 차이점을 알아본다.

④ 타선염색체의 관찰

㉠ 슬라이드 글라스 위에 등장액 또는 식염수 한 방울을 떨어뜨린 후 잘 자란 제 3령기 유충을 골라 그 위에 놓는다.

㉡ 해부현미경(10~15배)하에서 유충의 꼬리부분을 핀셋으로 붙들고 해부침이나 핀셋으로 머리쪽을 잡아당겨 침샘부분을 떼어낸다.

㉢ 떼어낸 침샘의 좌우 양쪽 표면에는 희고 긴 지방질 조직이 붙어 있는데, 이것을 가능한한 제거해야 좋은 표본을 만들 수 있다.

㉣ 침샘을 45% 아세트산이 있는 슬라이드글라스 위에 5~7초간 놓아둔다.

㉤ 이것을 1N HCl이 있는 슬라이드글라스로 옮겨 1~2초간 둔다.

㉥ 다시 새로운 슬라이드글라스로 옮겨 45% 아세트산으로 수세한다.

㉦ 이것을 슬라이드글라스 위에 올려놓고 염색액(aceto-orcein) 한 방울을 떨어뜨린 후 약 20분간 염색시킨다.

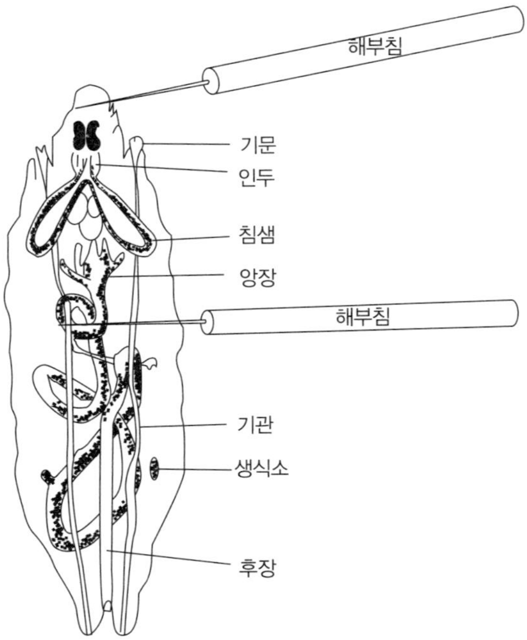

[그림 22.3] 노랑초파리 제3령기 유충의 해부도

ⓞ 기포가 생기지 않도록 커버 글라스를 덮은 후, 그 위에 여과지를 덮고 엄지손가락이나 지우개로 강하게 눌러 여분의 염색액을 제거하는 동시에 염색체가 방사형으로 잘 펴지도록 한다.

ⓩ 만들어진 표본을 광학현미경(×100, ×400, ×1,000 배율)하에서 관찰한다.

주 의 사 항

01) 본 실험을 위해서는 초파리가 유인되어 사육용기에 들어와서 알을 낳고 알이 부화되어 제 3령기 유충에 도달할 수 있도록, 실험하기 약 5일쯤 전에 초파리사육용기를 적당한 장소에 설치해 주어야 한다. 초파리의 타선염색체 관찰을 위해서는 제 3령기 유충이 가장 적당하기 때문인데, 낳은 알이 부화하기까지는 약 21시간이, 그리고 3령기 유충이 되기까지는 70~120시간 정도가 걸리므로 5일 정도가 적당할 것 같다.

02) 타선염색체 관찰을 위한 유충을 고를 때 3령기 다음에는 번데기 단계이므로 되도록이면 큰 유충을 고른다.

03) 망사는 초파리이외에 다른 큰 곤충이 들어가 알을 낳지 못하게 하기 위함이므로 망의 크기는 반드시 초파리는 들어갈 수 있는 정도의 크기이어야 하고, 만약 망사가 없으면 그냥 개방시켜 놓아도 된다.

04) 돌연변이체를 찾아내기 위해서는 많은 수의 초파리를 관찰해야 하고, 또 적당히 자란 유충을 골라 타선염색체를 정확하게 분리시키는 것은 여러 번의 시행착오가 필요하므로 가능한 많은 수의 초파리와 유충을 확보하기 위해 되도록이면 많은 사육용기를 준비하도록 한다.

05) 돌연변이형 초파리는 발견하면 다른 사람들과 돌아가며 관찰한다.

06) 타선염색체 염색 후 여과지를 덮은 상태에서 압력을 가할 때 커버 글라스가 미끌어져 염색체가 파괴되지 않도록 완전히 수직방향으로 압력을 가해야 한다. 또 고른 압력을 가해야 염색체가 잘 펴지며, 너무 강하게 압박하면 오히려 손상되므로 주의한다.

07) 20분간 염색하는 동안 여러 개의 슬라이드 표본을 만들어 그 중에서 염색체가 서로 붙어있지 않고 최대한 고르게 펴진 것을 선택하여 그림으로 그린다.

실험보고서

조번호:	이름:
학번:	학과:
실험일자:	제출일자:

1) 야생형 초파리의 암컷과 수컷을 비교 · 설명하고, 그림으로 그리시오.

2) 돌연변이형 초파리를 발견할 수 있었는가? 발견하였다면 어떤 변이형질을 가진 개체를 얼마나 발견할 수 있었는지 그 내용을 그림으로 그리고, 설명시오.

3) 초파리의 염색체는 몇 개인가?

4) 관찰한 타선염색체를 그림으로 그리고, 각 부위의 명칭을 표기하시오.

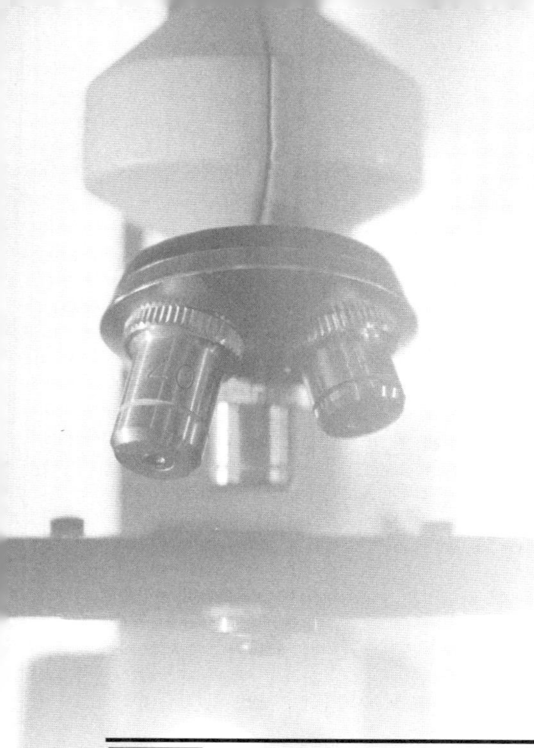

실험 23

PTC에 의한 미맹검사

1 목 적

본 실험에서는 여러 가지 농도의 PTC 용액을 무작위로 섞어 놓고 맛을 보는 사람은 그 용액의 농도를 알지 못하는 상태에서 돌아가며 용액의 맛을 본 후 맛이 쓴 순서대로 용액의 번호를 나열한다. 최종적으로 자신의 미각역치를 결정하고 미맹자를 찾아내고, 하아디-바인베르그 법칙에 입각하여 우성(T) 및 열성대립인자(t)의 빈도를 구해봄으로써 집단유전에 있어서의 하아디-바인베르그 법칙을 이해한다.

2 이 론

1 집단유전학과 하아디-바인베르그 법칙

잘 익은 포도송이 위에 트랩(trap)을 설치하면 많은 개체군의 초파리를 잡을 수 있을 것이다. 1,000개체의 초파리를 잡았을 때 그 중 910개는 회색이었고, 90개는 검정색이었다고 하자. 이들을 풀어놓아 자유로운 교배가 일어나게 한 후 다음 세대의 초파리 개체군을 조사해 보면, 회색인 것과 검정색인 것의 비율이 약 9 : 1로서 그 전 세대와 본질적으로 동일함을 관찰할 수 있을 것이다. 연속되는 세대에 대한 개체군의 이러한 안정성에 관한 설명은 멘델의 유전법칙이 인류의 형질에 적용될 무렵인 1908년, 영국인 수학자 하아디(G.

H. Hardy)와 독일인 의사 바인베르그(W. Weingerg)에 의해 행하여졌다. 이들은 각각 독자적으로 어떤 집단내에서 한 세대의 유전자가 다음 세대로 전달될 때 어떠한 형태로 전해지는가에 관한 집단유전학의 기본법칙을 마련하였는데, 이것을 하아디-바인베르그 법칙(Hardy-Weinberg principle)이라 한다. 멘델의 유전법칙이 단 하나의 교배쌍의 자손들간의 유전자형의 출현빈도를 설명하는데 비해, 하아디-바인베르그 법칙은 전체 개체군의 유전자형에 있어서의 대립인자의 빈도를 기술하고 있다. 이 법칙에 의하면, 무한한 개체수로 이루어진 임의의 생물집단내에서 무선택적 교배가 이루어지고, 그 집단 내외로의 유전자의 이입이나 이출이 없으며, 돌연변이나 도태, 유전적 부동(genetic drift) 등이 일어나지 않는한, 그 집단 내에서의 유전자 빈도는 세대가 거듭되어도 일정하게 유지되어 평형상태를 유지하게 된다. 그리고, 이와 같은 평형상태를 하아디-바인베르그 평형(Hardy-Weinberg Equilibrium)이라 한다.

2 하아디-바인베르그 법칙에 근거한 유전자 빈도의 계산

예를 들어, 어떤 한 쌍의 대립유전자 A와 a가 있고, A의 빈도를 p, a의 빈도를 q라 했을 때 $p \times q = 1$이 되며, $p = 1 - q$, $q = 1 - p$라는 관계가 성립된다. 따라서 p 또는 q 중 어느 한 쪽 값을 안다면 다른 쪽 값을 쉽게 구할 수 있다. 집단내에서 이 대립유전자의 유전자형은 AA, Aa 그리고 aa의 3가지로 구성될 것이다. 이들간의 상호교배에 의해 생기는 자손의 유전자형과 그 빈도는 다음 표와 같다.

표 23-1. 대립유전자 A와 a의 교배결과 생기는 자손의 유전자형과 빈도

난자 \ 정자	p(A)	q(a)
p(A)	p^2(AA)	pq(Aa)
q(a)	pq(Aa)	q^2(aa)

따라서, 유전자형이 AA인 개체의 빈도는 p^2, Aa는 2pq, aa는 q^2이 된다. 이 때, $p^2 + 2pq + q^2 = (p + q)^2 = 1^2 = 1$이다. 임의의 집단이 $p^2AA + 2pqAa + q^2aa$와 같이 유전자 빈도가 구성되어 있을 때, 다음 세대가 무선택적으로 교배가 이루어졌을 경우 빈도는 하아디-바인베르그 법칙에 따라서 이전 세대와 같아지는데, 다음의 표에서 알 수 있다.

표 23-2. F_2의 유전자형과 빈도

수컷 / 암컷	p^2(AA)	2pq(Aa)	q^2(aa)
p^2(AA)	p^4(AA × AA)	$2p^3q$(Aa × AA)	p^2q^2(aa × AA)
2pq(Aa)	$2p^3q$(AA × Aa)	$4p^2q^2$(Aa × Aa)	$2pq^3$(aa × Aa)
q^2(aa)	p^2q^2(AA × aa)	$2pq^3$(Aa × aa)	q^4(aa × aa)

이 표에서 이루어진 무선택적 교배로 생긴 자손들의 유전자형의 빈도는 다음 표와 같다.

표 23-3. F_3의 유전자형과 빈도

교배형 빈도의 조합	교배결과 형성된 자손		
	AA	Aa	aa
p^4 (AA × AA)	p^4		
$2(2p^3q)$ (AA × Aa)	$2p^3q$	$2p^3q$	
$2p^2q^2$ (AA × aa)		$2p^2q^2$	
$4p^2q^2$ (Aa × Aa)	p^2q^2	$2p^2q^2$	p^2q^2
$2(2pq^3)$ (Aa × aa)		$2pq^3$	$2pq^3$
q^4 (aa × aa)			q^4
합 계	$p^4 + 2p^3q + p2q^2$ $= p^2(p^2 + 2pq + q^2)$ $= p^2(p + q)^2$ $= p^2$	$2p^3q + 2p^2q^2 +$ $2p^2q^2 + 2pq^3$ $= 2pq(p^2 + 2pq + q^2)$ $= 2pq(p + q)^2$ $= 2pq$	$p^2q^2 + 2pq^3 + q^4$ $= q^2(p^2 + 2pq + q^2)$ $= q^2(p + q)^2$ $= q^2$

($p + q = 1$)

위의 표에서 보듯이 교배결과 형성된 자손의 세 유전자형(AA, Aa, aa) 각각에 대한 빈도는 p^2, 2pq, q^2으로서 부모세대와 동일하게 나타났음을 알 수 있다. 이를 다시 인자의 빈도로 보면 A의 빈도는 $p^2 + pq = p(p + q) = p$, a의 빈도는 $pq + q^2 = q(p + q) = q$이다. 이와 같이, 임의의 집단이 하아디-바인베르그 평형에 있을 경우, 세대를 거듭하여도 유전자의 빈도는 변함이 없음을 알 수 있다.

표현함			
유전자형	*BB*	*Bb*	*bb*
집단 내 유전자형의 빈도	0.36	0.48	0.16
배우자의 빈도	0.36 + 0.24 = 0.6B		0.24 + 0.16 = 0.4b

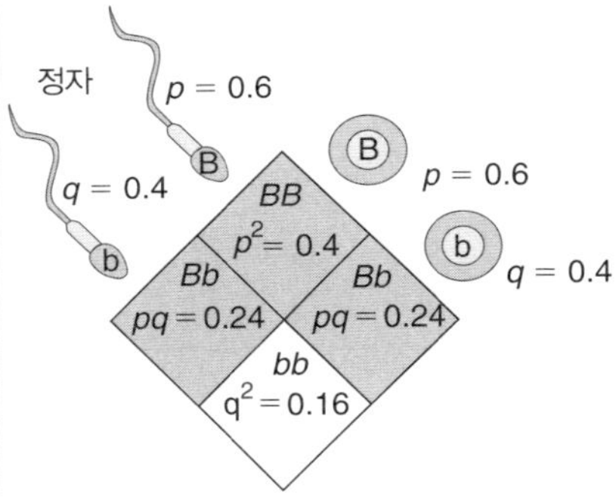

[그림 23.1] 하아디-바인베르크 평형

3 PTC(phenylthiocarbamide) 미각유전

이상과 같은 형식의 유전형태를 취하는 인류집단유전의 한 예가 PTC(phenylthiocarbamide) 미각유전이다. PTC에 대한 맛을 느낄 수 있는지의 여부는 유전에 의해 결정되는데, 이 유전은 한 쌍의 대립유전자에 의해 이루어진다. PTC의 쓴맛을 느끼는 능력은 우성형질(T)이며, 맛을 느끼지 못하는 것은 열성형질(t)로서, 표현형은 미각자(taster)와 미맹자(non-taster)로 분류되지만, 유전자형은 TT, Tt, tt로 구성된다. 대립유전자형이 T-(TT, Tt)인 사람은 미각자로서 PTC의 맛을 느낄 수 있고, tt인 사람은 PTC의 맛을 느낄 수 없는 미맹자이다. 이와 같이 PTC 미각유전은 PTC에 대한 미각을 결정하는 대립인자의 유전자형이 열성동형일때 미맹이 되는 열성유전형식을 취하며, 일반적으로 미각자와 미맹자의 비율은 인류집단에 따라 일정하게 유지된다.

3 시약 및 재료

- PTC 용액(0.13%, 0.065%, 0.0325%, 0.016%, 0.008%)

4 실험기구

- 증류수
- 핀셋
- 여과지
- 비이커

5 실험방법

① 증류수 100 mL에 PTC 0.13 g을 녹여 0.13%의 PTC용액을 만든다.

② 이 용액을 이전 용액 농도의 반이 되도록 증류수로 1/2씩 희석시키면서 총 5가지 농도의 PTC 용액을 만든다.

③ 각 용액의 농도를 알 수 없도록 가린 후 여러 농도의 PTC 용액과 증류수를 실험테이블 위에 무작위 순서로 나열해 놓는다.

④ 1 × 4 cm정도로 자른 여과지에 PTC 용액을 적셔 혀에 대어 맛을 보면서 용액의 맛과, 맛의 정도를 다른 용액과 비교해 가면서 기록한다.

⑤ 용액의 맛을 다 본 후 맛이 쓴 순서대로 번호를 기록하는데, 어느 용액에서도 쓴맛을 느끼지 못하거나, 순서를 터무니없이 틀리게 정하는 사람은 미맹자로 간주한다.

⑥ 전체 실험자에 대해 미각 및 미맹여부를 조사한다.

주의사항

01) 용액의 맛을 볼 때, 한 용액의 맛을 보고나서는 물로 입을 가셔내고 2~3분 후에 다른 농도의 용액을 맛본다.

02) 미각인 사람은 PTC에 대해 주로 쓴맛을 느끼지만 사람에 따라 짠맛 또는 신맛이라고도 느끼는 경우도 있다.

03) PTC 용액이 희석된 각 단계의 수를 미각역치로 삼는데, 즉, 처음 농도의 용액의 미각역치를 1로 하면, 1/2로 희석된 두 번째 용액(0.065%)의 미각역치는 2가 된다.

04) 최초로 쓴맛을 느꼈을 때의 희석단계가 그 사람의 미각역치가 된다.

05) 미맹이라 해서 신체적 결함이 있는 것은 아니며, PTC 또한 인체에 무해하다.

실험보고서

조번호:	이름:
학번:	학과:
실험일자:	제출일자:

1) PTC의 맛을 느낄 수 있었는가? 만약 느꼈다면 무슨 맛이었는가(신맛, 짠맛, 쓴맛, 기타)?

2) 자신의 미각역치는?

3) 전체 실험자에 대한 종합적 결과는 어떠한가? 아래의 빈칸을 채우시오.

표 현 형	수	빈 도
미각자		
미맹자		
합 계		

문 | 제 | 및 | 토 | 의

1) 자신의 유전자형은? 만약 유전자형을 알 수 없다면 그 이유는?

2) 자신의 유전자형일 가능성이 있는 유전자형을 제시하고, 각각의 경우에 부모님과 다른 형제 · 자매의 유전자형을 예측하시오.

3) 위 자료를 근거로 우성유전자 T와 열성유전자 t의 빈도를 계산하시오.

4) 하아디-바인베르그 법칙에 근거하여 TT, Tt, tt의 빈도를 계산하시오.

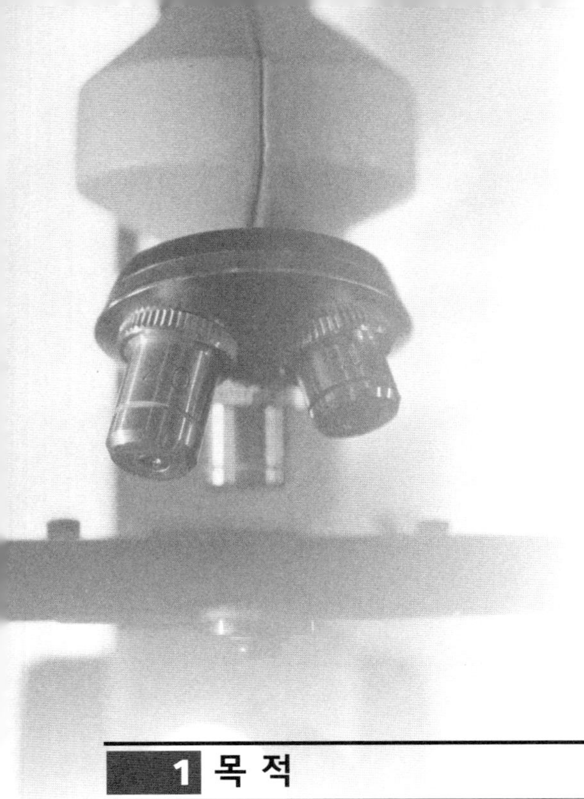

실험 24

환경요인의 분석

1 목 적

생물의 서식환경(habitat)은 수많은 요인들에 의해 변이를 보이고 있으며 이 요인들을 정성 및 정량적으로 분석하는 일은 자연을 이해하는데 있어 매우 중요한 일이라 하겠다. 따라서 본 실험에서는 생물에게 영향을 미치는 여러 가지 무기환경을 파악하고, 인접한 식물군락들의 주요 환경요인을 분석하여 그 차이점과 서로 다른 군락의 형성원인을 파악하는데 그 목적이 있다.

2 이 론

환경의 물리적 및 지형적 요인을 분석하는 일은 생태학의 기본이 된다. 생물개체에 영향을 주는 환경요인은 크게 생물적 환경요인과 무생물적 환경요인의 두 가지로 구분할 수 있다. 생물적 환경요인은 경쟁, 피식자, 포식자, 그늘, 부식질, 공생, 기생, 배우자 등이 있으며, 무생물적 환경요인은 온도, 수분, 광선, 화학적 요인, 기계적 요인, 기상, 지형, 토양 등이 있다.

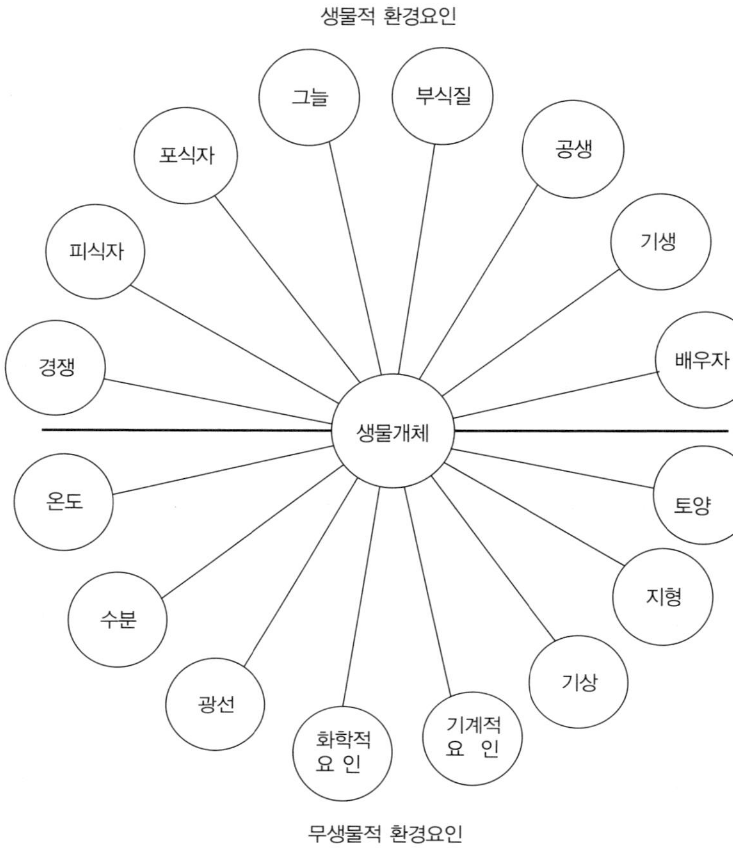

[그림 24.1] 생물개체에 영향을 미치는 환경요인

또 다르게는 primary factors와 secondary factors로 나눌 수 있다. primary factors에 속하는 환경요인으로는 온도, 수분, 광선, 화학적 요인, 기계적 요인 등이 있으며, secondary factors에 속하는 환경요인으로는 기상(대기조성, 눈, 비, 바람), 지형(물의 흐름, 토양유실), 토양(토양조성), 생물적 요인(그늘, 부식질, 동물, 인간) 등이 있다. 이러한 환경요인은 생물의 생존조건을 결정하며 종에 따라 환경요인에 대한 tolerance가 다르게 나타난다.

1 수 분

수분은 생체의 구성요소로서 (CH2O)n 의 합성재료이다. 수분중에서 지상수분을 측정하는 방법은 세 가지가 있다.

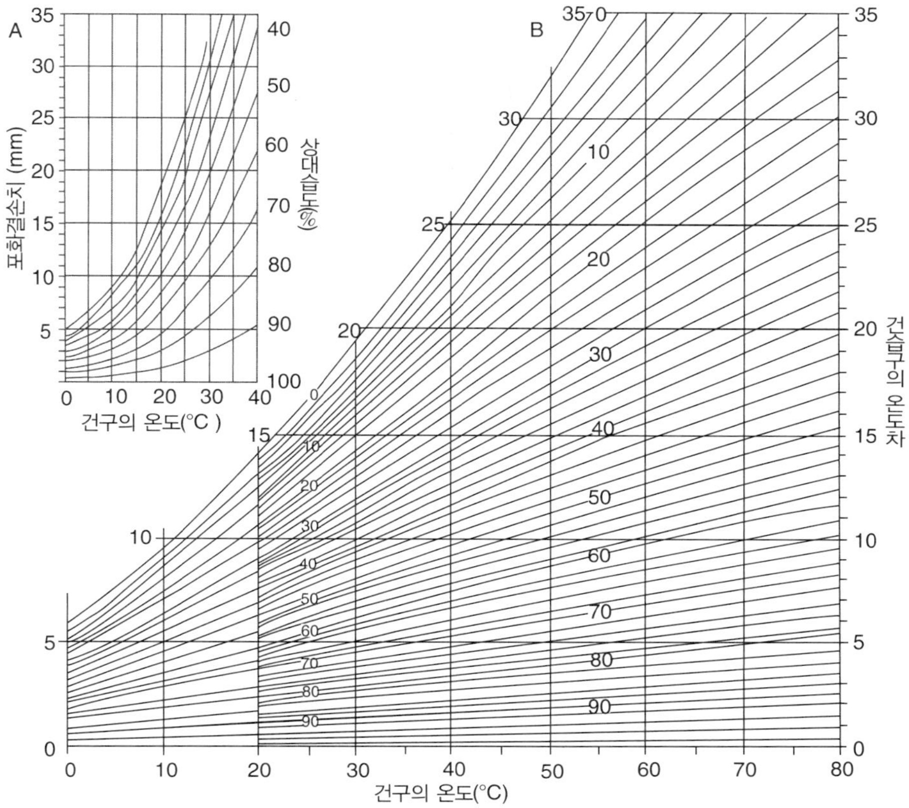

[그림 24.2] 공기 중의 포화결손치(A)와 상대습도(B)

① 절대습도(Absolute humidity): 단위용적당 수분

② 상대습도(Relative hymidity): 포화치에 대한 %

RH(%) = e/E · 100

RH: 상대습도

e: 현재온도의 수증기압

E: 현재온도의 포화수증기압

③ 포화결손치(Vapor pressure deficit): 포화치에 도달하기까지의 결손치로서, RH가 같더라도 온도에 따라 포화수증기의 양과 현존수증기량의 차이가 다르다.

Sd = E − e

= E(1 − RH/100)

Sd: Saturation deficit

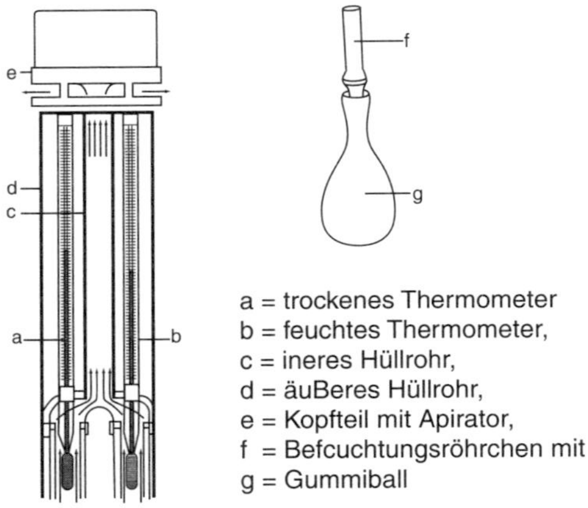

[그림 24.3] 아스만 통풍계

2 토 양

토양의 주요성분은 무기물질, 수분, 공기, 유기물질, 생물의 다섯 가지이며, 주기능은 저장이다. 또한 물리적 특징은 토양입자가 작으면 작을수록 단위중량당 표면적과 수분흡수 능력이 크지고, 팽창 정도와 점착력이 증대된다.

① 토양에 저장된 수분은 크게 세 가지로 나눌 수 있다.

㉠ 결합수(Combined water): 토양 고형물과 결합하여 분자구조를 이룬 수분

㉡ 흡습수(Adsorptional water): 분자간의 인력으로 토양 colloid와 결합된 수분

Hygroscopic water: colloid 표층

Film water: 그 바깥

㉢ 모관수(Capillary water): 모세관 현상으로 공극사이에 남아 있는 수분

② 토양수분을 측정하는 방법은 두 가지가 있다.

㉠ 수분당량(moisture equivalent): 포화토양이 중력의 1000배되는 원심력에 저항하여 보유하는 물의 양을 %로 나타낸다.

㉡ pF(potential force): 토양의 보수력은 물기둥의 높이(H cm)로 표시한다.

즉, pF = logH (물기둥 높이의 대수치)

ex) pF = 3은 수분을 빼앗는데 103 cm 수주압이 필요

③ 위조점(Wilting point)

㉠ 일시위조점(Temporary wilting point): pF 3.9, 식물이 시들기 시작하는 점이다.

㉡ 영구위조점(Permanent wilting point) : pF 4.2, 식물이 영구히 시들어 회복 불가능한 시점이다.

3 온 도

온도는 태양복사선량에 좌우되며, 생물의 적응범위는 보통 0~40°C 정도이다.

- **열경제:** 태양은 대기권 상층 한계에 1.98 cal/cm^2/min 만큼을 방사하지만, 지표에는 47 %만 도달 · 흡수된다. 나머지는 대기층에 흡수, 반사된다. 지표면에서는 얇은층에만 흡수되며, 조사각도에 따라 차이가 있다.

태양복사선은 지표면에서 높이 올라 갈수록 radiation양이 증가된다. 그로 인해 고산지방에는 특수생태계가 형성되기도 한다.

4 광 선

광선은 식물이 CO_2 assimilation을 할 수 있도록 하며, 여기서 축적된 에너지가 food

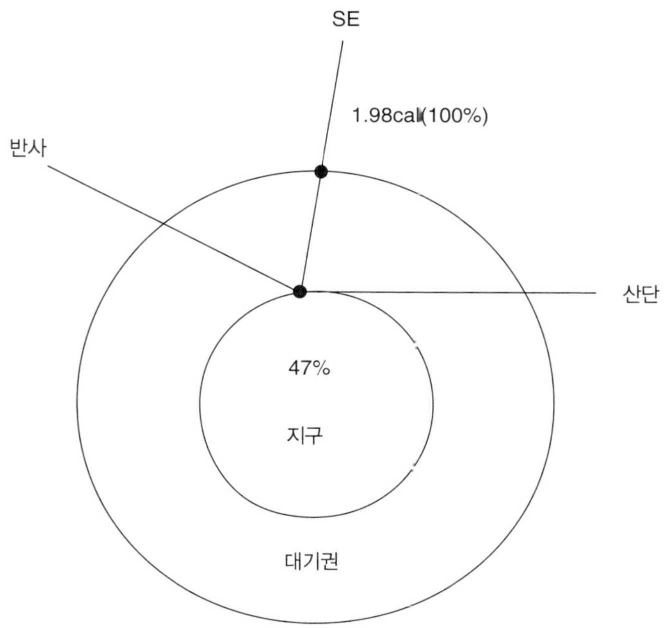

[그림 24.4] 태양복사선 이동의 연평균치

chain을 통해 생물계로 흘러 들어간다. 또한 생물의 주기성(periodicity)을 유발한다.

광선이 생물에 미치는 영향은 spectrum, 조사량, 조사시간, 주기성에 따라 다르다.

이 실험에서는 인접하는 지역에서 기온 빛의 강도 상대습도 토양의 함수률 산도 등을 측정하여 비교한다.

3 실험 기구

- 봉상온도계 5개
- 아스만통풍계 5개
- D.W.
- Lux meter 5개
- PF meter 5개
- pH meter 5개
- D.W.
- soil core 5개
- 토양채집비닐
- 꽃삽 5개

4 실험방법

① temperature, humidity, Sd 측정

㉠ 봉상 온도계로 토양 내부 온도를 측정한다.

각 지역마다 지하 30 cm에 설치한다.

10분마다 측정해서 평균치를 기록한다.

② 아스만통풍계로 지상의 온도를 측정한다.

각 지역마다 지상 1.5 m에 설치한다.

건 · 습구의 온도차를 이용해서 습도를 구한다.

포화결손치(Sd)를 구한다.

② light, PF, pH측정

㉠ Light

Lux-meter로 10분 마다 광량을 측정한다(단, filter 사용 시에는 ×100).

10번을 측정해서 평균치를 기록한다.

㉡ pF(potential force)

pF-meter에 끓인 물을 넣고 기포를 제거한다.

토양을 20 cm정도 파서 그 안에 pF-meter를 꽂는다.

1 hr 후 측정한다.

㉢ pH 측정

토양을 soil core로 채집한 후 풍건시킨다.

풍건 시킨 토양을 잘게 부순 뒤 체에 걸른다.

soil : D.W. = 1 : 10으로 섞는다.

고형물을 가라 앉혀서 상층액을 분리시킨다.

filter paper나 가제로 거른다.

pH meter(SUNTEX)로 측정한다.

③ 4명이 한 조가 되어 삼림, 농지, 공지, 인가주변, 기타지역으로 각 구역을 설정하여 실험한다.

주 | 의 | 사 | 항

01) 아스만통풍계 사용 시 습구의 온도를 측정할 때는 할 때마다 물로 솜을 적셔야 한다.
02) PF meter에 넣는 물은 반드시 끓인 물을 식힌 후에 사용한다.
03) PF meter를 토양에 꽂을 때, 반드시 지면과 수직되게 한다.
04) 토양채집시 한 구역당 임의로 3번 채취한다.

실험보고서

조번호:	이름:
학번:	학과:
실험일자:	제출일자:

1) III의 1번 실험 결과로서, 각 지역의 특징과 무생물적 환경 사이의 관계를 비교설명하시오.

지역	temperature(°C)		humidity(%)	Sd
	지하	지상		
I				
II				
III				
IV				
V				

2) III의 2번 실험 결과로서, 각 지역의 특징과 무생물적 환경 사이의 관계를 비교설명하시오

지역	light(Lux)	PF	pH
I			
II			
III			
IV			
V			

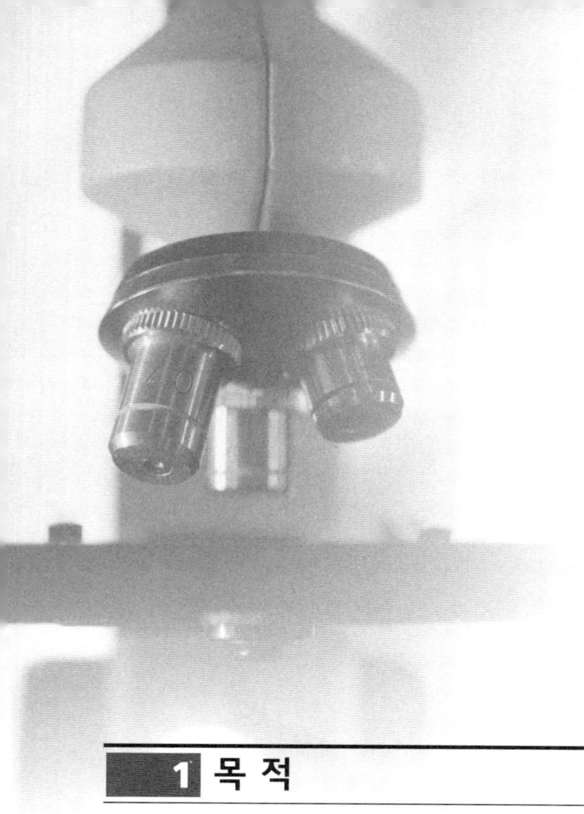

실험 25

타감작용

1 목 적

식물의 타감 작용이 주변 환경에 미치는 영향을 이해하도록 한다.

2 이 론

1 타감작용(allelopathy)

1) 정의

각종 식물기관을 통하여 갖가지 유독물질(2차 대사산물)을 분비하여 다른 종이나 개체의 발아, 성장을 저해하는 현상으로 주로 잎, 줄, 뿌리를 통하여 분비하나 낙엽을 통한 방법도 있다.

2) 타감작용 물질(allelochemicals)

- 대부분 phenol, terpene, alkaloid terpene 등.
- gas form 으로 공기 중에 확산하거나 뿌리로 부터의 배출, 빗물에 의한 용탈, 낙엽이나 잔여물의 분해과정을 통하여 토양에 흡수하여 발아 성장을 저해

3) 종에 따른 실례

간척지에 출현하는 비쑥, 묵밭의 천이 초기에 출현하는 개망초와 쑥, 그리고 소나무,

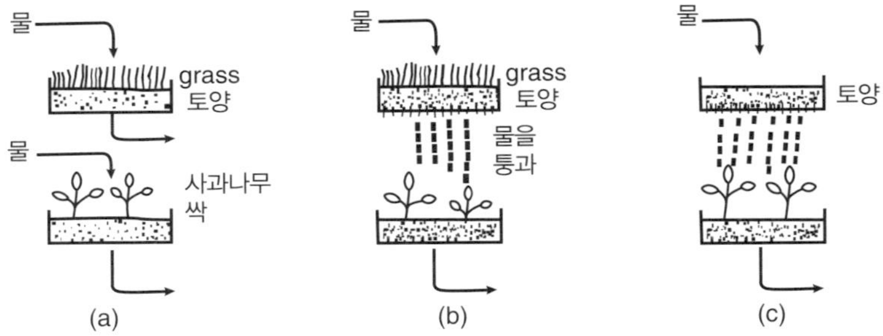

[그림 25.1] 사과나무 싹에 대한 grass의 해로운 영향

리기다소나무, 일본잎갈나무 등이 잘 알려져 있다.

4) 소나무의 타감작용물질

소나무에서 방출되는 terpene계의 유기화합물이 방출되어 해충, 미생물의 번식을 억제하고, 주변 식물들의 침입을 방해하여 스스로를 보호한다.

2 발아(germination)

1) 발아의 개념

종자내의 배, 포자, 화분 등의 생장이 개시되는 현상

- 생리화학적 의미: 흡습 후 대사작용을 시작하여 신장에 들어가는 단계
- 식물학적 의미: 종피를 뚫고 유근출현

2) 종자의 발아능

종자가 발아하여 정상적인 묘를 만들 수 있는 능력

종자가 발아하여 정상적인 유묘를 만들 수 있는가 없는가에 따라 살아 있는 종자와 죽은 종자로 구분 할 수 있다.

3) 발아조건

① 수분과 통기: 종자의 건조를 막기 위해서는 발아매체에 수분을 항상 공급하여야 한다.

② 온도: 온도는 발아조건 중에 가장 중요.

발아적온(optimum temperature), 최저온도(minimum temperature), 최고온도(maximum temperature)는 종에 따라 다르다.

③ 광: 대부분 관계가 없지만 광발아(빛을 필요로 하는 종), 암발아(암흑의 조건을 필요로 하는 것)도 있다.

④ 휴면: 내적 요인에 의해 종자발아가 정지된 상태.
종에 따라 성장휴지기를 가지는 종과 적당한 조건이 갖추어 졌을 때 발아하는 종

3 실험 재료

- 소나무(pinus densiflora)잎(생 and 건): 200g
- 무 종자(raphanus sativus)

4 실험 기구

- petiri dish
- 흡습지
- 스포이드
- 기록지

5 실험방법

① 소나무잎(생 and 건) 200 g을 1000 mL 비이커에 넣고, 증류수가 1000 mL이 되도록 붓는다.

② 약 2일간 실온에 놓아두었다가 가아제로 걸러서 상극물질(allelochemicals)을 추출한다.

③ petri dish에 흡습지를 2장 깔고, 종자를 30립 씩 파종한다.

④ 증류수, 소나무잎(생) 상극액, 소나무잎(건) 상극액을 준비하여 각 petri dish에 충분히 관수한다.

⑤ petri dish에 파종한 종자를 growth chamber(25°C)에서 발아시킨다.

⑥ 기록지로 매일매일 관찰 한다.

주의사항

일정시간(오전, 오후)에 관수, 일정량(10 mL) 관수

실험보고서

조번호:	이름:
학번:	학과:
실험일자:	제출일자:

1) 아래 표에 결과 도출 하여라.

	실험군 (소나무 추출물-생)	실험군 (소나무 추출물-건)	대조군 (증류수)
파종한 날			
파종한 날로부터 24시간			
파종한 날로부터 48시간			
파종한 날로부터 72시간			
합			

※ 발아율 조사: 총 파종한 종자에 대한 발아 종자의 백분율
GR = (N/S) × 100(N = 총 발아 수, S = 총 파종 종자 수)

2) 발아실험결과는 파종한 날을 0일(시간)로 하여 시간(X축)의 경과에 따른 발아율(Y축)을 그래프로 그린다.

문 제 및 토 의

1) 타감작용이 적용되는 소나무 군락과 타감작용 효과가 일어나지 않는 다른 수종의 군락 간에는 어떤 차이를 보이겠는가?

2) 타감작용에 의해 분비된 타감물질의 생태적 역할에 대해 생각해 보자.

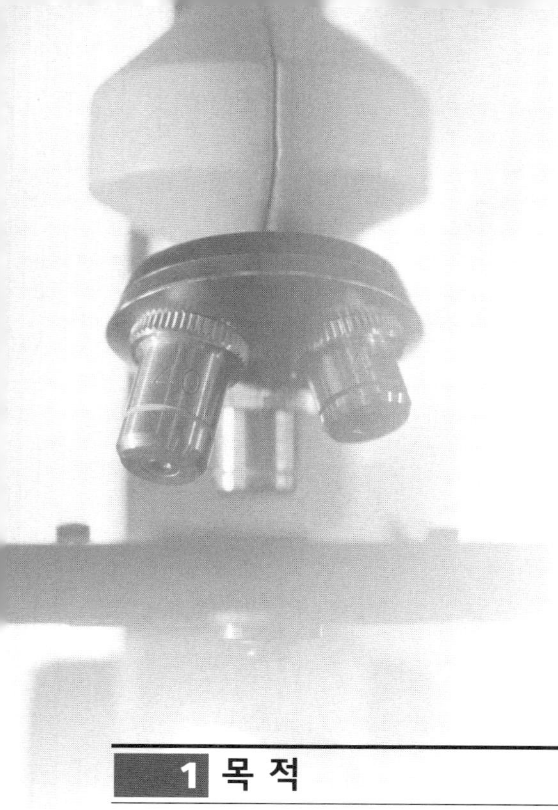

실험 26

개체군 성장

1 목 적

개체군이란 주어진 시간에 주어진 공간을 차지하고 있는 같은 종개체들의 모임이다. 개체군에는 다른 개체군들을 또는 같은 개체군을 시기에 따라 비교하고자 할 때 측정해 볼 흥미가 있는 많은 특성들이 있다.

Populuse package를 통해 '밀도 독립 개체군 성장' 과 '밀도 의존 개체군 성장' 에 관해 알아보고 이해하는 것이 이 실험의 목적이다.

2 이 론

개체군에 있어서 생장률은 환경과 번식능력에 따라 차이를 보인다.

$$\text{Growth rate} = dN/dt$$

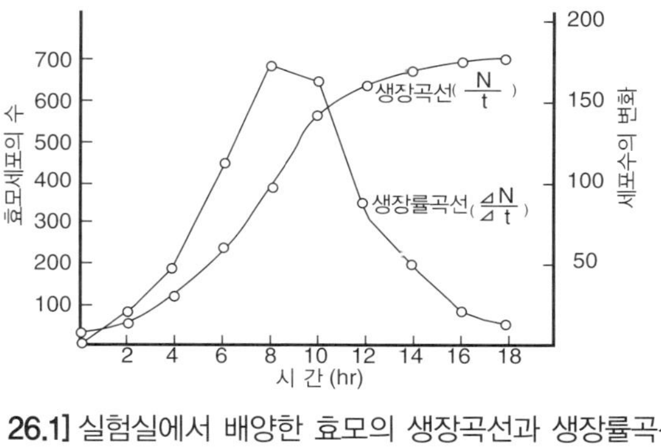

[그림 26.1] 실험실에서 배양한 효모의 생장곡선과 생장률곡선

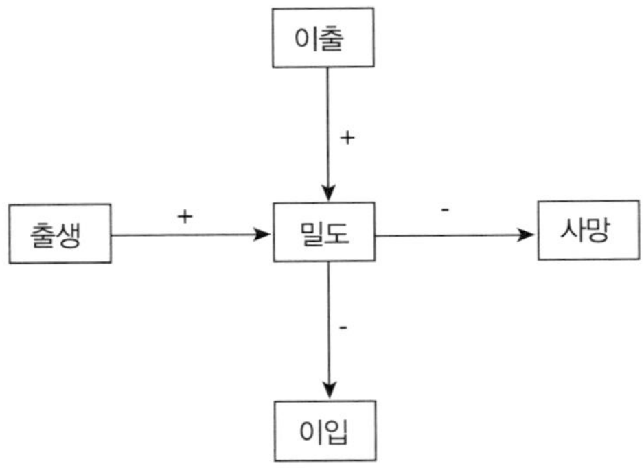

[그림 26.2] 밀도에 영향을 주는 요인

개체군 성장은 4가지 단계, 즉 lag phase, logarithmatic phase, inflection phase, stationary phase를 거치게 된다. 또한 개체군 성장은 다음과 같이 표현되기도 한다.

Population Growth = (Natality + Immigration) − (Mortality + Emigration)

만약 여기서 내적 성장률만 생각한다면,

$$dN/dt = rN$$

r : 생식률(번식능력)

N : 개체수

따라서 이 곡선은 환경 저항이 없는 한 기하급수적으로 증가하게 된다(geometric growth).

그러나 실제환경은 그렇지 아니하다. 즉, 어떤 개체군이 커지면 커질수록 환경에 대한 저항을 많이 받게된다. 그러므로, 이때의 이론적최대수(K)와 현 개체수(N)와의 차 K−N에서 (K−N)/K를 환경저항계수라 한다. 이것을 개체군 증식력과 곱하면 개체군 성장곡선을 나타내게 된다.

$$dN/dt = rN(K - N)/K$$

따라서 N이 커지면 환경저항계수가 0에 접근하게되고, 속도는 감소하게 된다. 즉, 생태계에는 특정 개체군의 수용한계가 있다.

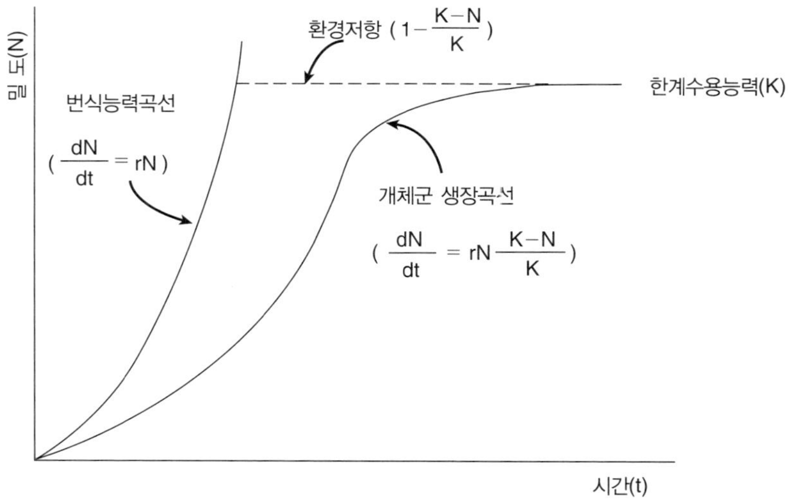

[그림 26.3] 개체군의 생장곡선과 환경저항과의 관계(Boughey, 1968)

밀도(density)란 단위면적당 개체수(개체군 생체량)이나 단위 체적당 개체수(개체군 생체량)을 의미한다. Density-Independent Population Growth는 어떤 요인이 개체군에 작용할 때 개체군의 밀도에 관계가 없는것으로, population의 각 개체들을 보면 출생과 사망이 동일 확률이고 공급원의 무한공급이라는 가정이 따른다. 즉, 실제 생태계에서는 특정개체군 수용능력이 있으므로 개체군 밀도가 계속 커질수 없으므로 이론상 의미이다.

Density-Dependent Population Growth(Logistic Population Growth)는 어떤 요인이 개체군에 작용할 때 개체군의 밀도에 관계가 있는 것으로 개체군 크기가 계속 증가하는 것이 아니라, 실제 존재하는 환경저항에 의하여 generation의 어느 시점에서 극상에 도달하여 평형을 유지하는 성장형이다.

이로써, 전자는 J-curve형, 후자는 S-curve형을 나타낸다.

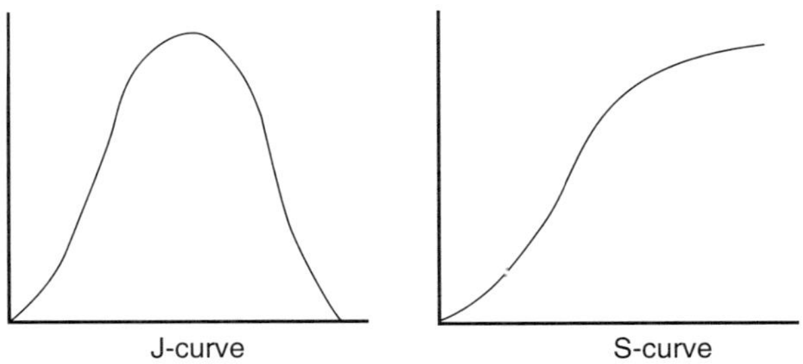

[그림 26.4] 개체군의 생장유형

3 실험기구

- computer 10대
- populus package
- 필기도구

4 실험방법

① populus package 중 'Population Growth Models' 을 선정한다.

② 비교수치를 대입하여 변화를 관찰한다.

주|의|사|항

컴퓨터를 조심히 다루도록 한다.

실험보고서

조번호:	이름:
학번:	학과:
실험일자:	제출일자:

1) 두가지 그래프 그리기.

density-independent

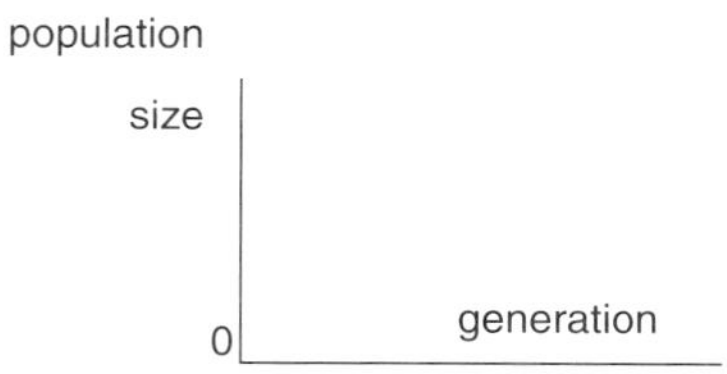

der sity-dependent

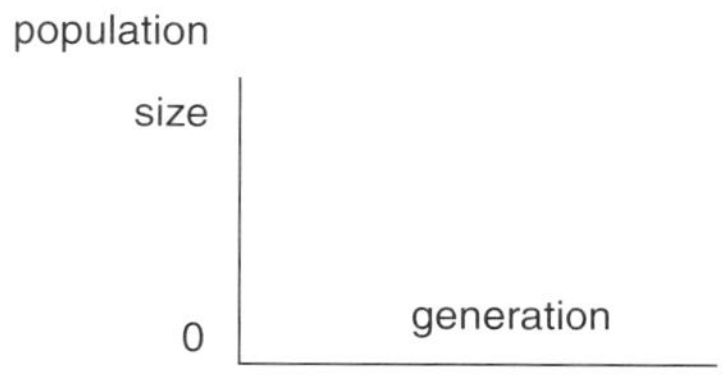

2) density-dependent population growth에서 개체군의 밀도가 높을수록 어떤 변화가 있는가?

3) density-independent population growth에서 세대가 길수록 어떤 변화가 있는가?

4) 1)번의 그래프를 보고 실제 생태계를 유추하고 비교 설명하시오

실험 27

식생분석

1 목 적

시간과 공간을 공유하는 생물 종들은 우연한 집합이 아니라 필연적인 경쟁에 의해 형성된 집단이다. 이러한 생물집단의 다양성은 어떠하며, 필연성에 의해 모인 종들의 집합형식이 어떠한가를 식물군락을 관찰, 분석함으로서 자연의 질서를 스스로 이해하는 것이 이 실험의 목적이다.

2 이 론

생물 종의 다양성은 에너지전이, 먹이망, 경쟁과 지의분배 등에 의한 진화의 결과이며, 성숙하고 안정된 생태계일수록 지위(niche)의 분배가 정교하여 대단한 복잡성을 보인다. 따라서 종 다양성은 생태계의 안정성에 직결되고, 인간에게는 경제적 자원물질로서의 가치가 있으며, 유전적 정보의 다양성을 의미하기도 한다. 또한 생물의 다양성을 통하여 진화과정을 추적할 수도 있고, 지구대기의 조성과 기후의 안정성도 유지할 수 있도록 하며, 다양한 종들의 활동으로 토양형성과 보존도 가능하게 한다. 종의 다양성은 휴양, 자연학습 및 윤리적 측면에서도 상당한 의미가 있고, 지역문화와도 간접적으로 연결되고 있으며, 가장 중요한 현실적인 문제로 다양성파괴는 비가역적이라는 점도 중요하다.

식물군락은(plant community)은 환경요인과의 상호작용에 의해 형성된 것이며 식생을 이루는 식물 종의 조성은 종간 친화력에 의해 형성된 필연적인 결과이다. 육상생태계에는 극지방이나 사막을 비롯하여 인위적인 조작에 의한 극단적인 지역을 제외한 곳은 어디든 식생을 볼 수 있고, 이 식생은 그 지역의 자연환경을 정교하게 표현하고 있다.

본 실험에서는 일정 면적의 방형구를 설정하여 그 안에서 출현하는 식물 종의 종조성표(vegetation table)를 작성한다.

종조성표 작성시 필요한 기준은 다음과 같다.

1 정량적 분석기준

① Frequency(빈도): 군락내에서 종의 분포상태를 진단할 때 사용한다.

㉠ F(%) = q/Q × 100

F: 빈도

q: 어떤 종의 출현 quadrat(plot) 수

Q: quadrat의 총수

Fequency는 quadrat의 크기에 영향을 받는다. 따라서 크기가 다른 quadrat 간의 비교가 불가능 하다.

㉡ Relative Frequency(RF) : 종간 빈도를 비교할 때 사용한다.

RF(%) = F/SF × 100

F: 어떤 종의 빈도

SF: 전체 종의 빈도 총합

② Density(밀도): 단위 면적당 개체수로서 나타낸다.

D = N/R 혹은, D = N/Q

N: 개체수

R: 면적

Q: 조사한 총 quadrat의 수

③ Abundance (수도)

A = N/q

A: 수도

N: 어떤 종의 총 개체수

q: 어떤 종의 출현 quadrat의 수

이때 A = D/F × 100의 관계가 있다(단, D = N/Q).

④ Cover degree(피도)

㉠ Cover degree(피도): 투영면의 지표면 피복 비율을 말하며, cover percentage(피복백분율), cover class(피도계급)로 표현된다. 피도의 합계는 100% 이상이 될 수도 있다.

㉡ Coverage class (피도계급) – Braun-Blanquet, 1964

1: 10% 이하

2: 10~25%

3: 25~50%

4: 50~75%

5: 75~100%

⑤ Dominance (우점도)

㉠ Dominance (우점도): 군락내의 종간 우열을 진단할 때 사용되며, Braun-Blanquet (1964)의 coverage와 abundance를 포함하는 개념으로써, 7개의 계급으로 나뉘어진다.

㉡ Dominance를 표현하는 7가지 계급

5: 피도 3/4 이상

4: 피도 1/2~3/4

3: 피도 1/4~1/2

2: 대단히 다수이나 피도가 1/10 이하인 것, 혹은 피도가 1/10~1/4인 것

1: 다수이나 낮은 피도 인 것, 혹은 극소수이나 피도가 약간 높은 것

+: 소수이면서 피도가 대단히 낮은 것

r: 대단히 드물게 출현하는 것

2 정성적 분석기준

① Sociability (군도): 어떤 종의 집합 형식을 표현할 때 사용된다.

㉠ Braun-Blanquet(1951)의 계급

5: 대군집

4: 소군집

3: 쿠션모양

2: 군생

1: 단독생육

종조성표가 완성되면 종조성표에 포함된 각각의 종들간의 친화력을 정량적으로 판정한다. 모든 종들간의 관계를 계산하기 위하여 232 이원분류표(contingency table)를 만든 후 4가지 경우에 해당하는 관찰치를 대입하고 카이제곱 계산식으로 친화력의 정량치를 구한다.

이 과정은 다음과 같다.

		Speace A	
		Present	Absent
		A	B
Speace B	Present	Type a	Type b
	Present	Type c	Type d

Species A와 species B의 출현유무를 보면

어느 지역에서나 이론적으로 4가지 type의 경우가 생김

실례를 보면(Michigan ; Krebs, 1978)

*Ammphila*가 나타나는 quadrat수의 비율 = 83/ 150 = 0.553,

		Ammophila Sp.		
		Pr.	Ab.	
		A	B	
Andropogon Sp.	Pr.	8	47	55
	Ab.	75	20	95
		83	67	105

*Andropogon*이 나타나는 quadrat수의 비율 = 55/150 = 0.367,

두 종의 출현 경우가 독립사상 이라면, 두 종이 동시에 출현할 이론적 확률은 0.553 × 0.367 = 0.203이다. 즉, 150개 quadrat 중에서 30.4개 출현 가능하다. 그러나, 실제 data는 8 quadrat에서만 출현하고 있다.

따라서, 두 종의 출현 경우는 독립사상이 아니다(negative associated).

이상의 결과를 일반화하여 χ^2-Test로 검정하는 것이 가능하다.

		Sp. A	
		Pr.	Ab.
		A	B
Sp. B	Pr.	a	b
	Ab.	c	d

로 두면

$$\chi^2 = \frac{n(ad - bc)^2}{(a+b)(c+d)(a+c)(b+d)}$$ (단, n + a + b + c + d)

그러나 $n = 200$이면 편기 되므로 보정식

$$\chi^2 = \frac{n\{|ad - bc| - (n/2)\}^2}{(a+b)(c+d)(a+c)(b+d)}$$ 를 사용한다.

앞의 실례를 보정식으로 계산해 보면,

$$\chi^2 = \frac{150(|8 \times 20 - 47 \times 75| - 150/2)^2}{55 \times 95 \times 83 \times 67}$$ = 55.88를 사용한다.

df = (c − 1)(r − 1) = (2 − 1)(2 − 1) = 1

χ^2-table에서 df = 1을 찾으면,

χ^2 (0.05, 1) = 3.841

χ^2 (0.01, 1) = 6.635

즉, 58.45는 1% 이하의 확률치이다.

따라서, 두 종은 극히 negative associated인 관계이다.

※ $\chi 2$ - matrix

	5% ≥ P > 1%	1% ≥ P
Positive associated	+ (3.84)	++ (6.63)
Negative associated	− (3.84)	−− (6.63)Type d

이상의 방법으로 각 종간의 친화력을 환산한 후 5%이상의 친화력을 보이는 종군을 모아 카이제곱 총괄표(Total Matrix)를 만들고, Plexus Diagram을 그린다.

3 재료 및 기구

줄자, 도감, 필기도구, 식생표, 채집비닐, 종이테이프, Software, Diskette, 인쇄용지, 잉크, 꽃삽, 전정가위, 줄자

4 실험방법

1) 종조성표 만들기

4명이 한조가 되어 적절한 지역의 방형구(10 m × 10 m)를 설정한다. 각 식물체의 우점도 · 군도를 조사하여 좌측에는 종명을 쓰고, 해당되는 방형구란에 우점도와 군도를 기입한다.

표 27-1. 종조성표의 예

Releve No.	1	2	3	4	5	6	7	8	9	10
Size of Releve(m^2)										
Exposure										
Inclination(%)										
Cover(%): tree										
shrub										
herb										

2) 카이제곱 총괄표 만들기

	101	102	103	104	105	106	107	108	109	110	111	112	113	114	115	116	117	118	119	121	122	123	126	127	128	129	131	132	133	134	135	137	138	139	140	141	142	143	144	146	148	150	155	156	157	158	159	160	163
101																																																	
102																																																	
103		+																																															
104																																																	
105																																																	
106					+																																												
107					+																																												
108					++																																												
109																																																	
110				++																																													
111										++																																							
112																																																	
113																																																	
114								++		++	+																																						
115					+	++																																											
116																																																	
117						+																																											
118			+		++	+	++																																										
119										++	++																																						
121					++	+		+		++	+				++																																		
122														+				++		+																													
123										++	++			++					+																														
126														+																																			
127						++									+					+																													
128											+								+																														
129								+					++																																				
131									+													+																											
132																									+																								
133																					++			+			+																						
134																																																	
135					+	++		++										+		++																													
137					++										++					++											+																		
138			++																				+								+	++																	
139					++			++									++														++	++	++																
140			+		+		+																								++	++																	
141																+																++	++	++	++														
142								++																							++	++		++	++	++													
143									+	++						++						++					+																						
144					++																												++		+	++	+												
146															+																																		
148					+	+		++												+											++	+		+	+														
150					++		++	++									+	+													++		++	++		+					++								
155					++			++						+				++													++		++	++							++	++							
156																						++																++											
157								++						+									+								+			++							+		++						
158																																										+							
159							+																																										
160											++		+		+																				++		++			++									
163																								++								++	++		++	++	+		+										

표 27-2. 가치상치(Lactuca serriola)군락의 카이제곱 총괄표 예

3) Plexus Diagram 그리기

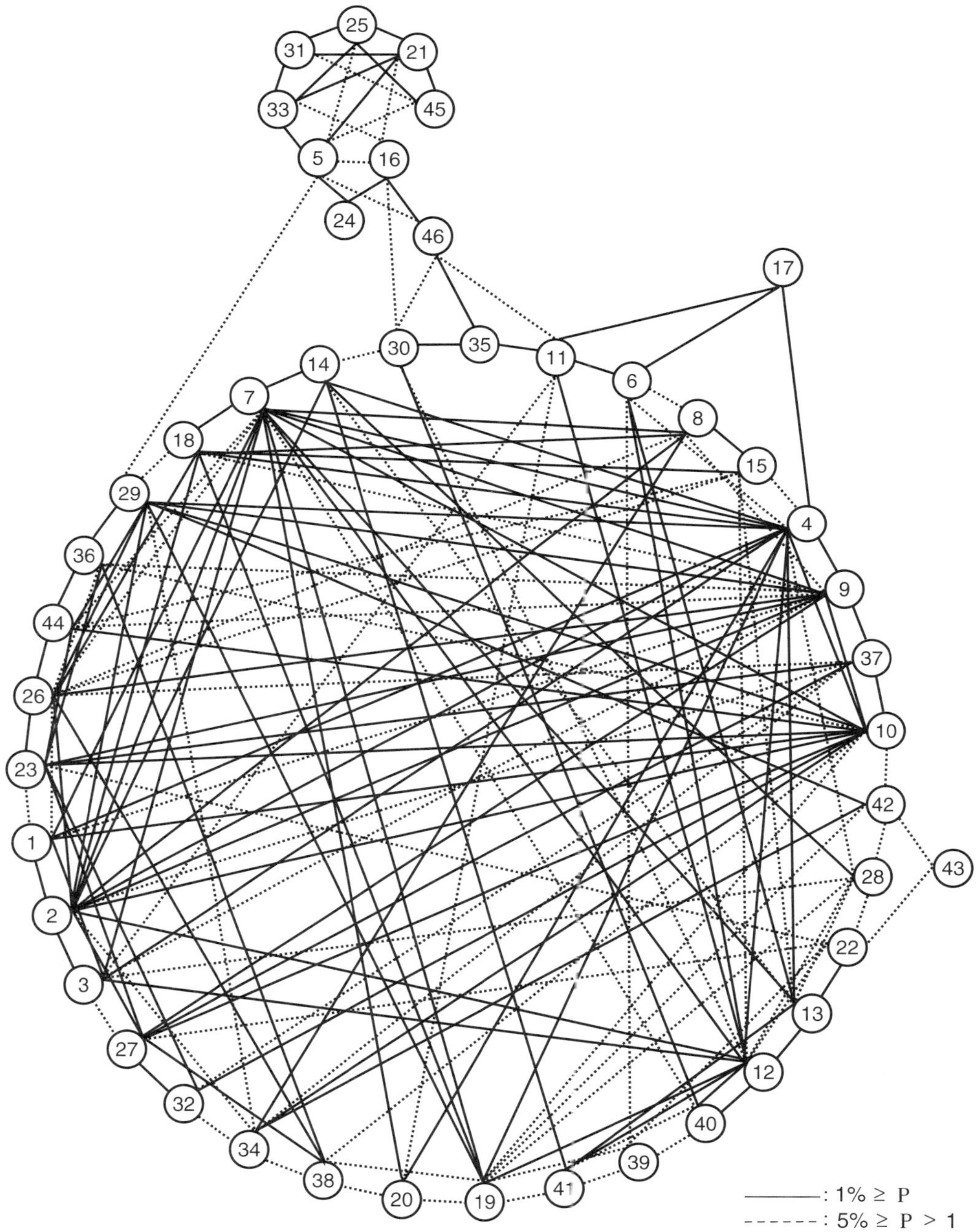

표 27-3. 주요 식별균종균의 Ple<ux Diagram 예

실험보고서

조번호:	이름:
학번:	학과:
실험일자:	제출일자:

1) 종조성표 작성

야외에서 실제 종조성표를 작성한다.

2) 카이제곱 총괄표

종조성표를 토대로 카이제곱 총괄표를 작성한다.

3) Plexus diagram

카이제곱 총괄표를 이용하여 Plexus diagram를 그린다.

문 | 제 | 및 | 토 | 의

1) 종조성표 상에 출현하는 종들의 지역적 특성을 찾아보자.

2) 카이제곱 총괄표에서 positive assosiated인 종들과 negative assosiated인 종들을 비교하라.

3) Plexus diagram을 작성한 결과 종군은 몇 개로 나뉘어 지는가?

4) 만약 종군이 나뉘어 진다면 그 이유는 무엇인가?

5) 출현회수가 적은 종은 이 실험의 데이터 처리에서 어떤 영향을 미칠 수 있는가?

실험 28

종간의 경쟁

1 목 적

생태계 안에서 동일한 지위(niche)를 갖는 두 종은 공존 할 수 없으며, 지위가 다르더라도 몇 가지 환경요인에 대한 동일한 요구를 갖는 두 종 사이에는 경쟁(competition)이 필수적이다. 즉, 요구를 충족시킬만한 환경의 자원이 부족할 경우 경쟁은 심각하게 된다. 이러한 종간에 발생하는 경쟁요인과 경쟁과정을 Simulation program을 이용하여 시간의 축에 배열하였을 때 어떠한 결과가 나타나는 가를 관찰하는 것이 이 실험의 목적이다.

2 이 론

두 종 간의 상호작용에 있어서 경쟁하고 있는 2개의 population은 selection에 의해 적응 가능한 생태학적 niche를 차지한다. 또한 경쟁 가능한 population이 생태계로 들어오면 다른 population의 niche를 변화시킨다(Whittaker, 1970).

이러한 경쟁상태에 있는 두 species의 성장곡선은 크게 나누어 3가지 경우중의 하나에 속하게 되는데 그것은 다음과 같이 표현할 수 있다.

① 어느 한쪽이 언제나 우세한 경우
② Coexist(공생)관계에 있는 경우
③ 초기상태에 따라 달라지는 경우(먼저 차지하면 승리)

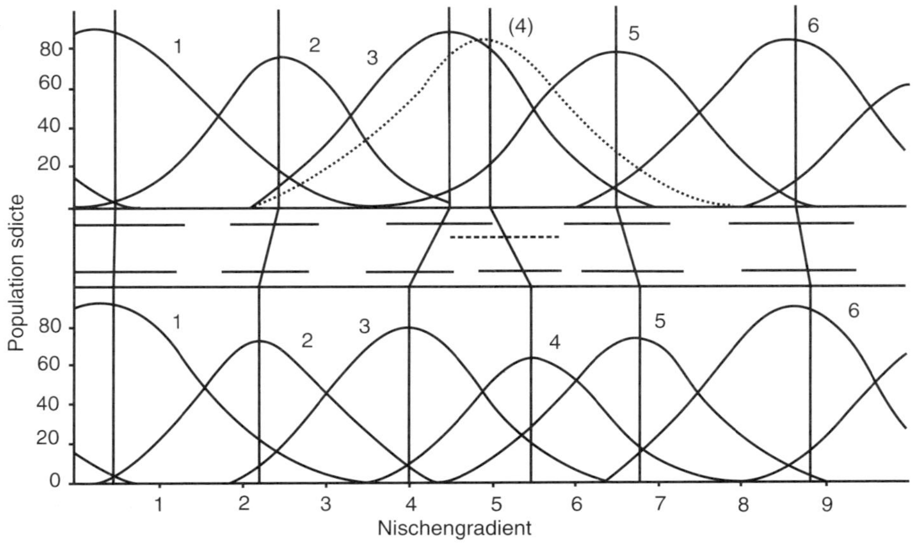

[그림 28.1] 새로운 경쟁종에 의한 지위분배

두 종간의 관계 :

① Neutralism(중립): 서로 아무런 관계가 없다(random associated).

② Competition(경쟁): ecological niche가 같을 때 발생된다.

③ Mutualism(Symbiosis, 상호부조): 한쪽 없으면 생존 불가능하다.

④ Protocooperation(Synergism, 원시협동): 서로 이익이 없어도 생존가능하다.

⑤ Commensalism(편리공생): 한쪽은 이익이 있어나, 다른 한쪽은 영향이 없다.

⑥ Amensalism(편해공생): 한쪽은 불리하나, 다른 한쪽은 영향이 없다.

⑦ Parasitism(기생): 한쪽은 유리하나, 다른 한쪽은 불리한 경우를 말한다. host가 없으면 생존이 불가능하다.

⑧ Predation(포식): 포식자는 유리하나, 피식자는 치명적인 피해를 입는다.

위의 두 종간의 관계 중에서 이 실험은 ② Competition(경쟁)에 관해서 알아보고자 한다. 특히, 자원(resource)에 대한 경쟁에 대해서 알아본다.

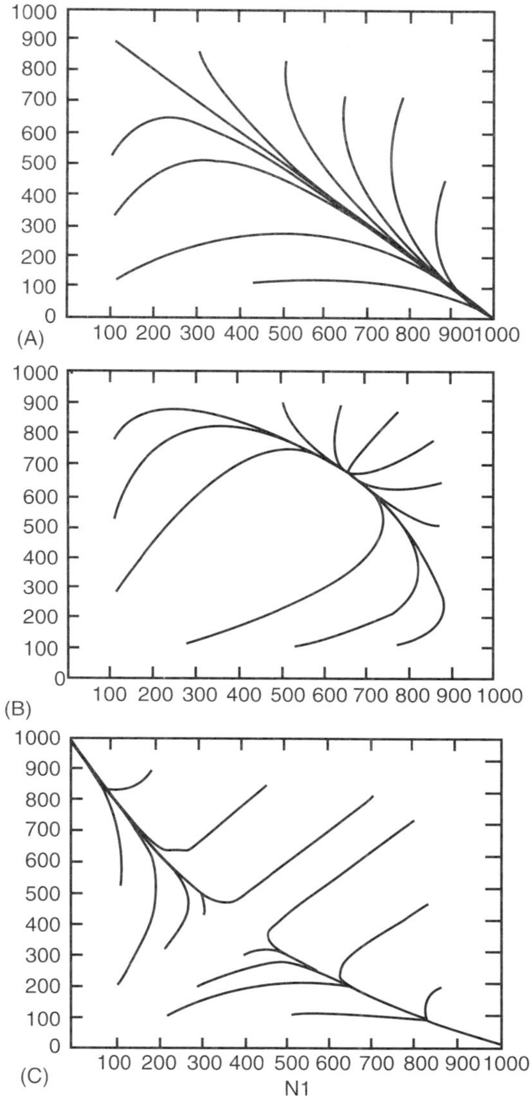

[그림 28.2] 두 종간의 이론적 경쟁곡선. (A): 초기값에 관계 없이 N1이 우세한 경우, (B): 초기값에 관계 없이 두 종이 협동하는 경우, (C): 초기값에 의해 우열이 결정되는 경우

다음은 환경의 자원에 대한 종간 경쟁을 나타낸 것이다.

종간 경쟁을 표현하는 정의식은 다음과 같다.

$$dN_i/dt = NiR/(R + k_i) - m_i$$

$$dR/dt = a(S - R) - \sum_{i=1}^{n}[N_i Ci(dN_i/N_i dt + m_i)]$$

N: Population density

R: Availability or concentration of the limiting resource

r: Consumer의 생장비 중 최고치

k: 종의 최고의 성장비에서 1/2일때 resource의 concentration

m: Consumer의 사망률

S: 서식지에서 공급되는 resource의 최고치

a: 쓸모 없는 resource에서 쓸모 있는 resource로 바뀌는 비율

c: Consumer의 resource 소비 비율

1) Competition for a single limiting resource

하나의 제한된 공급원에 대한 경쟁 모델이다.

① 만약 한 종이 하나의 제한된 공급원만 소비한다면 :

population growth rate는 resource loss rate와 같게 된다. 또한 자원의 공급은 자원의 소비와 같게 된다.

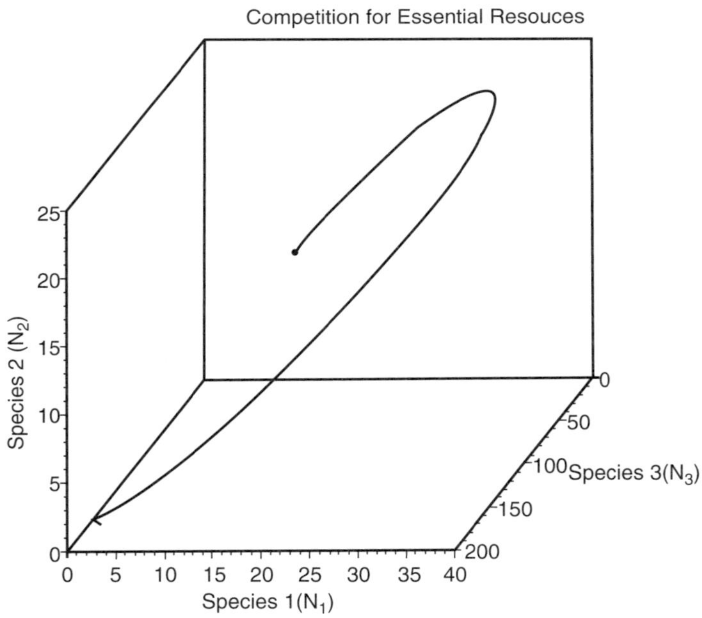

[그림28.3] Resource competition model

② 만약 여러 종이 같은 제한된 공급원을 소비한다면 :

여러 종간의 k, m, r 값에 따른 종간 경쟁이 상이하게 나타난다.

③ k값의 변화에 따른 종의 성장률 및 변화

k값이 작을수록 종의 증가 속도는 빨라지고, 극상에 도달되는 시간이 짧아진다. 그러나 k값이 클수록 종의 증가 속도는 느려지고, 먹이경쟁에서 지므로 어느 순간에는 소멸하게 된다.

④ m값의 변화

같은 조건 내에서 사망률이 높은 종은 경쟁에서 그 만큼 불리하게 된다. 따라서 m값이 작을수록 그 종은 경쟁에서 유리하다.

⑤ r값의 변화

같은 조건 내에서 r값이 높을수록 경쟁에서 유리하다.

2) Competition for two essential resources

두 공급원이 반드시 필요한 경우 두 종의 경쟁을 나타낸 모델이다.

식물의 경우는 mineral nutrients나 light의 경우가 여기에 속하며, resource의 상대적인 유용성에 따라서 두 공급원에 대한 경쟁의 결과도 달라지게 된다.

만약 선호하는 공급원이 서로 다른 경우에는 두 종은 서로 공존할 수 있다.

① R값에 따른 변화

R값이 높으면, 초기의 급속한 증가를 보이다가 좋내의 경쟁으로 인해서 일시적 감소가 나타나게 된다. 그러나 결국에는 평형상태에 도달하게 된다. 그러나 R값이 낮으면, 초기에는 낮은 증가를 보이다가 꾸준히 증가한 후 평형상태에 도달하게 된다.

3) Competition for two switching resources

두 공급원이 대체될 수 있을 때의 모델이다. 두 공급원이 서로 대체될 수 있을 때는 종은 계속 증가될 수 있다.

3 재료 및 기구

Simulation program package, Diskette, 필기도구

4 실험방법(과정)

① Simulation program package 중 'Resource Competition Models'을 선정한다.

② 아래 5의 물음에 대한 변수를 대입하여 변화를 관찰한다.

5 결과 및 고찰

1) Competition for a single limiting resource (species1, 2, 3)

① 그래프를 그리고 설명하시오.

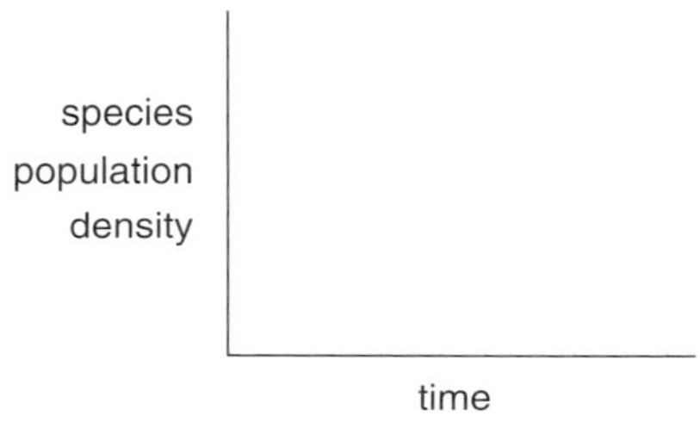

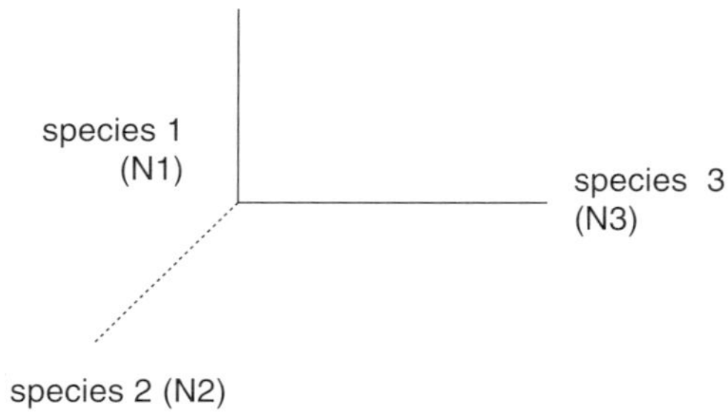

② k값의 변화에 따른 Species 상호관계를 설명하시오.

③ m값의 변화에 따른 Species 상호관계를 설명하시오.

④ r값의 변화에 따른 Species 상호관계를 설명하시오.

2) Competition for two essential resources (species1, 2)

① 그래프를 그리고 설명하시오.

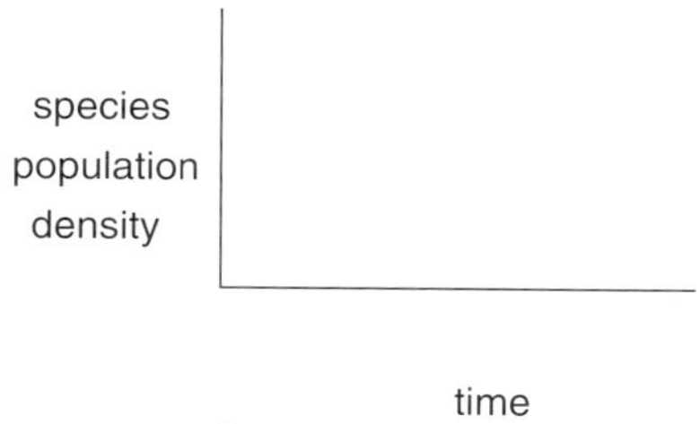

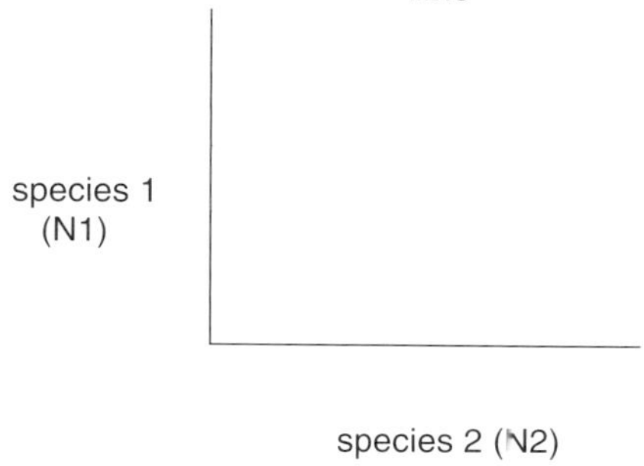

② R값의 변화에 따른 Species 상호관계를 설명하시오.

3) Competition for two essential resources (species1,2,3)

① 그래프를 그리고 설명하시오.

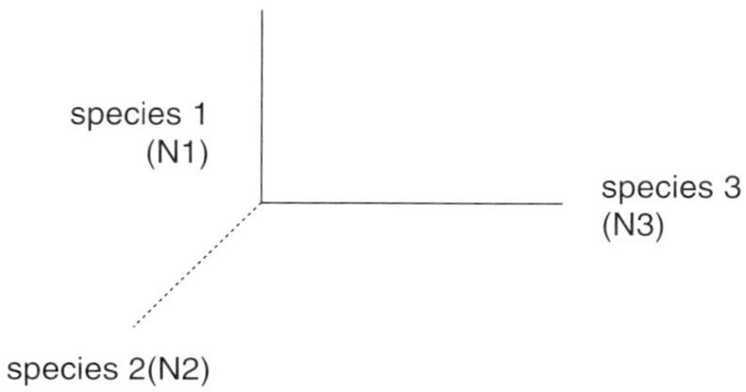

② R값의 변화에 따른 Species 상호관계를 설명하시오.

4) Competition for two switching resources (species1,2,3)

① 그래프를 그리고 설명하시오.

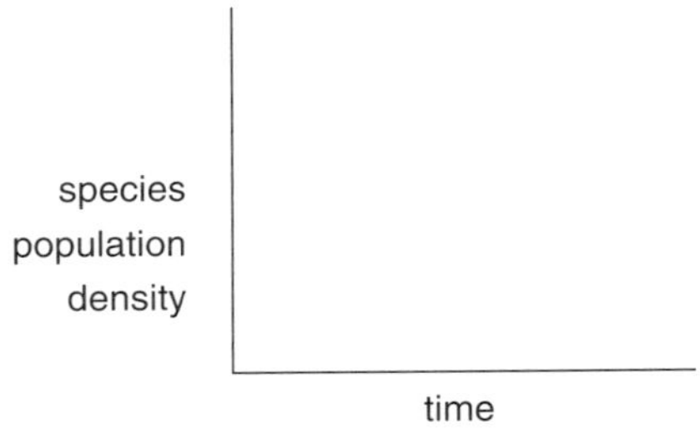

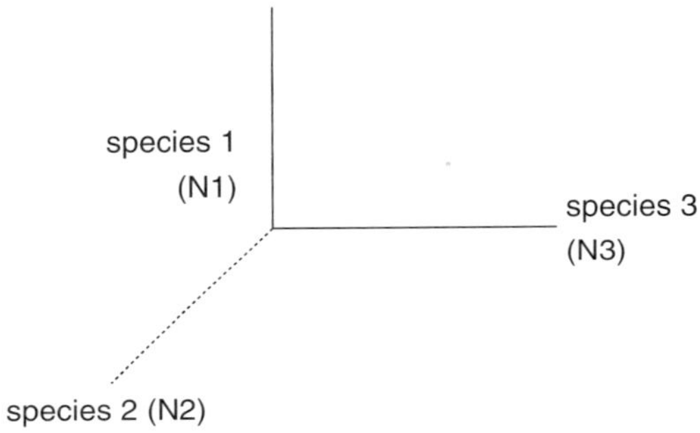

실험보고서

조번호:	이름:
학번:	학과:
실험일자:	제출일자:

1) Competition for a single limiting resource (species1, 2, 3)

2) Competition for two essential resources (species1, 2)

3) Competition for two essential resources (species1, 2, 3)

4) Competition for two switching resources (species1, 2, 3)

문 제 및 토 의

1) Competition for a single limiting resource (species1, 2, 3)

① k값의 변화에 따른 Species 상호관계를 설명하시오.

② m값의 변화에 따른 Species 상호관계를 설명하시오.

③ r값의 변화에 따른 Species 상호관계를 설명하시오.

2) Competition for two essential resources (species1, 2)

R값의 변화에 따른 Species 상호관계를 설명하시오.

3) Competition for two essential resources (species1,2,3)

R값의 변화에 따른 Species 상호관계를 설명하시오.

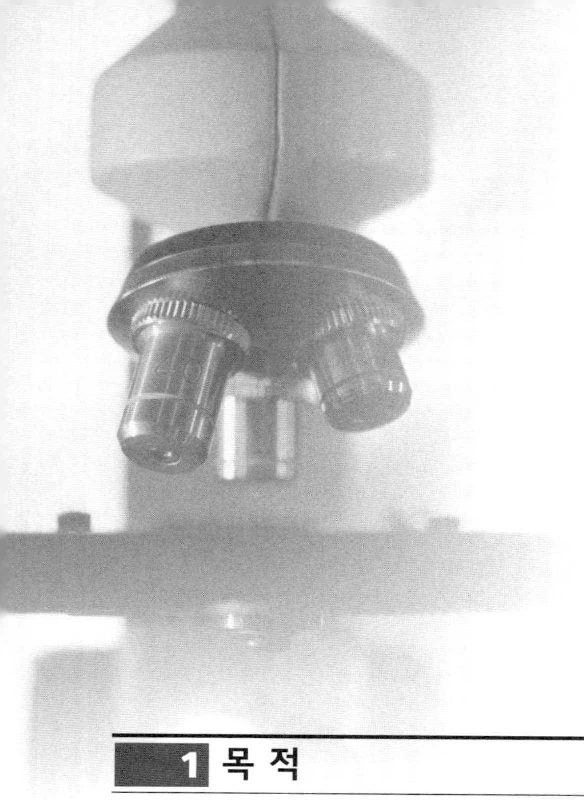

실험 29

BOD 및 COD

1 목 적

수중의 각종 유기물은 미생물에 의해 분해되고 이러한 작용으로 산소 소비가 증가하게 된다. 이때 산소소비량을 측정함으로써 유기물질의 양을 측정하고자 한다.

2 이 론

수중의 각종 유기물은 세균과 플랑크톤 등 미생물에 의해서 분해된다. 미생물의 생물화학적 작용(호흡)으로 산소 소비가 증가하게 되는데 이때 산소소비량을 측정함으로써 유기물질의 양을 측정할 수 있다. 이같은 산소소비량은 수온, 유기물 종류, 미생물 종류, 배양일수 등에 따라 달라지기 때문 에 최소 일정한 조건이 요구된다. 20°C 항온에서 5일동안 소비량을 생물학적 산소소비량(BOD; Biochemical Oxygen Demand)이라 한다. 실제 수중에서 산소소비가 큰 경우는 유기물질이 분해될 때 와 질화작용이 일어날 때이다. 질화작용이란 Nitrosomonas나 Nitrobacter와 같은 질화세균에 의해 NH_4, NO_2로 산화되고 다시 NO_3로 산화되는 현상을 말한다. 자연수에는 질화세균이 많지 않아 BOD 측정시 배양 10여일 후 증식되기 때문에 질소계 유기물 분해 및 질화작용은 이즈음부터 일어난다. 따라서 5일 배양에서는 산소를 소비하는 탄소계 유기물질이 주로 분해된다. 여러 가지 유기물 중 생물학적으로 분해될 수 있는 유기물이 수질오염을 일으키거나 부영양화의 원인이 되며 산화되지 않는 유기물은 그 자체가 유해성을 가질 수는 있지만 부영양화 등의 현상을 초래하지는 않는다. 유기성 물질의 증가는 이를 에너지원으로 하는 세균 또는 플랑크톤의 증가를 가져와 수중 용존산소가 감소 되거나 생태계 먹이연쇄 과정에 영향을 미치는 등 수질환경을 크게 변화시킨다.

반면에 화학적 산소요구량(COD; Chemical Oxygen Demand)이란 수중 유기물을 화학적으로 산화 시킬 때 소비되는 산소량을 말한다. 유기물 종류에 따라 산소비율이 다르기 때문에 COD로 유기물 총량을 산출할 수 없다. 산화정도는 산화제의 종류와 농도, pH, 가열온도, 반응시간, 유기물 종류 등 이 영향을 주므로 측정방법을 명시하여야 한다. 산화제로는 $KMnO_4$과 $K_2Cr_2O_7$이 쓰인다.

3 재료 및 기구

1 BOD 측정

- 황산망간 용액
- 알칼리성 요오드 아지드(azide) 용액
- 0.025M 치오황산나트륨
- 1% 녹말 용액
- 진한황산

※ 시약제조방법

① 황산망간 용액: 120g $MnSO_4 \cdot 4H_2O$를 증류수에 용해하여 250 mL로 정용

② 알칼리성 요오드 아지드(azide) 용액: 87.5 g NaOH, 37.5 g KI 및 0.25 g NaN_3를 증류수에 용해. (발열 주의)시켜 250 mL로 정용

③ 0.025M 치오황산나트륨: 6.205 g $Na_2S_2O_2 \cdot 5H_2$를 용해시켜 1 L로 정용

④ 1% 녹말 용액: 1 g 녹말을 100 mL 끓는 물에 용해

2 COD 측정

- 황산은 용액
- 0.025N 중크롬산칼륨 용액
- 0.025N 황산암모늄철 용액
- 지시약

※ 시약제조방법

① 황산은 용액: 3.75g $AgSO_4$를 250 mL 진한 황산용액에 용해

② 0.025N 중크롬산칼륨 용액: 6.1295g $K_2Cr_2O_7$(105℃에서 2시간 건조시킴)을 용해하여 500 mL로 정 용한 용액(0.25N)을 10배 희석

③ 0.025N 황산암모늄철 용액: 98g $Fe(NH_4)_2(SO_4)_2 \cdot 6H_2O$를 증류수에 용해시키고 20 mL 진한황산을 가하여 1 L 정용한 용액(0.25N)을 10배 희석

④ 지시약: 0.98 g $Fe(NH_4)_2(SO_4)_2$를 $\cdot 6H_2O$와 1.485 g phenanthroline($C_{12}H_8N_2 \cdot H_2O$)를 용해시켜 100 mL로 정용

4 실험기구

1 BOD 측정

- 20°C 항온 BOD배양기 1대
- 300 mL BOD병 6개
- 10 mL 뷰렛 1개
- 교반기 1대 및 자석 1개
- 통기장치(aerator) 3개

2 COD 측정

- 환저 플라스크 4개
- 역류 냉각관 4개
- 1,000 W 전열기 4개
- 10 mL 뷰렛 1개

5 실험방법

1 BOD 측정

① 측정 시료는 세 가지를 준비한다. 공장폐수가 흐르는 하천수, 공장폐수 등이 유입되지

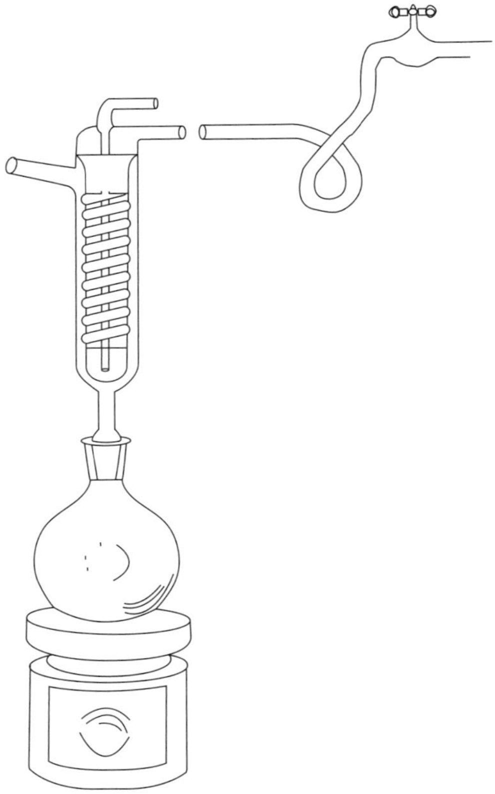

[그림 29.1] COD 가열장치

는 않으나 부영양화가 심한 하천 또는 강, 오염되지 않은 저수지에서 각각 채수한다.

② 3가지 시료의 COD를 먼저 측정하여 BOD 측정을 위한 희석배율을 결정한다. 시료를 배양온도인 20°C 정도되게 한 후 용존산소량이 낮을 경우 약 5분간 통기시켜 산소포화도를 높인다. 용존산소 포화도는 수온이 높을수록 염소함량이 많을수록 감소한다.

③ 각 시료를 4개 BOD병에 동일하게 주입 후 2개는 바로 용존산소량을 측정하는데 사용하고 나머지 2개는 20°C BOD 배양기에 넣어 5일 후 산소량을 측정하는데 사용한다.

④ 5일간 배양 전과 후의 용존산소량 차로부터 BOD값(단위: mg O_2/L = ppm)을 구한다.

⑤ 5일 배양 후 최종 용존산소량은 2 mg/L 이하가 되어서는 안된다.

20°C에서 산소포화도가 9.09 mg/L이므로 시료의 최고 BOD값은 약 7 mg/L 내외가 된다.

따라서 BOD가 7 ppm 이상일 때 적당량 희석해야 한다. 미지 시료의 희석율은 COD

값으로 예상 할 수 있다. 하천수의 경우 BOD는 COD값의 50~70% 수준이 된다. 희석시킬 때 미리 제조된 희석수를 사용해야하나 2~3배까지는 증류수를 사용해도 무방하다.

주의사항

1) BOD가 7 ppm 이상일때 적당량 희석을 한다.
2) 5일간 배양 전과 후의 용존산소량 차로부터 BOD값을 구한다.

2 COD 측정

① 300 mL 환저플라스크에 20 mL 시료와 10 mL 중크롬산칼륨을 정확히 넣고 30 mL 황산은 용액을 가한 후(충분히 혼합시켜야 한다) 2시간 가열 산화시킨다.

② 그림과 같이 설치하되 냉각관 주두를 알루미늄 호일로 막고 가열하여야 한다.

③ 식힌후 냉각관을 증류수로 씻어내려 부피가 약 2배가 되게 한다.

④ 시료를 실내온도와 같게 하여 잔여 중크롬산칼륨을 황산암모늄철로 적정한다.

⑤ 적정전 지시약을 2~3방울 떨어뜨리며 청록색 시료가 최초로 적갈색으로 변하는 시점을 적정 최종점으로 한다.

⑥ 증류수 20 mL를 공시험구로 하여 시료와 동일하게 처리하여 적정함으로써 아래와 같이 COD를 구한다. 중크롬산칼륨 용액은 사용할 때마다 다음과 같이 정확한 농도를 구하여야 한다. 15 mL 증류수에 0.0025N 중크롬산 용액 10 mL를 가하고 20 mL 진한 황산을 가하여 잘 혼합한 후 0.025N 황산암모늄철 용액으로 적정하여 "N = 10 × 0.025/적하량" 으로 구한다.

$$COD(mg\ O_2/L) = [(B-S).N.8000]/V$$

B: 공시험구의 황산암모늄철 적하량(mL)

S: 분석시료의 황산암모늄철 적하량(mL)

N: K2Cr2O7의 농도(N)

V: 분석에 사용한 시료의 양(mL)

주 | 의 | 사 | 항

1) 20 mL 시료와 10 mL $K_2Cr_2O_7$을 300 mL 환저플라스크에 정확히 넣고 H_2SO_4는 용액을 가한 후 충분히 혼합시킨다.
2) 가열시 냉각관 주두를 알루미늄 호일로 막고 가열한다.
3) 적정전 지시약을 2~3방울 떨어뜨리며 청록색 시료가 최초로 적갈색으로 변할 때까지 적정한다.
4) $K_2Cr_2O_7$ 사용때마다 정확한 농도로 한다.

실험보고서

조번호:	이름:
학번:	학과:
실험일자:	제출일자:

1) BOD 측정

① 세 가지 시료에 관한 BOD를 측정하여 결과를 나타내어라.

② BOD 수질등급을 조사하고 각 시료의 등급 및 유기물 오탁 정도를 판정하여라.

2) COD 측정

① 세 가지 시료에 관한 COD를 측정하여 결과를 나타내어라.

문 | 제 | 및 | 토 | 의

1) BOD 측정

① 수질 부영양화에 대한 지표로 BOD값을 근거로 하는 이론적 배경을 설명하여라.

2) COD 측정

① 수질 부영양화에 대한 지표로 COD값을 근거로 하는 이론적 배경을 설명하여라.

② BOD와 COD의 상호 관련성을 설명하여라.

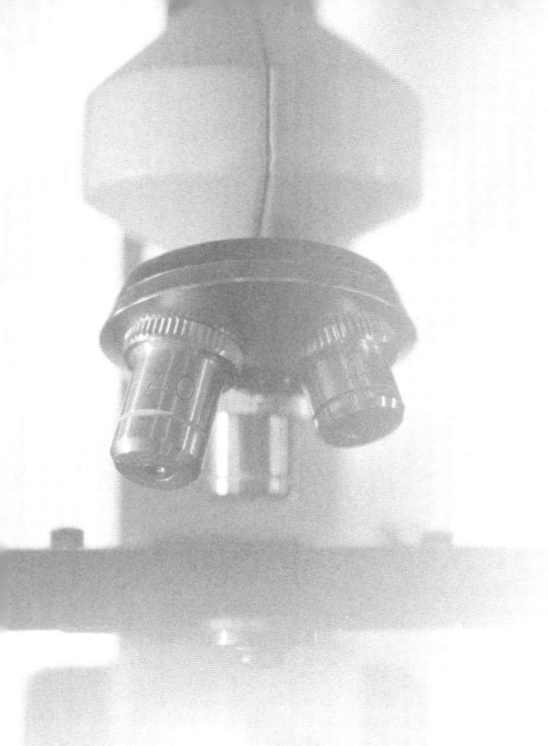

실험 30

미생물을 다루는 법

1 목 적

미생물을 취급하는 기술을 순수배양, 무균조작, 멸균법 등을 통하여 숙달한다.

2 이 론

미생물이란 우리의 육안으로 관찰할 수 없을 정도로 작은 생물을 말하는데, 이러한 미생물에 대한 연구가 학문으로 발달된 역사를 보면 언제나 그 중심과제는 인간생활과 매우 밀접한 관계를 지니고 있었다. 미생물은 그 형태가 간단하여 단세포가 많으며 다세포인 경우에도 고등 동식물에서와 같은 분화된 조직을 가지고 있지 않은 점이 특징이다. 미생물을 다루는데 있어 특히 강조되는 점은 항상 엄중한 무균 조작을 필요로 하며 실험대상인 미생물은 위험한 병원성미생물이 많으므로 부주의하면 자신이 감염될 뿐 아니라 주위 사람에게도 위험을 줄 수 있으므로 항상 안전하고 능률적으로 다루는 기술을 익혀서 여러 가지 생물의 실험에 응용하는 능력을 키워야 된다. 처음에는 미생물을 취급하는 기술이 어려워 보이지만 반복된 실습을 통해 곧 숙달될 수 있다.

1 무균 조작

초자기구나 백금이 등 미생물의 배양과 취급에 사용되는 모든 기구와 재료는 아주 깨끗하여야 한다. 무균조작이란 사용하는 기구나 재료에 포함된 모든 미생물을 제거시키는 기술을 말하며 미생물의 멸균은 열, 압력, 산이나 알칼리, 여과 및 기타 화학약품을 이용하여 멸균시킬 수 있다.

2 미생물의 배지

미생물은 필요로 하는 영양에 따라 다양성을 지니고 있는데 실험실에서 미생물을 배양하기 위하여 사용되는 배지는 대개 식물이나 동물의 조직추출물, 이들을 분해시킨 종류들이며 이들 중에는 가장 널리 사용되는 것이 육즙, 효모즙, 펩톤 등이다. 보통 곰팡이류는 국즙이나 맥아즙이 많이 사용되며 세균류는 육즙을 이용한다. 배지의 조성에 있어 수소이온농도(pH)가 매우 중요하며 곰팡이 및 효모는 pH 5.0~7.0의 범위에서, 세균은 pH 7.0~8.0의 영역에서 최적 조건을 이룬다.

배지의 종류는 액체배지와 고체배지로 나누어서 사용목적에 따라 액체배지는 미생물의 생리생화학적 연구 혹은 미생물의 대량배양 등에 쓰이고, 고체배지는 액체배지에 한천 또는 젤라틴을 가하여 고형화 시킨 것으로 미생물의 보존, 배양 및 순수분리 이용한다.

3 미생물의 순수배양

식품, 토양, 그 밖의 주위 환경에서 미생물상을 알아보면 미생물은 단일종으로 존재하는 경우는 거의 드물고 여러 미생물군이 공존하고 있다. 실험실에서 미생물을 배양시 어느 한 종류의 미생물만을 배양하기 위하여 다른 여러 종류의 미생물로부터 원하는 미생물을 분리하여 배양하는 기술을 순수배양법(pure culture method)이라 한다.

혼합배양체로부터 순수배양체를 얻는 방법은 흔히 두 가지 방법 중에서 어느 한 방법을 택하는 것이 보통이다. 첫 번째 방법은 도말평판법(streak plate method)으로서 미생물을 분리하고자 할 때 주로 사용하며 혼재된 미생물을 한천평판배지의 표면에 백금이를 이용하여 접종하는 방법이고(그림 30.1), 두 번째 방법은 주입평판법(pour plate method)으로서 용액내의 미생물수를 측정하거나 세균의 순수 분리를 원할 때 이용하는 방법이다(그림 30.2).

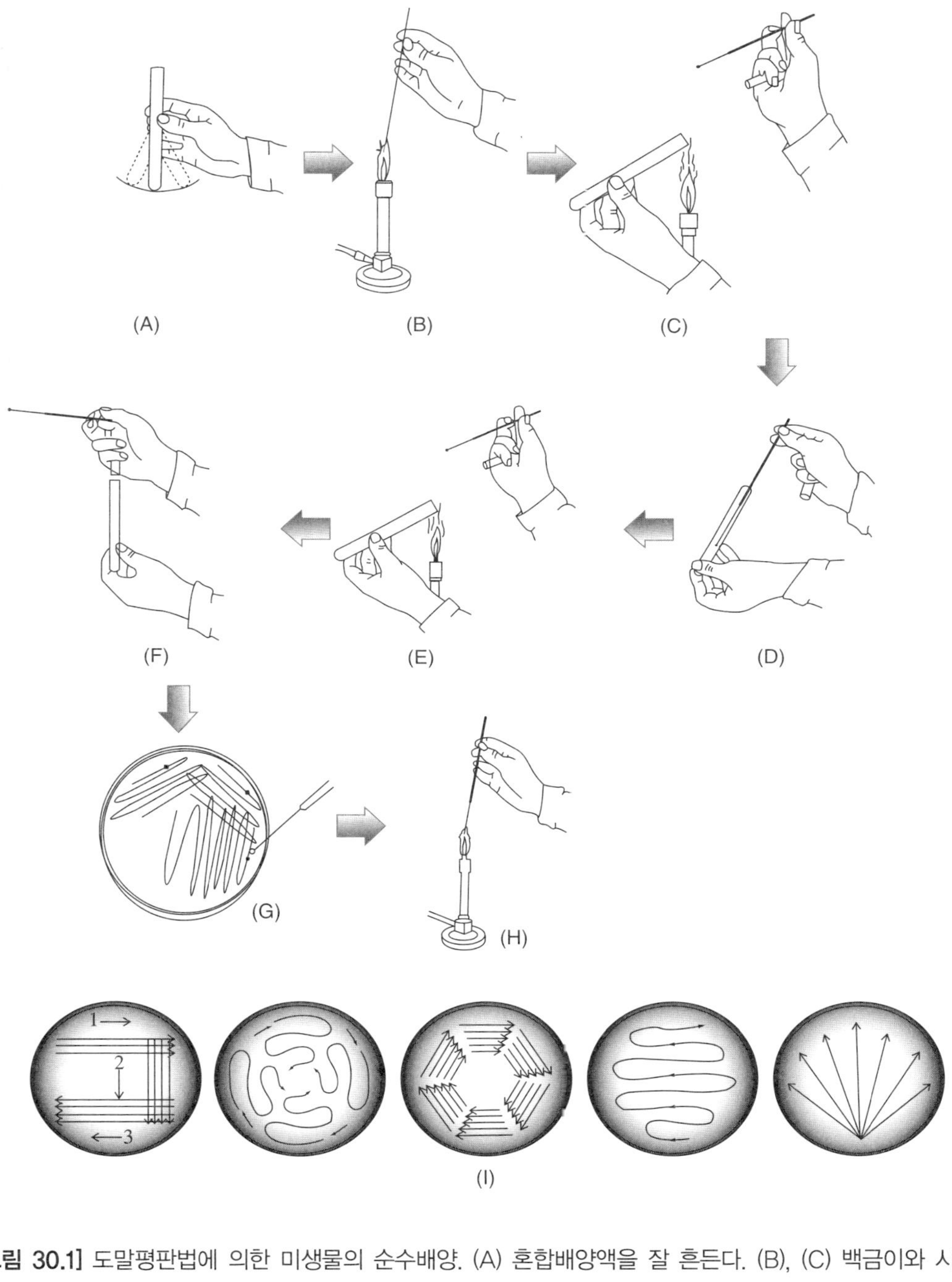

[그림 30.1] 도말평판법에 의한 미생물의 순수배양. (A) 혼합배양액을 잘 흔든다. (B), (C) 백금이와 시험관을 화염멸균한다. (D)백금이로 균을 뜬 다음, (E) 시험관 끝을 멸균하고, (F) 마개를 닫는다. (G) 한천평판에 고르게 도말한 다음, (H) 다시 백금이를 멸균한다. ( ) 한천평판에 도말하는 여러 가지 방법

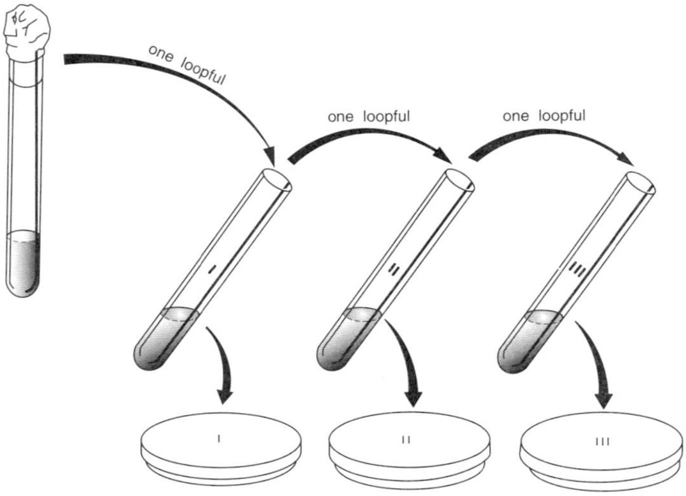

[그림 30.2] 주입평판법에 의한 순수배양

4 미생물의 접종

미생물을 접종할 때에는 백금이를 이용한다. 먼저 백금이를 불꽃에 빨갛게 될 때까지 화염멸균시켜 공기 중에서 세균을 접종시킨다. 백금이를 식힐 때 다른 물건에 닿지 않도록 주의를 요한다(그림 30.3).

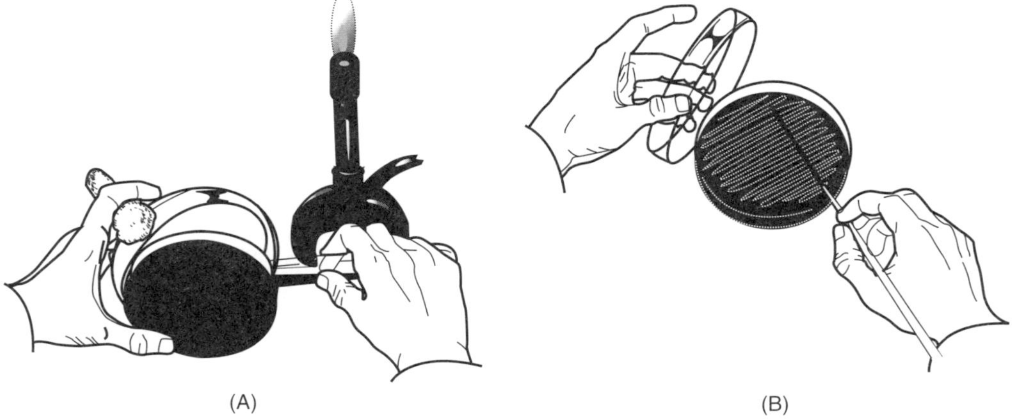

[그림 30.3] (A) 한천평판의 준비과정과 (B) 백금이로 도말하는 과정

미생물을 접종할 때 부주의로 인해 주의 환경으로 인해 오염시켜서는 안되며 특히 병원성 미생물을 취급할 때는 더욱 조심하여 다루어야 하며 비록 비병원성 미생물을 다룰 때에도 병원성 미생물을 다루는 방법으로 취급하여만 된다.

5 미생물의 관찰

세균을 비롯한 생체조직의 형태학적 연구는 염색과정을 통하여 관찰하는 것이 원칙인데 그 까닭은 염색하지 않는 상태에서는 내부 구조가 용이하게 식별되지 않기 때문이다. 관찰하려는 생물 재료는 먼저 슬라이드 위에 고정 시켜야 하는데 고정을 통하여 생물재료는 염색이 쉽게 된다. 따라서 미생물 재료를 효과적으로 염색하기 위하여 비생물 재료를 적절히 분산시키고, 실온에서 건조시킨 후 가열하여 고정시키는 일련의 과정을 도말(smear)이라 한다. 초보자들이 흔히 오류를 범하는 과정의 하나는 고체배양기에서 미생물을 취할 경우 너무 많은 양의 균체를 취함으로써 도말효과가 나타나지 않는 경우라 하겠다.

3 시약 및 재료

- 육즙(beef extract)
- 펩톤(peptone)
- 한천(agar)
- 증류수

※ nutrient agar 배지의 제조방법

육즙 3 g, 펩톤 5 g, 한천 16 g을 증류수 950 mL에 녹인 후, 1N NaOH를 첨가하여 pH 7.0이 되도록 맞춘 다음, 총 1*l*가 되도록 증류수를 첨가한다. 이것을 고압증기멸균기에 121℃로 20분간 멸균한다.

4 실험기구

- 고압증기멸균기
- 진탕기
- 배양기
- 교반기

- 전자저울
- 분주기
- 백금이
- 500 mL 비이커 5개
- 알콜램프 5개
- 무균대
- 메스실린더
- 페트리접시 30개
- 시험관 30개

5 실험과정

① nutrient agar를 준비하여 멸균된 페트리 접시에 주입하여 한천배지의 평판을 만든다.

② 여러 도말방법 중 한 가지 방법을 택하여 균체를 접종한다. 연속도말과 같은 요령으로 실시하되 페트리 접시의 한천평판의 반을 도말하고 난 다음에 백금이를 불꽃으로 소독한다. 냉각된 백금이로 소독하기 전에 끝난 부분으로부터 도말을 시작하여 나머지의 한천평판 위에 연속으로 도말한다.

③ 페트리 접시에 위와 같은 도말방법으로 균체 접종을 끝마치면 뚜껑이 밑으로, 즉 한천평판이 밑으로 향하도록 항온기에 넣어 37°C의 온도에서 24~48시간 동안 배양한다.

주 의 사 항

1) 한천배지 평판을 만들 때 주의해야 할 점은 한천배지를 50℃정도로 냉각하여 주입하지 않으면 페트리 접시의 뚜껑에 서린 증기가 물방울이 되어 고체배지 위로 떨어짐으로써 분리하고자 하는 콜로니를 서로 오염시킬 우려가 있다.
2) 접종한 한천평판을 뒤집어서 배양하는 이유는 열로 인한 배지의 수분손실과 서로 다른 콜로니들의 오염을 방지하기 위함이다.

실험보고서

조번호:	이름:
학번:	학과:
실험일자:	제출일자:

1) 도말평판 상에 생긴 콜로니의 분포를 그리시오.

문|제|및|토|의

1) 미생물을 순수분리하는 목적은 어디에 있다고 생각하는가?

2) 도말평판법의 종류를 아는 대로 기술하시오.

3) 한천을 배지에 첨가하는 이유는?

실험 31

원핵생물(Prokaryotes)의 다양성

1 목 적

그람염색법을 이용하여 세균의 동정(identification), 분류(classification)의 중요한 지표인 그람양성균과 음성균을 구분하고 동시에 분별염색의 원리와 조작법을 습득한다. 그리고, 여러 가지 원핵생물을 현미경을 통하여 관찰한다.

2 이 론

지구상에 살고 있는 생물군은 크게 두 군으로 나눈다. 원시적인 핵을 지닌 생물을 원핵생물(procaryotes)이라 하며 진정한 핵을 지닌 생물을 진핵생물(eucaryotes)이라 한다. 원핵생물은 진핵생물과는 기본적으로 다르므로 분리된 계인 원핵생물계(monera)로 따로 분류한다. 남조류나 세균의 세포는 다른 생물의 세포와는 달리 핵이 핵막에 둘러 싸여 있지 않고 핵물질이 세포질에 흩어져 있다. 이러한 세포를 원핵세포라 하는데 이들은 핵막뿐만 아니라 다른 막성세포기관도 아주 결여되어 있거나 원시적인 미분화상태로 되어 있는 점에서 특징지어진다. 따라서 남조류나 세균류를 하등미생물(lower protists)이라고하여 남조류를 제외한 다른 조류나 균류 및 원생동물등은 고등미생물(higher protists)로 구분하고 있다.

3 시약 및 재료

- 대장균(E. coli)배양액
- 크리스탈 바이올렛(crystal violet)용액
- 포도상구균(S. aureus)배양액
- 사프라닌(safranin)용액
- Gram' s iodine 용액
- 95%에틸알콜

▶ 시약제조방법

① 크리스탈 바이올렛용액

㉠ 용액 A: 95% 에틸알콜 20 mL에 crystal violet 2.0 g(85% 염색농도)을 용해시킨다.

㉡ 용액 B: 증류수 80 mL에 ammnonium oxalate 0.8 g을 용해시킨다.

㉢ 용액 A와 B를 잘 섞는다.

② Gram' s iodine 용액: potassium iodine 2 g을 300 mL 증류수에 용해 후 iodine crystal 1g을 가한다.

③ 사프라닌용액: 95% 에틸알콜 10 mL에 safranin O를 0.25 g을 녹인 후, 증류수 100 mL을 섞는다.

4 실험기구

- 현미경
- 여과지
- 슬라이드글라스
- 백금이
- 알콜램프
- 세척병
- 커버 글라스

5 실험방법

① 배양액을 잘 흔든 다음 백금이로 두 번 취하여 세척된 슬라이드글라스의 중앙부에 접종한다. 고체배양체일 경우 슬라이드글라스 위에 증류수를 두 방울 정도 떨어뜨린 다

음, 콜로니를 백금이로 따서 증류수에 도말한다.

② 접종균을 분산시켜 수분을 증발시키고 알콜램프의 불꽃에 3~4번 통과하여 균체를 살균함과 동시에, 슬라이드글라스 위에 고정시킨다.

③ 도말한 슬라이드글라스 위에 crystal violet 용액을 떨어뜨리고 20초간 염색한다.(염색시간은 적당히)

④ 20초 후에 즉시 세척병으로 염료를 제거한다.(약 2~3초간)

⑤ Gram's iodine 용액으로 1분간 고정시킨 후, 세척한다.

⑥ 95% 에틸알콜을 방울방울 떨어뜨려 탈색시킨다(15~20초). 도말이 두껍게 되었으면 탈색시간이 좀 더 요구된다.

⑦ 알콜로 탈색이 끝나면 세척병으로 2~3초간 세척한다.

⑧ 사프라닌 용액을 떨어뜨리고 20초간 기다린다.

⑨ 다시 세척병으로 조심스럽게 세척한 후 여과지로 물기를 제거한 다음 실온에서 말린다.

⑩ 처리가 완료된 슬라이드를 현미경으로 검경한다(여러 원핵생물과 비교한다).

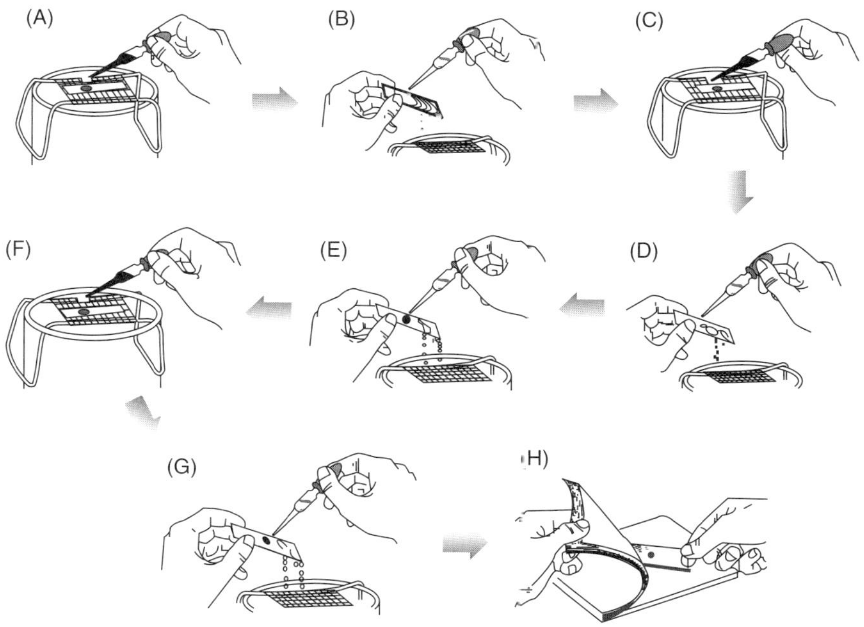

(A) Crystal violet 용액, 20초. (B) 세척, 2초. (C) Gram's iodine 용액, 1분. (D) 세척, 2초. (E) 95% 에탄올, 10~20초, (F) Safranin 용액, 20초. (G) 세척, 2초. (H) 여과지로 물기제거

[그림 31.1] 그람염색법의 과정

실험보고서

조번호:	이름:
학번:	학과:
실험일자:	제출일자:

1) 현미경하에서 400배의 배율로 관찰하고 그 양상을 그리시오.

2) 대장균과 포도상구균의 염색된 색깔의 차이는?

3) 이와 같은 염색법을 무슨 염색법이라 하는가?

문 | 제 | 및 | 토 | 의

1) 원핵생물과 진핵생물의 차이점을 비교하여 설명하시오.

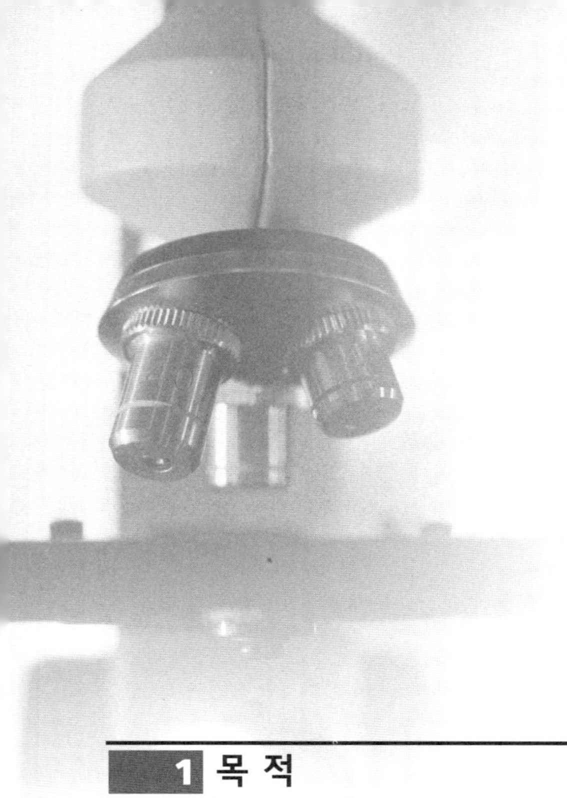

실험 32

균류(Fungi)의 다양성

1 목 적

고등미생물에 속하는 균류를 관찰하고 그 특징을 안다.

2 이 론

균류(fungi)는 미생물계 중에서 고등미생물에 속하는 것으로 핵이 뚜렷한 모양을 하고 있어 하등미생물인 세균류와 구별된다. 일반적으로 곰팡이라고도 불리는 이 미생물군은 엽록소를 지니지 않으며 조직의 분화가 일어나지 않으므로 고등식물에서 볼 수 있는 줄기, 잎, 뿌리와 같은 구조는 찾아 볼 수 없다. 균류는 진화적으로 조류와 밀접한 관계가 있는데 이는 두 가지 생물군이 미분화 상태의 엽상체 구조를 지니기 때문이다.

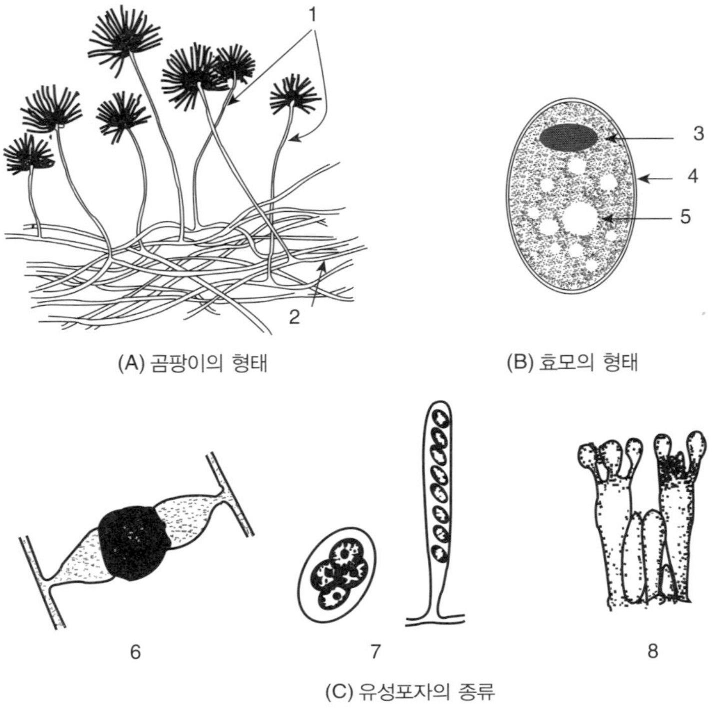

1. 생식균사체, 2. 영양균사체, 3. 핵, 4. 세포벽, 5. 액포, 6. 접합포자, 7. 자낭포자, 8. 담자포자

[그림 32.1] 균류의 여러 가지 형태와 포자의 종류

균류는 크게 곰팡이(mold)와 효모(yeast)로 구분하는데 곰팡이는 다세포체로 이루어진 생물이고 효모는 단세포생물의 특성을 지닌다(그림 30−1). 곰팡이의 세포들은 비교적 크며 세포벽은 셀룰로오스이고 효모는 단세포생물의 특성을 지니다. 곰팡이의 세포들은

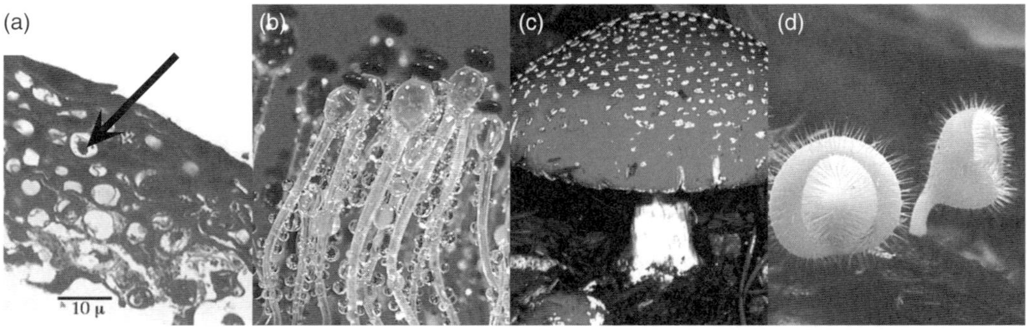

(a) 항아리균류 Batrachochytrium dendrobatidis(화살표) (b) 접합균류 Pilobolus
(c) 담자균류 Amanita muscaria (d) 자낭균류 Cookeina tricholoma

[그림 32.2] 네 가지 주요 균류의 예

[그림 32.3] 균류의 네 가지 종류

비교적 크며 세포벽은 셀룰로오스나 키틴(chitin)으로 되어 있으며, 기본구조는 대부분 실 모양을 하고 있다. 이러한 관상구조를 균사(hypha)라 하며 이들이 균사체(mycelium)를 형성한다. 균사의 끝이 생장하여 가지를 치면서 증식한다.
균사는 격막이 있는 것과 없는 것이 있는데 곰팡이를 분류하는 중요한 특징으로 여긴다. 또한 곰팡이는 포자를 형성하여 증식하는데 무성포자(asexeual spore)와 유성포자(sexual spore)가 있으며, 곰팡이 종류에 따라 형성과정과 형태가 다양하다(그림 30.2, 3).

효모는 분류학상 곰팡이와 같이 진균류에 속하는 것으로 세균보다 크고 구조는 곰팡이 보다 간단하다. 다수의 효모는 당을 발효하여 이를 알콜과 이산화탄소로 전환시키는 능력이 있다. 세포벽은 2~3층이며, 키틴으로 구성되어 있고 세포질 내에는 분화된 핵과 영양물, 노폐물 등이 들어 있는 액포 및 글리코겐 입자가 들어 있다. 효모의 증식은 무성증식과 유성증식이 알려져 있는데 무성증식은 출아법이나 이분법으로, 유성증식은 자낭포자(ascospore)를 형성함으로써 이루어진다.

균류는 점균류(Myxomycophyta)와 진균류(Eumycophyta)로 나누어지며 이중에서 진균류는 균사의 격막유무, 자실체와 포자의 형성과정과 모양에 따라 조균류(Phycomycetes), 자낭균류(Ascomycetes), 담자균류(Basidiomycetes) 및 불완전균류(Deuteromycetes)등으로 구분하여 나눈다.

[그림 32.4] 균사체

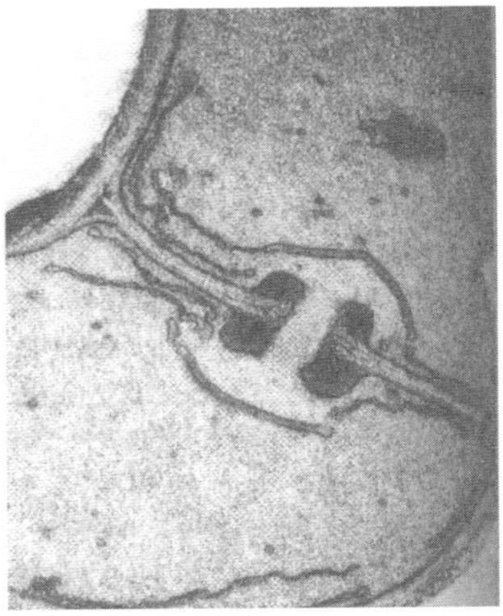

[그림32.5] 격벽

3 시약 및 재료

- Sabouraud 배지에 배양한 *Rhizopus sp., Aspergillus sp., Penicillium sp.*
- Yeast 배양액 또는 막걸리
- potassium iodide 용액
- 메틸렌블루(methylen blue)
- cedar oil

▶ Sabouraud's agar배지의 제조법

일종의 선택배지로 펩톤 1%, 포도당 4%, 한천 2% 이며 pH는 5.6으로 맞춘다.

4 실험기구

- 슬라이드 글라스
- 커버 글라스
- 알콜 램프
- 백금이
- 여과지
- 세척병
- 현미경

5 실험방법

1 곰팡이(mold)의 관찰

① 전 배양된 곰팡이의 특징을 관찰한 다음 각각의 특징적인 군락을 백금이로 떠서 깨끗한 슬라이드 글라스 위에 물 한 방울을 떨어뜨린 후에 조심스럽게 묻혀 놓는다.

② 현미경으로 관찰시 먼저 저배율에서 검경한 후 관찰에 알맞는 현미경상을 찾으면, 고배율 대물렌즈로 맞추고 초점과 광량을 재조정한다

③ 1,000배 이상의 고배율로 관찰시 cedar oil을 유침하여 관찰한다.

2 효모(yeast)의 관찰

① 실험 전날 1~2 % 설탕물에 효모를 넣어 배양한다. 만일 배양하지 못하였으면 소량의 막걸리를 사용하여 관찰해도 좋다.

② yeast 배양액 한 방울을 슬라이드 글라스 위에 놓고 커버 글라스를 덮은 다음 저배율과 고배율의 순으로 관찰하면서 효모의 모양을 기록한다.

③ 효모의 내부구조를 관찰하여 스케치한다.

④ potassium iodide 용액으로 염색하여 전분입자와 비교한다.

⑤ 메틸렌블루로 염색하면 산세포는 염색되지 않으나 죽은 세포는 염색되는데 죽은 세포를 고배율에서 관찰한다.

실험보고서

조번호:	이름:
학번:	학과:
실험일자:	제출일자:

1) 곰팡이와 효모를 현미경으로 관찰하여 스케치한다.

2) potassium iodide 용액에 갈색으로 염색되는 것은 무엇인가?

3) 효모는 포자로도 증식되는데 실험과정에서 포자를 관찰할 수 있었는가?

문 | 제 | 및 | 토 | 의

1) 분류학상 곰팡이가 세균과 구별되는 형태적인 차이는 무엇인가?

실험 33

원생생물계(Monera kingdom)의 다양성

1 목 적

원생생물에 대하여 알아보고 생태계를 이루고 있는 각 구성 요소들 간의 관계를 이해하는 목적이 있다. 그리고 그 관계를 파악하고 설명할 이론과 방법을 강의하고자 한다.

2 이 론

원생생물계는 서로 진화적인 공통점이 거의 없는 다양한 진핵생물을 포함한다. 이 중 일부는 동물과 같이 다른 생물을 섭취하여 살아가고(animallike protists), 다른 일부는 광합성을 하거나(plantlike protists), 혹은 균류와 비슷한 영양방식으로 살아가는 종류도 있다(funguslike protists), 이들은 물이 존재하는 거의 모든 곳에서-해수, 담수, 진흙, 땅속 등-발견되며, 일부는 다른 동물에 기생하여 살아가기도 한다. 이들의 크기도 1 μm에서 약 1m에 이르는 종류까지 극히 다양하다.

1 원생동물(Protozoa, animallike protists)

원생동물은 대부분 단세포상태로 살아가는 진핵생명체로 다양한 기능을 지닌 여러 가지 세포 내의 생활물질(celluar organelles)을 갖고 있다. 이런 세포입자에는 세포의 이동 및 먹이의 포획에 관여 하는 위족(pseudopodium), 섬모(cilium), 편모(flagellum)와 삼투압의 조절에 관여하는 수축포(contractile vacuole)등이 있다. 이들은 모두 타가 영양체(heterotroph)로 다른 미생물이나 고형영양물을 체내로 섭취하여 세포 내 소화를 하여 살아간다.

이들의 분류는 주로 이들의 운동방법인편모, 섬모, 또는 위족의 유무에 의하여 육질편모충문(Phylum Sarcomastigophora), 포자충류(Sporozoans-phylum Apicomplexa and Phylum Microspora), 섬모충류 (Phylum Cilophora) 등으로 나뉘어진다.

1) 육질편모충문(Phylum Mastigophora)

이들은 편모 혹은 위족을 운동기관으로 갖는 원생동물로 편모충류와 아메바류로 크게나눈다.

① 편모충아문(Subphylum Mastigophora): 이들은 성체에서 편모를 운동기관으로 가지며 엽록체를 갖고 있어 광합성을 수행하는 식물성 편모충(Phytoflagellates)과 동물성 편모충 (Zooflagellates)으로 나눈다. 식물성편모충류는 조류(algae)로 분류 되기도 한다.

㉠ 식물성편모충-엽록체가 있어 광합성을 하며 대개 1~2개의 편모를 갖고 있다.

㉡ 동물성편모충-엽록체가 없고 하나 혹은 여러개의 편모를 가진다. 이들 중에는 사람이나 다른 동물에 기생하여 병을 일으키는 종류도 있다.

② 육질충아문(Subphylum Sarcodina): 섭식 및 운동기관으로 위족을 갖고 있으며, 발생기관중 일시적으로 편모를 가지는 경우도 있다. 이들 중 일부는 R껍질을 갖고 있다. 아메바(ameba), 방산충(radiorariens), 유공충(foraminiferans), 및 태양충(heliozoans)이 여기에 속한다.

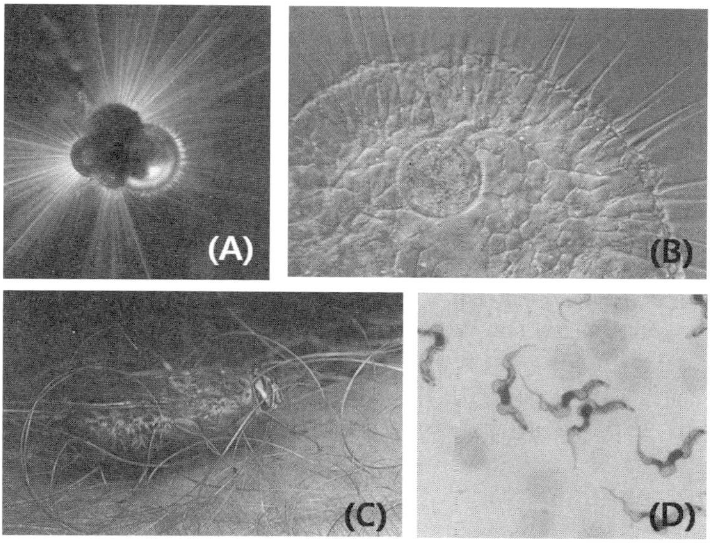

(A) 유공충(유공충문에 속하는 현생 유공충, 가는 세포성 돌출물인 위족은 칼슘성분의 종피 구멍을 통해 뻗어 나온다.) (B) 방산충류(방사족충문에 속하는 아메바로 바늘처럼 가는 위족을 가지고 있다.) (C) 동물성편모충류(동아프리카 탄자니아에서 수면병을 일으키는 트리파노소마를 옮기는 체체파리가 사람의 팔위에서 흡혈하는 모습) (D) 동물성편모충류(물결치듯이 움직이면서 쉽게 모양이 변하는 트리파노소마 모습)

[그림 33.1] 동물성 원생동물

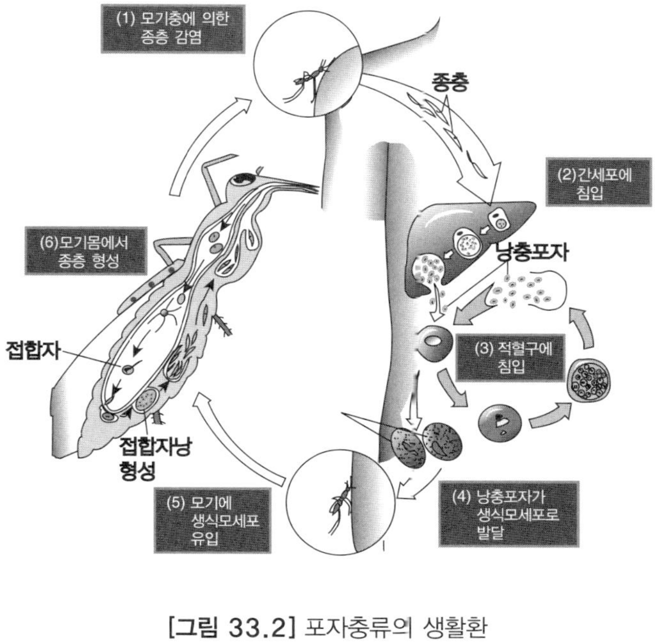

[그림 33.2] 포자충류의 생활환

2) 포자충류(Sporozoans-phylum Apicomplexa and Phylum Microspora)

이들은 포자를 형성하여 번식하고, 하나의 포자에는 하나 혹은 여러 개의 종충(spozoits)을 형성한다. 이들은 대개 편모와 섬모를 가지지 않고 기생하여 살아간다(예: 말라리아 병원충)

3) 섬모충류(Phylum Cilophora)

섬모충류는 원생동물 중 가장 많은 수를 차지하고 여기에 속하는 종류는 유사관계가 다른 계에 비하여 크다. 이들은 섬모를 이용하여 운동하거나 음식물을 섭취한다.대부분 섬모충류는 세포구(cytostome)를 가지며 두 종의 핵을 가진다. 이중 거핵(amcronucleus)은 세포대사에 관여하고 소핵(micromclueus)은 생식에 관여한다 (예: 짚신벌레)

2 식물성 원생생물(plantlike protista)과 조류(algae)

조류는 세포의 형태에 의해 주로 분류된다. 즉, 세포벽의 화학적 조성, 이 세포들이 저장하는 물질, 광합성 색소의 종류, 편모(flagella)의 형태, 엽록체의 구조등에 의해 분류된다. 이들 중 다수는 단세포 상태로 살아가거나 식물처럼 다세포 상태로 살아가는 것도 다수 존재하며 많은 수생생태계에서 기초생산자의 역할을 한다.

홍조류(Rodophyta-red algae), 은화식물문(Cryptophyta), 쌍편모조식물문(Dinoflagellatae),황색편모조식물문(Chrysophyta),갈조식물문(Phaeophyta),유글레나식물문(Euglenophyta),녹조식물문(Chlorophyta)등으로 크게 나뉘어지고, 식물성 편모충류로는 황색편모조식물문, 쌍편모조식물문, 유글레나식물문, 녹조물문 등이다.

3 균류 원생동물(Funguslike protista)

이들은 균류와 비슷한 특성을 보이나 균류에 속하지 않는 종류를 말한다. 다 균류에 가까우나 세포의 구조가 원생생물과 같이 복잡하고, 주로 단세포상태로 살아가거나 단순한 다세포로 살아가는 것과 Gymnomycota(slime molds)으로 나눈다.

Gymnomycota는 이들이 형성하는 plasmodium의 형태에 따라 Myxomycetes(slime molds)와 Acrasieae(cellular slime mold)로 나눈다.

이들은 영양조건이 좋은 상태에서는 하나의 큰 세포에 여러개의 핵이 존재하는 거대한 아메바와 비슷한 상태로 살아가나(plasmodium) 외부 환경이 나빠지면 fruiting

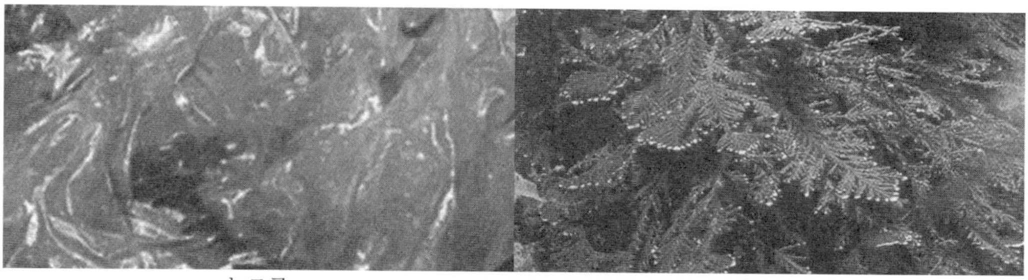

녹조류 홍조류

[그림 33.3] 조 류

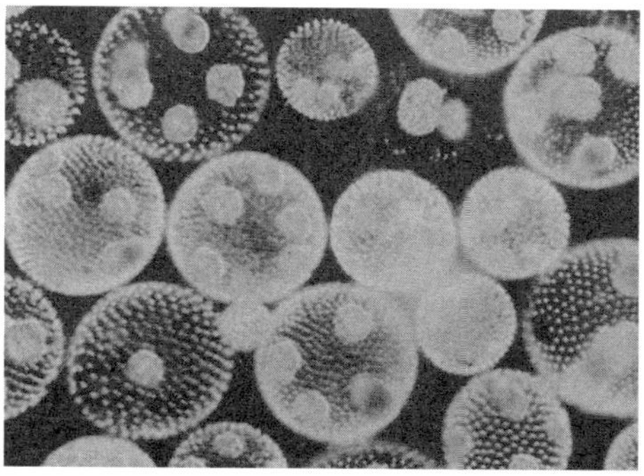

운동성이 있는 단세포 녹조류 개체가 함께 모여 구형의 군체인 볼복스(Volvox)가 되는데
각 개체가 가지고 있는 편모를 움직임으로써 전체 군체가 이동하게 된다.

[그림 33.4] 군체성 조류

body(sporangium)를 형성하고 여기에 포자가 만들어진다. 이런 포자가 발아하면 편모를 가진 배우자가 형성되고 이들이 접합하여 다시 plasmodium을 이룬다.

3 시약 및 재료

- 콩코레드-효모 현탁액(혹은 먹물)
- 원생동물 배양액
- 염색시약
- 메틸 셀룰로오스(10%)

▶메틸 셀룰로오스 용액의 제조법

10 g의 methyl cellulose를 45 mL의 끓는물에 섞고 20분 후에 동량의 찬물을 더하여 식힌 후에 사용

4 실험기구

- 복합현미경
- 슬라이드글라스
- 푸른 잉크
- 1 mm 모눈종이
- 파스퇴르 파이펫
- 덮개 유리
- 붉은 잉크

5 실험방법

1 원생생물의 크기 정하는 법

① 현미경 시야에 의한 결정－복합현미경의 저배율 렌즈(대안렌 × 10, 대물렌즈×10) 를 사용한 경우 이 현미경의 시야는 직경이 1600um이다(1 mm 모눈종이를 사용하검증). 만약 어떤 표본의 길이가 이 시야의 직경의 반 정도이면 이 생물의 크기는 약800 um이다. 고배율렌즈 사용할 때(대안렌즈 × 10, 대물렌즈 × 40)에는 저배울 시야의 직경을 4로 나눈 값(400 um)이 이 배율에서의 시야의 크기이다.

② Ocular Micrometer사용－실험대상이 시야 직경의 1/5 이하인 경우에는 Ocular Micrometer를 사용한다. 이것을 시야를 100등분한 스케일이다. 즉 시야의 직경이 1600 um이면 각각의 작은 눈금의 간격은 16 um이다.

2 원생생물의 관찰

1) 아메바의 관찰

파스퇴르 파이펫을 이용하여 아메바 배양액의 kekr에서 소량의 표본을 채취하여 슬라이드글라스에 놓고 덮개유리로 덮은 후 낮은 배율로 관찰을 시작한다(살아있는 표본을 관찰할때에는 가능한 조명을 어둡게 하여 열에 의해 표본이 죽는 것을 방지해야 한다.) 아메바는 한층의 세포막으로 쌓여있고 세포질은 외질(ectoplasm,무과립성의 얇고 투명한 원형질층)과 내질(endoplasm, 내부의 과립성 원형질)로 나뉘어 있고 여러 세포기관은 내질속에 산재한다.

2) 짚신벌레의 관찰

짚신벌레 배양액의 상층에서 표본을 채취하여 앞 실험에서와 같이 관찰한다.

① 저배율을 사용하여 크기, 형태, 색, 운동성을 관찰한다. 짚신벌레는 다양한 세포기관섬모, 박막. 수축포, 대핵, 소핵, 세포구, 식포 등을 가진 복잡한 구조를 하고 있다.

② 다른 슬라이드에 표본을 놓고 여기에 같은 양의 35% 에탄올을 처리 후 관찰한다.(박막 관찰)

③ 잘 섞은 콩고레드 효모현탁액 또는 먹물 한 방울과 짚신벌레 배양액 한 방울을 섞은 후 메틸 셀롤로오스 용액으로 처리하여 관찰한다. 짚신벌레 내에서의 효모의 이동과 색의 변화 및 소화되는 것을 관찰한다.

④ 사포(trichocyst)를 관찰한다. 한 방울의 붉은 잉크를 몇방울의 짚신벌레 배양액(thick cultur)에 섞고 5분 후에 덮개유리를 덮고 (짚신벌레가 죽은 경우는 더 적은 양의 잉크를 사용한다.) 한 방울의 불루블랙잉크를 덮개유리 가장자리에 떨어뜨린다.
불루블랙잉크가 짚신벌레에 닿으면 이들은 사포를 방출하고 죽는다.

주 | 의 | 사 | 항

01) 정확한 형태를 관찰하여 동정을 한다.
02) 관찰시 현미경의 배율을 표시하고 관찰일시까지 명기한다.
03) 염색시약 35% 에탄올: 박막 관찰
04) 산성 메틸그린(0.5% methyl green in 1% cetic acid): 핵 염색

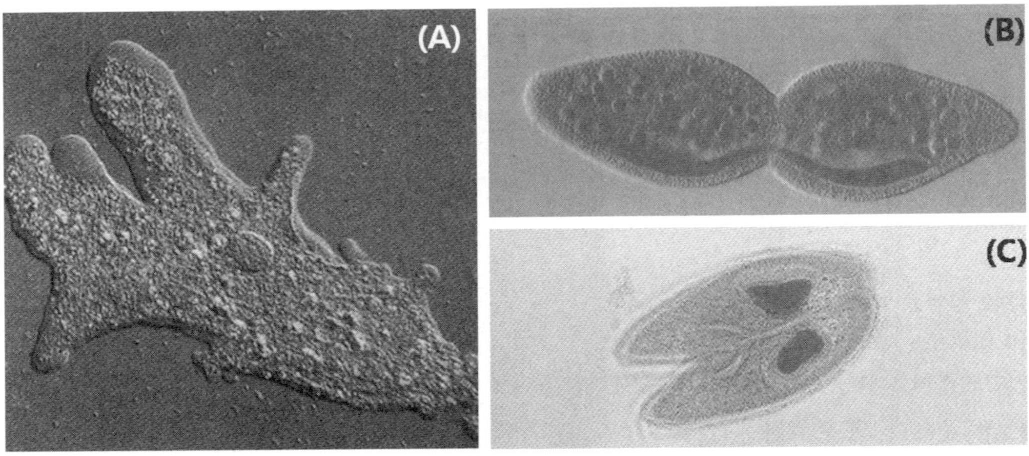

[그림 33.5] 원생생물 (A) 아메바 (B) 짚신벌레(무성생식) (C) 짚신벌레(유성생식)

실험보고서

조번호:	이름:
학번:	학과:
실험일자:	제출일자:

1) 관찰된 원생생물을 종류별로 동정하여 도해하여라.

실험 34

식물계(Plant kingdom)의 다양성

1 목 적

본 실험에서는 현미경을 이용하여 선태류, 양치류, 나자류, 피자류 중의 대표적인 몇 종에 대해 외부형태적 및 해부학적 특징을 관찰 및 비교함으로써 식물계의 다양성을 이해하고자 한다.

2 이 론

생물은 크게 모네라계(Monera), 원생생물계(Protista), 균계(Fungi), 식물계(Plantae), 그리고 동물계(Animalia)의 5계(5-kingdom system)로 구분한다. 그 중 식물계(植物界;Plantae)는 얼음으로 덮인 북극 툰드라에서부터 밀림의 열대 강우림에 이르는 광활한 지역에 걸쳐 살고 있는 수많은 종들로 구성된다. 또한 식물은 크기에 있어서도 거의 현미경적 크기에서부터 매우 거대한 크기에 이르기까지 다양하다. 식물계는 진핵 및 다세포성으로, 세포는 셀룰로오스로 된 두꺼운 세포벽으로 둘러싸여 있고, 세포내에 액포(vacuole)라고 하는 액체로 충만한 큰 낭을 지니며, 엽록소(chloroplast)를 가지고 광합성을 하여 무기물로부터 유기물을 생산하는 독립영양체들로 이루어져 있다. 식물계는 크게 조류(algae), 선태류(bryophytes), 양치류(ferns), 그리고 종자식물(seed plants)로 구분된다.

1 조류(藻類; algae)

조류(藻類;algae)는 대부분 수중생활을 하고, 몸은 엽상체(thallus)라 불리는 조직분화가 이루어지지 않은 세포들로 이루어져 있으며, 지니고 있는 색소에 따라 녹조류(green algae), 갈조류(brown algae), 홍조류(red algae)로 구분된다.

조류를 제외한 나머지 식물계는 뚜렷하게 구별된 세대교번(alterbation of generation)을 하는데, 생활사의 일부는 반수체 상태에서, 일부는 이배체 상태에서 보낸다. 생활사에서 포자모세포가 감수분열에 의해 포자로 되는 반수체 상태를 배우체세대(gametophyte generation)라 하고, 접합자가 유사분열에 의하여 배(胚;embryo)로 발달하는 이배체 상태를 포자체세대(sporophyte generation)라 한다. 반수체인 배우체 식물에서 웅성 생식기관인 장정기와 자성 생식기관인 장란기를 만들어 정자와 난자를 형성한다. 하나의 정자는 난자와 수정(fertilization)을 하고, 수정된 수정란은 접합자(zygote)로 이는 발아하여 포자체식물로 된다. 접합자는 이배체이므로 포자체세대의 첫 단계이며, 유사분열에 의해 다세포성 배로 발달하여 결국 포자체식물로 되는데, 이는 포자가 발달한 배우체식물에 의해 지지되고 보호받는다. 포자체의 포자모세포(spore mother cell)는 감수분열을 하여 단상의 포자가 되고 이는 발아하여 배우체식물로 된다. 포자는 배우체세대의 첫 단계이며 이는 유사분열에 의해 성장하여 다세포성 배우체식물로 된다. 이와 같이 반수체(단상;gametophyte, 배우체)와 이배체(복상;sporophyte, 포자체)시기를 반복하는 세대교번을 한다.

2 선태류(bryophytes; 선태식물문 Division Bryophyta)

선태류(bryophytes;선태식물문 Division Bryophyta)는 가장 하등한 육상식물로서 물, 양분 및 필수무기염류를 먼 거리까지 수송하기 위한 관속조직이 없으므로 그 크기가 제한적이다. 이에 비해 양치류와 종자식물은 효과적인 내부수송계, 즉 관속이 있어 물이나 영양분을 식물의 일부에서 다른 부위로 이동시킴으로써 식물체의 크기가 대단히 크게 자랄 수 있도록 한다. 선태류는 육상식물이기는 하나, 일반적으로 정자와 난자의 수정에 수분이 필수적이어서 습한 환경에서만 서식하므로 건조한 곳에서는 서식할 수 없다. 또한 포자로 번식하는 무성세대와 배우자에 의한 수정이 이루어지는 유성세대가 반복되는 세대교번을 하며, 물을 흡수 및 운반하는 진정한 뿌리가 없이 엽상체 표면의 세포로 물이 직접 흡수되는데,

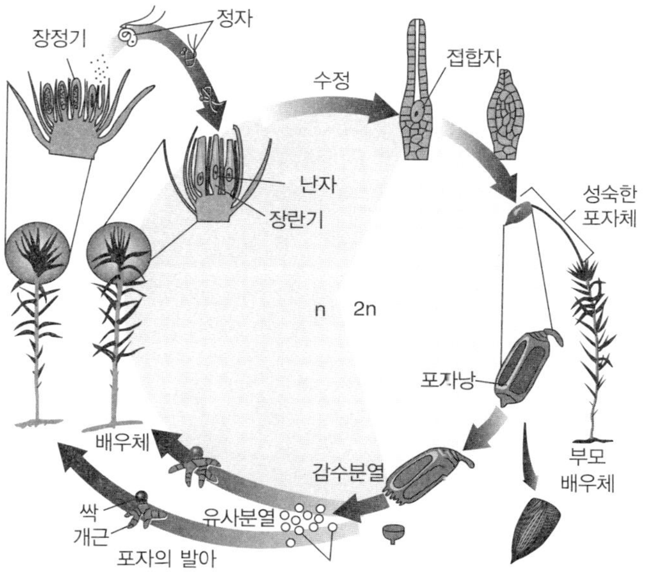

[그림 34.1] 선태식물(이끼)의 생활사

뿌리처럼 생긴 가근(rhizoid)은 식물체를 고착시키는 역할을 할 뿐이다. 선태류는 포자체 세대 보다 배우체 세대 기간이 훨씬 길며, 우산이끼강(태류, liverworts;Class Hepaticae), 뿔이끼강(각태류, hornworts:Class Anthocerotae), 솔이끼강(선류, mosses;Class Musci)으로 구분한다.

3 양치류

양치류는 식물체가 뿌리, 줄기, 잎의 구분이 있고, 생활사중 무성세대와 유성세대가 반복되는 세대교번을 한다는 점에서는 선태류와 유사하나, 물과 양분의 수송통로인 관속(vascular bundle)을 지니는 점에서 구별된다. 솔잎란류(psilopsids;솔잎란문 Division Psilophyta), 석송류(lycopods;석송문 Division Lycophyta), 속새류(horsetails;속새문 Division Sphenophyta), 그리고 양치류(ferns;양치식물문 Division Pterophyta)는 유사한 생활사를 갖는다. 이들은 동형포자성(homosporous)으로서, 한 종류의 포자만 생산하여, 이것이 배우체로 자라고 여기서 장란기와 장정기가 형성되어 자가수정이 일어나는 경우가 많다.

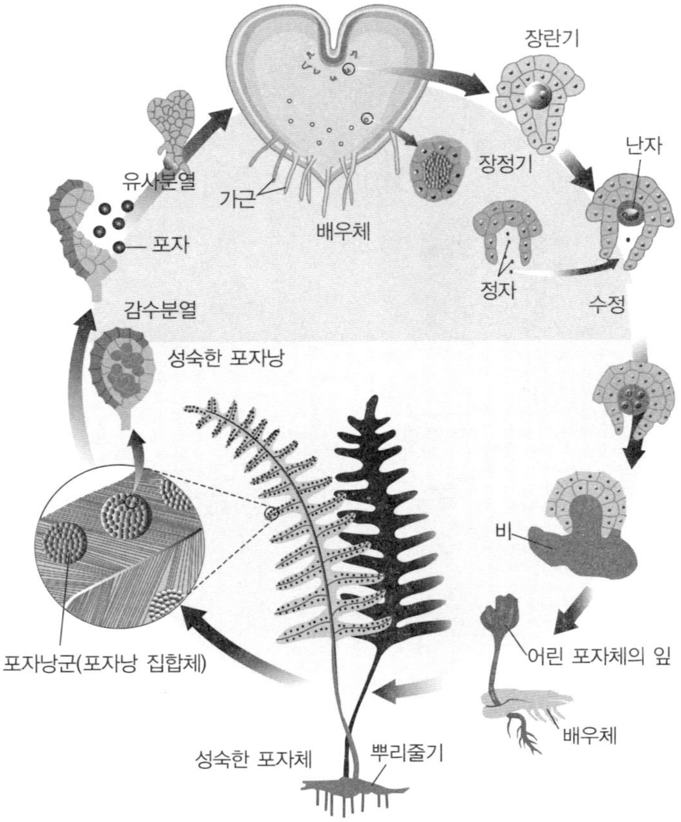

[그림 34.2] 양치식물의 생활사

4 종자식물

종자식물은 물과 무기염류의 통도작용을 하는 목부(xylem)와 양분의 통도에 관여하는 사부(phloem)로 이루어진 발달된 유관속(vascular bundle)을 가지고, 생식기관으로서 꽃을 가지며, 종자를 맺어 번식하므로 현화식물(flowering plants) 또는 종자식물(seed plants)이라 한다. 이들은 한 개의 종자가 백만 개의 포자보다도 많은 식물개체를 만들어 내기 때문에 포자에 의한 번식에 비해 생식적으로 우세함으로 해서 현재 지구상의 대부분의 식물종을 차지하게 되었다. 종자식물은 또한 이형포자성(heterosporous)으로서 자성배우체로 발달하는 대포자와 웅성배우체로 발달하는 소포자의 두 종류의 포자를 생산하며, 포자체(이배체) 세대와 배우체(반수체) 세대가 교대되는 세대교번을 하는데, 다른 식물에 비해 배우체 세대가 매우 짧다. 종자식물은 종자가 나출되어 있느냐 자방에 싸여 있느냐에 따라 나자식물과 피자식물로 다시 구분한다.

나자식물(gymnosperm)은 '나출된 종자' 라는 의미의 그리스어로서 종자가 완전히 나출되거나 인편에 종자를 생산한다. 피자식물은 배주가 심피에 싸여 있고 목부에는 도관을 가지며 유성생식에 의해 번식한다. 피자식물의 포자체세대는 크고 우세한데 비해 배우체세대는 작고 적은 수의 세포로 구성되어 있으며, 중복수정(double fertilization)에 의해 2n의 배(embryo)와 3n(endosperm)의 배유를 생산하는 특징이 있다.

나자식물(gymnosperm;나자식물문 Division Pinophyta, Gymnospermae)은 소철류(cycads;소철아문 Subdivision Cycadophytina), 은행류(ginkgos;은행나무아문 Subdivision Ginkgophytina), 구과류(conifers;구과식물아문 Subdivision Coniferophytina), 마황류(gnetophytes;마황아문 Subdivision Gnetophytina)의 4가지 아문으로 대별되고, 피자식물(angiosperm;피자식물문 Division Magnoliophyta, Angiospermae)은 쌍자엽식물강(dicots;Class Dicotyledoneae)과 단자엽식물강(monocots;Class Monocotyledoneae)의 두 강으로 나누어진다.

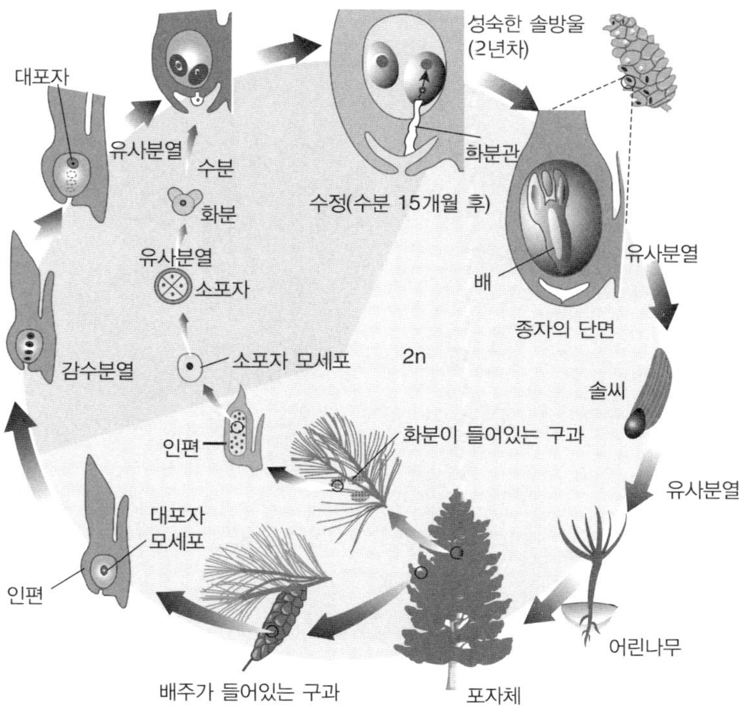

[그림 34.3] 나자식물(소나무)의 생활사

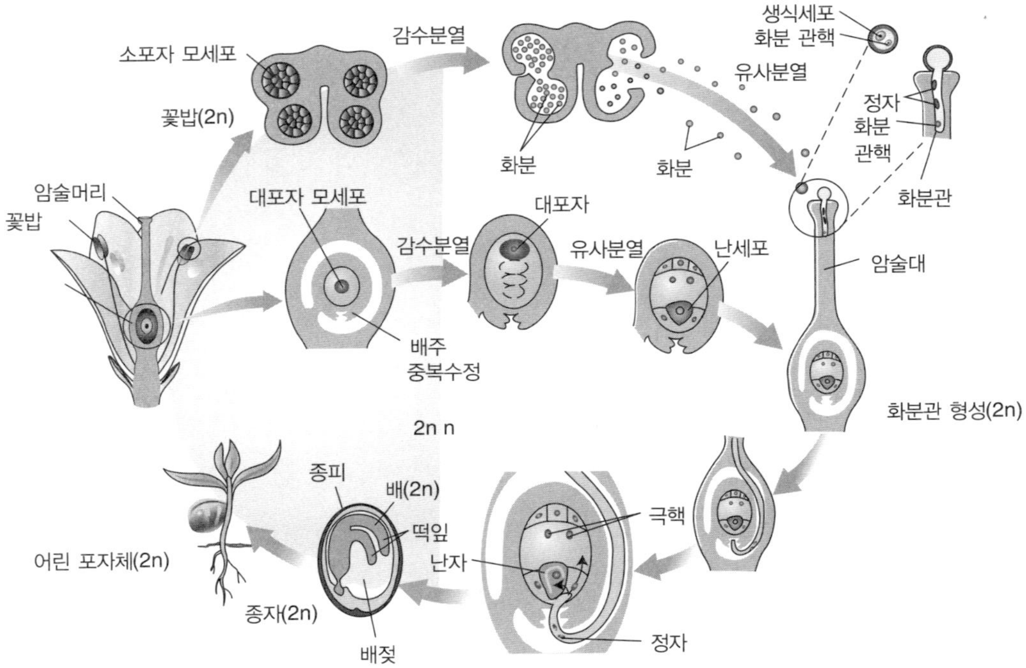

[그림 34.4] 속씨식물의 생활사

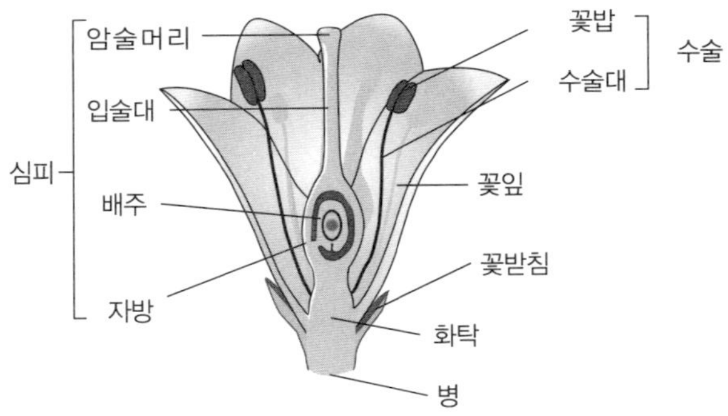

[그림 34.5] 일반적인 쌍자엽식물 꽃의 종단 구조

3 시약 및 재료

- 우산이끼 & 솔이끼 식물체
- 소나무 암 · 수구과
- 초본성 쌍자엽 및 단자엽 식물체
- 고사리 잎
- 쌍자엽 및 단자엽 식물의 꽃
- 수 종의 마이크로 슬라이드

4 실험기구

- 해부현미경
- 핀셋
- 광학현미경
- 해부칼 또는 면도칼

5 실험방법

1 선태식물의 관찰

① 우산이끼와 솔이끼의 포자체(sporophyte) 및 배우체(gametophyte)를 해부현미경하에서 관찰한다.

② 우산이끼의 자성배우체와 웅성배우체 선단의 종단면을 광학현미경하에서 관찰한다(장란기(archegonium)와 장정기(antheridium)를 유의하면서 관찰한다).

③ 솔이끼의 자성배우체와 웅성배우체 선단의 종단면을 광학현미경하에서 관찰한다. (장란기와 장정기를 유의하면서 관찰한다).

2 양치식물의 관찰

① 고사리의 잎을 해부현미경하에서 관찰한다.
(잎 뒷면에 포자낭이 모여 군집형태를 하고 있는 낭퇴(sorus; 포자낭군)에 유의한다.)

② 포자낭(sporangium)의 횡단면을 광학현미경하에서 관찰한다.

(포자(spore), 입술세포(lip-cell), 환대(annulus)에 유의한다.)

③ 지하경(rhizome)의 횡단면을 광학현미경하에서 관찰한다.
(유관속(vascular bundle; xylem & phloem), 표피(epidermis), 내피(endodermis), 피층(cortex), 수(pith), 뿌리(root), 근적(root trace), 엽적(leaf trace), 엽극(leaf gap) 등에 유의한다.)

3 나자식물의 관찰

① 소나무의 수구과(male strobilus)와 암구과(female strobilus)를 해부현미경하에서 관찰한다.

② 소나무잎의 횡단면을 광학현미경하에서 관찰한다.
(유관속(vascular bundle; xylem & phloem), 엽육(mesophyll), 표피(epidermis), 내피(endodermis), 수지도(resin canal), 기공(stomata) 등에 유의하여 관찰한다.)

③ 은행나무 장지(long shoot)의 횡단면을 광학현미경하에서 관찰한다.
(유관속(vascular bundle; xylem & phloem), 주피(periderm), 형성층(cambium), 목전형성층(cork cambium), 피층(cortex), 수(pith) 등에 유의하여 관찰한다.)

4 피자식물의 관찰

① 진달래, 개나리, 벚꽃 중 하나, 그리고 백합, 수선화 중 하나, 또는 쉽게 구할 수 있는 쌍자엽 및 단자엽 식물의 꽃을 세밀히 관찰한다. 꽃을 정중앙으로 잘라 단면을 비교한다.
(꽃잎(화관(corolla)과 화판(petal)), 꽃받침(악(calyx)과 악편(sepal)), 수술(웅예(stamen); 꽃밥(약, anther)과 수술대(화사, filament)), 암술(pistil; 자방(ovary), 암술대(화주, style), 암술머리(주두, stigma)) 등 꽃을 구성하는 각 구조의 수, 형태, 달리는 위치 등을 관찰한다.)

② 식물체의 크기가 작은 쌍자엽 및 단자엽 식물을 채집하여 엽맥(leaf venation;주맥과 측맥), 근계(root system; 주근과 부정근) 등을 비교하며 관찰한다.

③ 미나리아재비와 옥수수의 잎 · 줄기 · 뿌리의 횡단면을 비교하며 관찰한다.

④ C_3 식물과 C_4 식물의 잎의 횡단면을 비교하며 관찰한다.
(엽육조직(mesophyll)과 유관속초(bundle sheath) 세포, 유관속간의 거리, 세포의 크기 등에 유의하여 관찰한다.)

주의사항

1) 현미경하에서 관찰한 바를 그릴 때는 반드시 배율을 표시한다.
2) 식물표본을 관찰할 때는 표본이 상하지 않도록 조심해서 관찰한다.
3) 고배율 관찰시 대물렌즈와 마이크로 슬라이드가 부딪쳐 렌즈가 상하거나 슬라이드가 깨지지 않도록 주의한다.

실험보고서

조번호:	이름:
학번:	학과:
실험일자:	제출일자:

1) 관찰한 바를 자세히 그리고 해당부위의 명칭을 기입하고 비교 및 설명하시오.

문 | 제 | 및 | 토 | 의

1) 선태류, 양치류, 나자류, 피자류의 특징을 조사하여 표로 만들어 비교하시오.

2) 우산이끼와 솔이끼를 조사 및 비교하시오.

3) 선태식물과 나머지 식물과의 가장 큰 차이점은 무엇인가?

4) 고사리의 세대교번에 대해 조사하시오.

5) 우리가 음식으로 섭취하는 고사리는 고사리의 생활사 중 어느 시기의 어느 부위인가?

6) 나자 및 피자식물과 나머지 식물과의 가장 큰 차이점은 무엇인가?

7) 나자식물과 피자식물의 가장 큰 차이점은 무엇인가?

8) 현재 지구상에서 식물계에서 피자식물이 우점하는 이유는 무엇인가?

9) 쌍자엽식물과 단자엽식물의 특징을 표로 만들어 비교설명하시오.

10) 쌍자엽식물과 단자엽식물의 줄기를 횡단하였을 때 나타나는 차이를 설명하시오.

11) C_3 식물과 C_4 식물을 비교설명하시오.

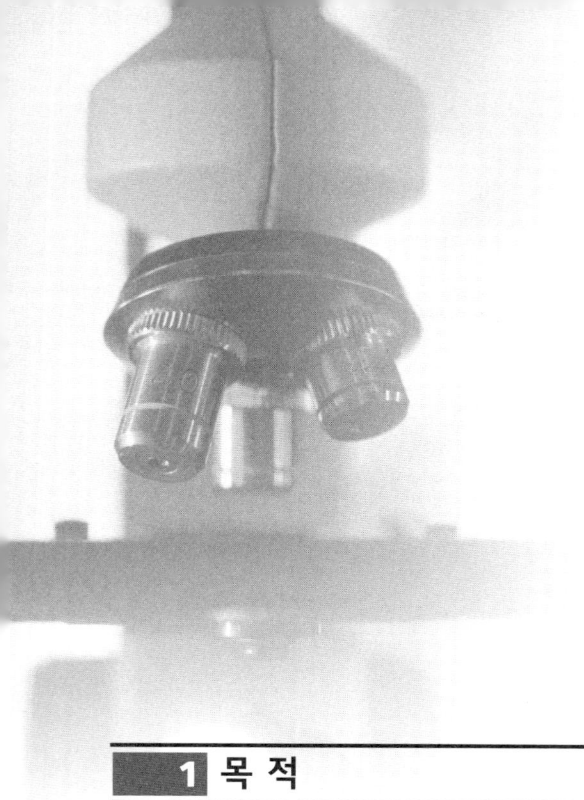

실험 35

동물계의 다양성

1 목 적

각 동물들의 진화에 대한 단계를 이해하고 환경과 관련된 동물들의 몸의 구조를 알아본다.

2 이 론

일반적으로 동물과 식물은 쉽게 구별되지만, 그렇지 않은 경우도 종종 있다. 바닷가의 바위에 붙어사는 해면과 같은 해양동물은 그 형태와 이동할 수 없다는 점으로 인해 가끔 식물로 오인된다. 동물은 매우 다양한 형태로 분화되어 있으나 다음과 같은 몇가지 공통된 특징을 지닌다.

① 모든 동물은 다세포성이다.

② 동물은 진핵세포로 이루어져 있다.

③ 동물세포는 기능의 분업(division of labor)을 이루고 있다. 단순한 동물을 제외한 모든 동물에 있어 세포는 조직을 형성하고, 조직은 기관을 형성한다. 따라서 각 동물문들은 특수화된 몸의 체제로 특별한 기능을 한다.

④ 동물은 모두 종속영양적이다. 우선 음식을 섭취하고, 몸 안의 소화기관에서 그것을 소화한다.

⑤ 대부분의 동물은 그들의 생활환의 어느 시기에 이동능력을 갖는다. 그러나 해면과 같은 동물의 성체는 고착형이다.

⑥ 대부분의 동물은 잘 발달된 감각기관과 신경계를 가지며, 적응된 행동을 통하여 외부 자극에 반응한다.

⑦ 대부분의 동물은 크고 비운동성인 난자와 작고 편모운동을 하는 정자를 가지고 유성적으로 생식을 한다. 정자와 난자는 하나로 합쳐져 수정난이나 접합자를 형성하고, 유충이나 미성숙한 형태로 발달하기 전에 일련의 배아기(embryonic stage)를 거친다.

그러나, 이러한 공통점을 갖는 반면 각 종 마다의 독특한 진화적 변형이 매우 많다.

3 시약 및 재료

- 척추동물류(붕어)
- 자포동물류(히드라)
- 연체동물류(백합)
- 환형동물류(지렁이)
- 절지동물류(가재)

4 실험방법

1 자포동물

자포동물은 대부분이 해양동물이지만 히드라충류의 일부는 민물 또는 반민물에 살고 있다. 히드라는 주로 연못, 저수지, 논밭, 한천 등 조용한 물에 살지만, 때로는 천천히 흐르는 물에도 살고 있다.

흔히 수생식물의 잠겨 있는 부분, 물 속에 잠겨 있는 낙엽, 썩은 나뭇가지, 돌 등에 붙어 있다. 보통 봄, 가을에 많으며, 연못에서 히드라를 한 번 발견하면 매년 그 곳에서 채집할 수 있어 실험재료를 얻기 쉽다.

히드라의 채집은 소형 갈퀴를 사용하여 히드라가 붙어 있을 듯한 수초를 끌어 올린 후 이것을 샤레 또는 해부접시에 놓고 물을 넣어 확인한다. 히드라가 발견되면 그 붙은 부위를 끊어 입이 넓은 병에 넣는다. 이 때 병 속에는 물을 채우고 다른 수초나 동물들은 넣지 않도록 한다.

히드라를 물에 넣고 박하가루를 뿌린 후 30분간 방치해 두면 마취되어 좋은 표본이 된다.

이것을 5~10% 포르말린 또는 70% 알코올 속에 넣어 보존한다. 여기서는 주로 생체 상태에서 외부와 내부구조를 관찰한다.

히드라가 길이로 뻗는 상태 또는 운동과 먹이를 취하는 방법 등을 관찰하려면 받침유리 위에서보다도 샤레나 비커 또는 입이 넓은 병의 벽에 부착하게 하고 루페나 낮은 배율의 현미경으로 보는 것이 좋다. 높은 배율에서 보려면 받침유리와 덮개유리 사이에 가는 유리관의 조각을 얹거나 홀받침유리를 사용하여 히드라가 눌리지 않도록 한 뒤 관찰한다. 또 비교적 많은 양의 물을 받침유리 위에 놓고 가볍게 덮개유리를 덮고 보면 히드라가 약간 눌려서 편평하게 되어 정지한다. 이때 검경하면 강장 속의 유동상태와 자사포(刺絲胞; nematocyst)의 배열, 신경계 등도 관찰할 수 있다. 여러 가지 생체 염색액으로 염색하면 몸의 구조를 명확히 볼 수 있다.

히드라는 길게 뻗으면 수 cm에 달하나 수축하면 2 cm 정도밖에 되지 않는다. 가늘고 긴 원통모양을 하고 한쪽 끝은 족반(足盤; pedal)이 되어 다른 물체에 붙어 있다. 앞쪽 끝에 입이 있고, 입주위에 5~12개의 촉수(tentacle)를 가지고 있다. 촉수의 길이는 체장의 수배에 이르는 것도 있다. 촉수가 부푼 부분에는 안쪽에 독액(毒液)을 가진 자포가 많이 들어 있다. 자포 속에는 실 모양의 관으로 된 자사가 있고, 바깥 끝에는 털 모양의 돌기인 자모가 있다. 입 주위는 약간 부풀어 있어 구구(口丘; hypostom)라고 부른다.

몸은 외피와 내피의 두 층으로 되었으며 그 속에 지지층이 있다. 외피의 표면에는 각피가 있고 내피는 외피에 비하여 두껍고 부드러운 털을 가진 세포로 구성되어 있다. 내피로 둘러싸이는 몸 중앙 부위의 강소를 강장(腔腸; coelenteron) 이라 부르고, 그 한 쪽 끝이 입이 된다. 히드라는 출아법, 분열법 등으로 증식하며, 정충과 난자를 갖추는 유성생식을 하는 종류도 있다. 히드라의 생체 관찰에서 받침유리와 덮개유리 사이에 묽은 0.1% 메틸렌 블루액을 1~2방울 떨어뜨리고 보면 특히 촉수의 외피세포 속에 있는 많은 자포에서 자사가 나오는 것을 볼 수 있을 것이다. 메틸렌 블루액 대신에 중성적(0.01~0.1% neutral red)과 같은 색소액을 짙게 하여 떨어뜨려도 자사가 염색되어 위와 같은 현상을 관찰하는 데 용이하다.

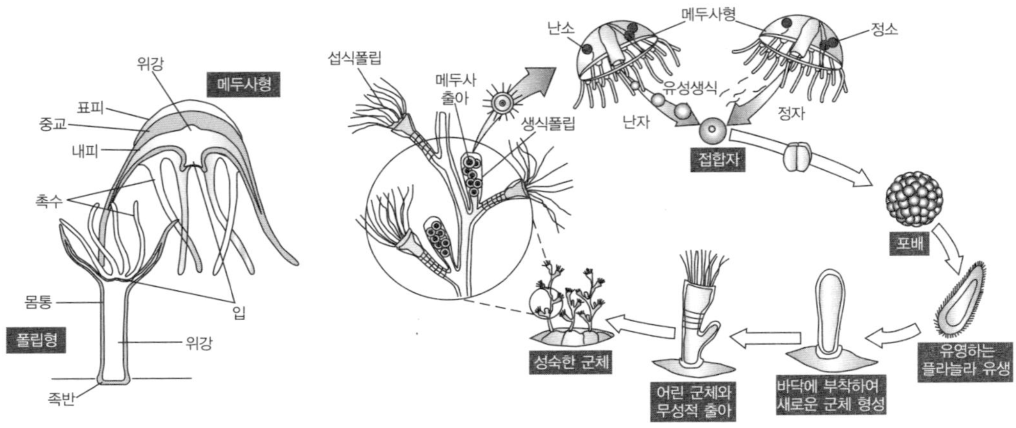

[그림 35.1] 자포동물의 체형과 히드라 생활사

2 환형동물

빈모류인 지렁이는 어디에서든지 볼 수 있으나 종류에 따라서 서식하는 장소가 다르다. 예를 들면 왕줄지렁이는 낙엽이 쌓여 있는 곳이나 들과 같이 습기가 많지 않은 장소에 많이 살고 있다. 또 시볼드지렁이는 아주 큰 대형의 산지렁이로서 비오는 날의 산길에서 흔히 볼 수 있다. 낚시 미끼로 잘 쓰이는 줄지렁이(*Eisenia foetida*)와 낚시지렁이(*Allolovophora caliginosa*) 등은 호숫가나 논밭의 수분이 많은 곳에 살고 있다. 분류에 쓰이는 표본은 환대(環帶; clitellum)가 잘 발달한 것이 좋으며, 여름에서 가을에 걸쳐 채집한 것이 좋다. 지렁이는 비가 오는 날에나 밤에 땅위로 기어 나와 활동하므로, 이때 채집하는 것이 좋다.

다모류인 갯지렁이는 보통 해양동물로 그 일부 종류만이 민물이나 육지에 산다. 이들의 생활양식에 따라, 비교적 자유로이 이동하는 종류들은 유영류(游泳類; Errantia)라 하고, 관 속이나 특별한 집 속에 살면서 이동하지 않는 종류들은 관주류(管住類; Sedentaria)라 한다.

약 1 L의 물이 든 수조에 10마리 정도의 지렁이를 넣고 여기에 70% 알코올을 서서히 떨어뜨리면 약 10분 후에 마취된다. 10% 포르말린을 넣은 그릇에 마취된 지렁이 2~3마리를 유리막대와 막대사이에 횡으로 넣고 움직이지 않게 하여 하루쯤 두면 그대로 굳는다. 이것을 지렁이보다 긴 유리병에 넣고 5~7% 포르말린 또는 70% 알코올 속에 보존한다. 또 아주 긴 종류는 유리 막대기에 묶어 보존하면 편리하다. 갯지렁이는 박하가루를 떨어뜨려 마취시킨 다음 20% 알코올 또는 5% 포르말린에 넣어 보존한다. 이때 관 속에 사는 것은 관과 함께 채집하여 같은 병 속에 보존하는 것이 좋다. 여기서는 지렁이의 외부 및 내부의 특징을 관찰하기로 한다.

몸 길이는 20 cm가 보통이고 최대 직경은 0.7~0.8 cm 내외이다. 몸의 빛깔은 등쪽과 배쪽이 서로 다른데 주로 등쪽이 더 짙은 경우가 많다. 체절은 일반적으로 200~250개 내외이다. 머리로부터 제 14, 15, 16의 3환절은 부풀어 하나로 보이는데 이것을 환대라고 부른다. 제 1체절과 최후 체절, 환대를 제외하고는 각 환절의 중앙부에 작은 강모(剛毛; setae)가 점선으로 나 있다. 제 1체절에는 입이 있고, 입의 등쪽에 앞쪽으로 향한 구전엽(口前葉; prostomium)이 있으며 입 주위를 위구부라 부른다. 등쪽면의 체절과 체절 사이의 경계 중앙에 있는 소공을 배공(背孔; dorsal pore)이라 부르고, 몸의 말단절을 항절(肛節; anal segment 또는 pygidium)이라고 한다. 수란관(oviduct)의 개구는 배쪽 제 14체절의 중앙에 있고 수정관(vas deferens)은 제 18체절, 즉 환대의 뒤 제 2체절의 배쪽 좌우에 1쌍 열려 있다. 배쪽 제 5와 6, 제 6과 7, 제 7과 8 체절과의 사이에는 각각 1쌍씩의 수정낭이 열려 있다.

재료의 등쪽을 위로 하고 환대 뒤 제 5체절까지만 남긴 뒤, 횡으로 끊어버린다. 앞쪽 부분과 뒤쪽 부분을 핀으로 해부접시에 고정시키고 핀셋으로 재료의 체벽을 쥔 후 아래에서 앞끝을 향해 정중선을 따라 절개한다. 이때 내부를 다치지 않게 주의하며 절개한다. 절개한 체벽은 양쪽으로 펴고 핀으로 해부판에 고정시킨다. 이때 체절 사이에는 격막(septum)이 있어 체강과 구별할 수 있다. 해부한 다음 깨끗한 물 속에 담그고 관찰한다. 앞쪽 끝 입에 붙어있는 가늘고 긴 식도(oesophagus)가 있고, 식도의 아래 끝에 약간 부풀은 소낭(소囊; crop)이 있다. 그 바로 아래에는 뚜렷한 사낭(砂囊; gizzard)이 있으며, 이것은 색채 및 구조가 다른 기관과는 매우 다르다.

사낭의 아래는 모두 장(腸)으로 되며 제 14체절까지는 관상이나, 그 아래로는 뚜렷이 굵고 좌우에 맹낭(盲囊; caecum)을 가지고 있다. 맹낭은 제 26체절에 있는 것이 가장 뚜렷하며 6개 이상의 관모양을 하고 있다. 장의 아래 등쪽에는 1쌍씩 백색 부정형의 작은 덩어리가 있는데 이들은 구상 또는 나선상으로 된 관이 끝에서 합하여 체외로 열린다. 사낭의 아래 양측에 있는 백색의 큰 기관이 저정낭(貯精囊)으로서 소화관을 제외하고 좌우가 합쳐진 것을 볼 수 있다. 제 18체절에는 불규칙한 큰 기관인 섭호선(攝護腺) 또는 수정관선을 볼 수 있다. 섭호선은 안쪽에서 관을 내어 수정관의 끝에 열려 있다. 수정관은 제 12체절에서 나누어져 하나는 아래의 저정낭으로, 다른 하나는 앞쪽의 저정낭으로 들어간다. 이들을 수정소관이라 부른다. 고환(testis)은 두 쌍으로서 제 10과 제 11체절의 아래쪽 격막에 붙어 있으며, 보통 여름에 채집한 재료에서는 볼 수 없다.

제 13체절의 소화관의 밑쪽에는 같은 체절의 앞쪽 체절 격막의 뒤쪽에 붙어 있는 1쌍의 난소를 볼 수 있다. 제 13과 14체절에는 1쌍의 수란관이 있고 누두관 모양의 소화관으로 되어 제 14체절 배쪽의 소공에서 밖으로 열린다. 난소와 나란히 수난기(受卵器)가 있다.

몸의 앞쪽 끝 인두의 앞 등쪽에서 백색의 인두상신경절(咽頭上神經節)을 볼 수 있고, 여기에서 좌우로 나온 신경에 의해 연결된 인두하신경절(咽頭下神經節)도 볼 수 있다. 소화관의 등쪽 몸의 전 길이를 따라 달리고 있는 등혈관은 제 10체절에서 하나의 관이 나와 배쪽 혈관과 연결된다. 그리고 제 11체절에서 제 13체절까지에는 각 절에 1쌍씩 굵은 구지(構枝)를 내어 심장을 만들고 있다. 장의 배쪽을 달리는 배혈관은 사낭의 아래 끝에서 둘로 나뉘어 사낭의 배쪽 벽에 달한다.

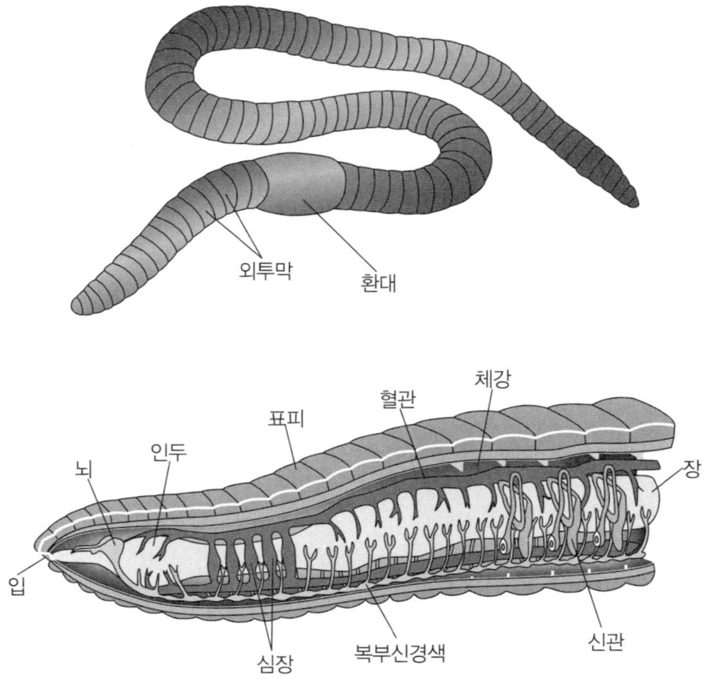

[그림 35.2] 환형동물(지렁이)의 해부

3 연체동물

민물산 연체동물은 비교적 유기질이 많은 하천, 강 등의 모래밭, 자갈 사이, 돌 밑 등에 많다. 연못, 논밭, 진흙이 많은 작은 강 등에서는 조개긁기로 모래진흙을 떠서 흙을 씻고 작은 패류를 채집한다. 깊은 곳에서 큰 패류를 채집할 때는 드렛지를 사용한다. 육상의 패류는 석회암 지대가 좋고, 산림지대에는 수상생활을 하는 것도 있지만, 주로 낙엽 밑에 묻혀서 군서하는 경우가 많다.

해산패류의 채집은 다른 해안동물의 채집 때와 같이 조수간만의 시간을 정확히 알고 간조 시를 이용하여야 한다. 그리고 암초지대, 모래나 진흙지대 또는 자갈밭 등 장소에 따라 채집에 쓰이는 도구와 방법이 다르다. 우리가 잘 알고 있는 왜문어는 낮에는 바다 밑의 바위 사이나 돌 밑에 있다가 밤에 나와서 새우, 게, 패류, 어류 등을 잡아먹는다.

오징어류는 보통 유영성(遊泳性)으로 떼를 지어 다닌다. 화살꼴뚜기, 흰꼴뚜기, 참오징어, 피둥어꼴뚜기 등은 중요한 수산자원으로서 망 또는 낚시로 대량 잡는다.

패류의 액침표본을 만들려면 25% 알코올에 고정하여 1~2일 간 두었다가 50% 알코올에 넣고 수일 후 70~80% 알코올에 넣어 보존한다. 건조표본을 만들 때는 약간 끓는 물에 넣어 껍질을 벗겨 건조시킨다. 고동 종류는 껍질과 함께 보관하며 표본병 밑에는 솜을 깔아두는 것이 좋다. 오징어류는 5% 포르말린에 고정한 다음 1~2일 뒤에 70% 알코올에 옮겨 보존한다. 포르말린 속에 보존할 때는 2~3%의 묽은 용액이 좋다.

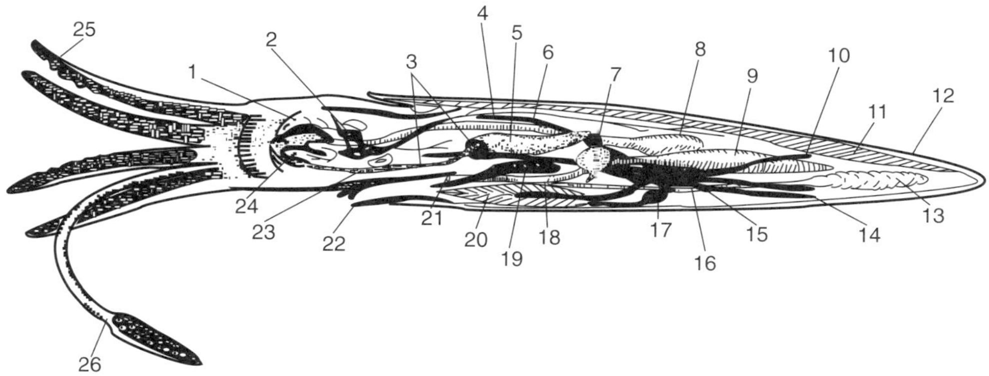

1. 이 2. 뇌 3.침샘과 관 4. 전동맥 5. 소화샘 6.식도 7. 신장 8. 위 9.맹장 10. 외투동맥 11. 촉 12. 외투 13. 생식소 14. 후부정맥 15. 심장 16. 생식관 17. 아가미심장 18. 장 19. 먹낭 20. 아가미 21. 항문 22. 흡관 23. 평형포 24. 치설 25. 팔 26. 촉완

[그림 35.3] 연체동물(오징어)의 내부구조

4 절지동물

절지동물은 무척추동물 가운데 가장 진화된 분류군이며, 동물계의 여러 문 중에서 가장 많은 종류를 포함한다. 그 종류는 100만 종을 넘으며, 서식처도 육상, 민물, 바닷물 및 공중 등 생물권 어느 곳에서나 살고 있는 다양한 동물군이다. 이런 절지동물의 대표적인 특징을 살펴보면 다음과 같다.

절지동물의 몸은 좌우 상칭이며, 여러 개의 체절로 되어 있다. 각 체절에는 1쌍의 부속지(附屬肢; appendage)를 갖고 있는데, 이들은 몇 개의 마디로 되어 있으며, 위치에 따라 여러 가지 구조로 분화되어 있다. 몸은 키틴질의 외골격(外骨格; exo-skeleton)으로 싸여 있으며, 생장함에 따라 탈피(脫皮; molting)한다. 근육은 외골격 안쪽에 붙어 있으며, 앞뒤의 체절은 연결되어 있다.

소화계는 입에서부터 위, 중장, 후장을 지나 항문으로 끝난다. 순환계는 개방형이며, 심장은 몸 등쪽에 있다. 배설기는 신관(腎管; nephridium) 또는 말피기관(Malgipighia tube)으로 되어 있다. 곤충류나 다지류는 말피기관을 갖고 있고, 갑각류의 촉각선(觸角腺; antennal gland)은 신관이 변형된 배설기이다.

호흡계는 생활형에 따라 달라, 물에서 사는 것은 아가미를 갖고 있고, 육지에서 사는 것은 기관(氣管; tracheae)으로 되어 있다. 눈이 잘 발달하였으며, 단안(單眼; ocellus)과 복안(複眼; compound eye)이 있다. 암수딴몸(雌雄異體)으로 대개 양성생식을 하지만, 일부 종류는 단성생식(單性生殖; parthenogenesis)을 하는 것도 있다. 후배발생(後胚發生)은 대개 변태(變態; metamorphosis)에 의하여 이루어진다. 절지동물은 6개의 강(綱)으로 분류한다.

① 갑각강(甲殼綱; Crustacea)

호흡기로서 아가미를 갖고 있으며, 2쌍의 더듬이(antenna)가 있다. 물에서 살며, 바다에 사는 종류가 많다. 그 예로는 물벼룩류(새각항; Branchiopoda), 따개비류(만각아강; Cirripedia), 갯강구류(등각목; Isopoda), 게류(십각목; Decapoda) 등이 있다.

② 거미강(蛛形綱; Arachnida)

기관이나 또는 서폐로 공기호흡을 한다. 촉각이 없다. 그 예로는 거미류(Araneae), 진드기류(Acari) 등이 있다.

③ 바다거미강(Pycnogonida)

4쌍의 긴 다리와 두 흉부로 구성되나 복부는 거의 퇴화되어 흔적만 남아 있다.

④ 노래기강(倍脚綱; Diplopoda)

2개의 체절이 융합하여 한 체절로 되었고 각 체절마다 2쌍씩의 다리, 기문, 심문, 신경절이 있다.

⑤ 지네강(脣脚綱; Chilopoda)

체절의 수가 많고 각 체절마다 한 쌍의 다리가 있다. 특히 첫 번째 체절의 부속지는 독조(毒爪; poison claw)로 변화되어 있다.

⑥ 곤충강(昆蟲綱; Insecta)

곤충강은 약 80만 종으로 절지동물에서 가장 많다. 몸은 두부, 흉부, 복부가 명확하고 두부에는 한 쌍의 복안과 촉각, 잘 발달된 구기가 있다. 흉부에는 3쌍의 다리와 2쌍의 날개를 가진다. 소화기계는 구도함과 항문함은 외배성, 중장은 내배엽성으로 되었다. 호흡계는 기문 (氣門; spiracle)과 기관(氣管; trachea)으로 연결되어 배, 복관의 각 조직에 분포되어 있다. 순환기계는 개방혈관계로 등쪽에 심장이 있고 체절 마다 한 쌍의 심문(心門; ostium)이 있다.

(A) (B)

[그림 35.4] 절지동물 (A) 지네 (B) 노래기

1) 가재의 관찰

절지동물 중에서 구하기 쉬운 가재를 재료로 하여 자세한 형태를 관찰하여 보자. 가재(*Cambaroides similis*)는 우리나라 전지역의 산 속 맑은 계류에서, 비교적 물이 서서히 흐르는 곳의 돌 밑에 숨어서 살고 있다. 채집된 가재는 알코올에 담가 두었다가 관찰하기 직전에 물에 씻어서 사용하는 것이 좋다.

① 외부형태

가재의 몸은 머리, 가슴, 배로 구분되지만, 머리와 가슴이 합하여 두흉부(頭胸部;

cephalothorax)를 형성한다. 몸의 표면은 키틴질에 탄산석회가 침착된 굳은 외골격(外骨格; exo-skeleton)으로 되어있다. 두흉부의 양옆과 등은 한 장의 갑각(甲殼; carapace)으로 싸여 있고, 앞 끝에 뾰족하게 돌출한 것은 액각(額角; rostrum)이라 한다. 머리와 가슴의 경계에 U자 모양의 홈이 있는데 이를 경강(頸講; cervical groove)이라 하며, 가슴 등면에 있는 2줄의 세로홈을 새심강(鰓心講; branchiocardiac groove)이라 한다. 갑각의 양옆은 몸과 떨어져서 새강(鰓腔; branchial cavity)을 형성하고 있다.

머리 부분에 몇 종류 감각기관이 있다. 액각 좌우에 있는 1쌍의 겹눈은 자루인 안병(眼柄; eye stalk)에 붙어 있는데, 그 기부는 합쳐져 있다. 겹눈 앞에는 2쌍의 더듬이가 있는데 그 중 길고 큰 것을 대촉각(大觸角; antenna), 짧고 작은 것을 소촉각(小觸角; antennule)이라 한다. 대촉각의 기부 배쪽에는 유두 모양의 돌기가 있는데 이를 녹선(綠腺; green gland) 또는 촉각선(觸角腺; antennal gland)이라 하며, 배설작용을 한다. 소촉각은 다시 내지(內肢; endopodium)와 외지(外肢; exopodium)로 갈라졌으며, 원절의 기부 등면에 강모가 난 융기부가 있는데, 이것이 평형감각을 맡는 평형포(平衡胞; statocyst)와 연결된 청기(聽器; auditory organ)이다.

머리의 배면에 있는 입은 여러 가지 부속지(附屬肢; appendage)들로 구기(口器; mouth part)를 형성하고 있다. 제일 큰 집게발 기부의 앞쪽에 3쌍의 턱다리(顎脚; maxillipedes)가 있다. 이들을 뒤쪽에서부터 제 3턱다리(第 3顎脚; third maxilliped), 제 2턱다리(第 2顎脚; second maxilliped), 제 1턱다리(第 1 顎脚; first maxilliped)라 하며, 각각 외지와 내지로 이루어져 있다. 그 안쪽에는 다시 제 2작은턱(第 2小顎; second maxilla), 제 1작은턱(제 1小顎; first maxilla)이 있으며, 입 구멍 양옆에는 단단한 큰 턱(대악; mandible)이 있다. 그리고 큰턱 앞에는 위로 윗입술(上脣; labrum)이 있고, 그 뒤에 1쌍의 아랫입술(下脣; labium)이 있다.

가슴 부분에는 다른 부속지들보다 큰 5쌍의 보각(步脚; ambulatory legs)이 있다. 그 중 맨 앞의 제 1보각은 특히 크고, 집게 모양으로 되어 있어 이를 집게발(鋏脚; chelate leg)이라 한다. 보각은 모두 7마디로 되어 있으며, 기부로부터 각각 저절(底節; coxopodite), 기절(基節; basipodite), 좌절(座節; ischiopodite), 장절(長節; meropodite), 완절(腕節; carpopodite), 전절(前節; propodite) 및 지절(指節; dactylopodite)이라 부른다. 제 1~3보각은 전절과 지절이 집게발을 만들고 있다.

배 부분은 7마디로 되어 있는데 등쪽은 배판(背板; pleuron)으로 덮여 있다. 제 1~6절에는 1쌍씩의 복지(腹肢; abdominal appendage)가 있는데, 이중 앞쪽의 5쌍을 유영지(游泳肢; swimmeret)라 한다. 특히 제 6절은 넓고 부채모양으로 되어 있으며, 미지(尾肢; uropod)라 한다. 복부 제 7절은 납작한 미절(尾節; telson)을 이루고 있는데, 이는 미지와 함께 미편(尾扁; tail fan)을 형성한다. 미절 배쪽 중앙에는 항문(肛門; anus)이 있다. 복지는 세 부분으로 되어 있는데, 몸에 붙는 마디를 원절(原節; protopodite)이라 하며 이 원절에서 내지(內肢; endopodite)와 외지(外肢; exopodite)가 갈라져 있다.

생식공(生殖孔; genital opening)은 암수에 따라 위치가 다르다. 수컷은 제 5보각의 저절 안쪽에 있으며, 그 근처가 약간 돌출해 있고, 암컷은 제 3보각의 저절 안쪽에 위치한다. 제 1, 2복지도 암수의 차이가 있다. 제 1복지는, 수컷에 있어서 좌우 복지의 내지와 외지가 중앙에서 한 데 붙어 교접기가 되어, 그 끝이 제 3보각의 기부에 이른다. 암컷의 것은 외지가 없고 내지만이 막대기 모양으로 안쪽을 향하고 있다. 제 2복지는, 수컷에 있어서 내지가 외지보다 크고, 중간에 돌기가 하나 나와 있으나, 암컷의 것은 제 3이하의 복지와 거의 같은 모양이다.

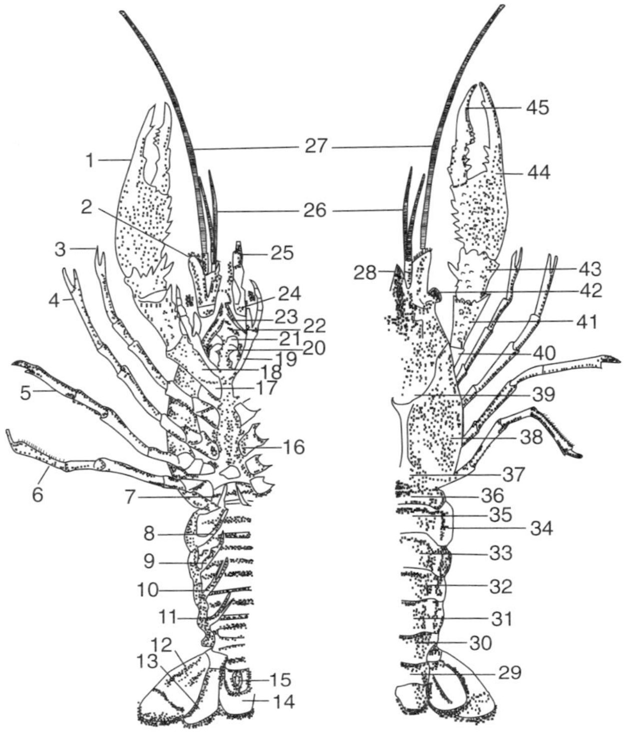

1. 1st ambulatory leg (제 1보각) 2. 2nd antennal exopodium (제 2촉각외지)
3. 2nd ambulatory leg (제 2보각) 4. 3rd ambulatory leg (제 3보각) 5. 4th ambulatory leg (제 4보각)
6. 5th ambulatory leg (제 5보각) 7. 1st abdominal appendage (제 1복각)
8. 2nd abdominal appendage (제 2복각) 9. 3nd abdominal appendage (제 3복각)
10. 4th abdominal appendage (제 4복각) 11. 5th abdominal appendage (제 5복각)
12. Exopodium of 6th abdominal appendage (제 6복각외지)
13. Endopodium of 6th abdominal appendage (제 6복각내지) 14. Anal plate (항문판)
15. Anus (항문) 16. Female genital opening (자성생식문) 17. Protopodite (원절) 18. Ischiopodite (좌절)
19. 3rd. maxilliped (제 3악각) 20. 2nd. maxilliped (제 2악각) 21. Palp of maxilliped (큰턱다리수염)
22. Palp of 3rd maxilliped (제 3턱다리수염) 23. Palp of 2nd maxilliped (제 2턱다리수염)
24. Opening of green gland (녹선공) 25. 2nd antennal endopodium (제 2촉각내지)
26. 1st antenna (제 1촉각) 27. 2nd antenna (제 2촉각) 28. Rostrum (액각)
29. 7th abdominal segment (제 7복절) 30. 6th abdominal segment (제 6복절)
31. 5th abdominal segment (제 5복절) 32. 4th abdominal segment (제 4복절)
33. 3rd abdominal segment (제 3복절) 34. Tergite (배갑) 35. 2nd abdominal segment (제 2복절)
36. 1st abdominal segment (제 1복절) 37. Heart region (심장부) 38. Branchial region (아가미부)
39. Cervical groove (경구) 40. Ischiopodite (좌절) 41. Meropodite (장절) 42. Compound eye (장절)
43. Carpopodite (완절) 44. Propodite (전절) 45. Dactylopodite (지절)

[그림 35.5] 가재의 외부형태

② 내부형태

가재의 등쪽 껍질을 가위로 자르고 조심스럽게 갑각을 벗기면 적갈색의 피부가 나온다. 이것을 서서히 제거하면서 내부기관을 관찰한다.

가슴의 등쪽 한가운데에, 심장이 위심강(圍心腔; pericardial cavity) 속에 들어 있다. 심장의 등쪽에는 1쌍의 열장심문(裂狀心門; ostium)이 있는데, 위심강에서 심장으로 피가 들어가는 구멍이다. 또 여러 가닥의 혈관(血管; blood vessel)이 연결되어 있는데, 심장의 앞쪽에서 눈으로 가는 하나의 안동맥(眼動脈; ophthalmic artery), 촉각으로 가는 1쌍의 촉각동맥(觸角動脈; antennary artery), 간으로 가는 1쌍의 간동맥(肝動脈; hepatic artery)이 있고, 심장의 뒤쪽에서 한 가닥의 배복동맥(背腹動脈; dorsal abdominal artery)이 나와 있고, 아래쪽에서 흉동맥(胸動脈; sternal artery)이 한 가닥 나와서 하부복동맥(下部腹動脈; ventral abdominal artery)과 연결된다. 그러나 심장으로 돌아오는 진정한 정맥(靜脈)은 없으며, 정맥혈은 체강조직 사이를 지나 위심강에 모여 열상심문을 통하여 들어간다.

가슴 부분의 양옆에는 갑각 바로 밑에 새실(鰓室; branchial chamber)이 있고, 그 안에 아가미가 있다. 아가미는 제 2, 3턱다리와 제 1~4브각의 저절에 달려 있는 다리아가미(脚鰓; podobranch)와 저절과 다리 윗부분과의 관절막(關節膜) 위에 붙어 있는 관절아가미(關節鰓; arthrobranchia)가 있다. 이중 관절아가미는 각 다리의 앞뒤에 2개씩 있으나, 제 2턱다리의 뒤의 것이 없기 때문에 좌우에 11개씩 있게 된다. 새실의 안쪽 벽을 제거하면, 소화샘인 황록색의 간(肝)과 이자(膵臟)가 등쪽의 대부분을 차지하고 있다. 위(胃)는 큰 주머니 모양으로 가운데에 홈이 져서 2개의 칸을 이루며, 입에서 곧바로 뻗어온 식도와 연결되어 있다. 장(腸)은 위의 뒤에서 곧게 나가 항문에서 끝난다. 정소(精巢)나 난소(卵巢)는 위심강 밑에 있는데, 암컷의 수란관은 곧바로 제 3보각의 저절에 있는 생식공에 연결되어 있고, 수컷의 수정관은 꼬불꼬불하게 돌아서 제 5보각의 저절에서 열린다. 머리 부분의 대촉각 기부 근처에는 녹선이 있고, 그 밑에 엷은 막의 방광(膀胱; urinary bladder)이 있는데, 이들을 합쳐 배설기(排泄器)라 한다. 신경계는 포르말린에 담갔던 재료를 물 속에서 식도와 흉동맥은 남겨 놓고 다른 기관들을 조심스럽게 제거하여 관찰한다. 좌우의 안병이 합치는 기부에 넓은 뇌가 있다. 뇌는 앞쪽에서 두 가닥의 시신경과 등쪽 앞에서 소촉각신경(小觸角神經; antennulary nerve), 옆에서 대촉각신경(大觸角神經; antennal nerve)과 내장신경(內臟神經; anterior visceral nerve)이 나와 있다.

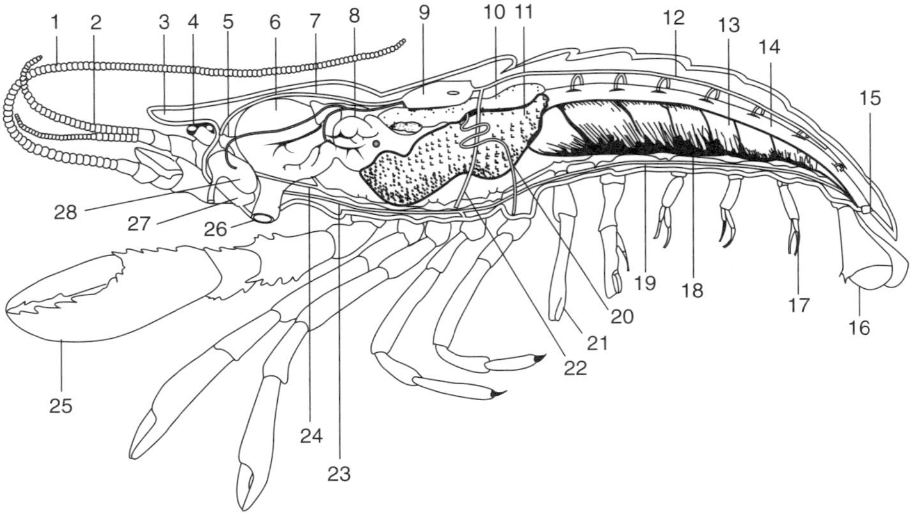

1.Antenna (제 2촉각) 2.Antennule (제 1촉각) 3. Rostrum (액각) 4. Eye (눈) 5. Brain (뇌) 6. Cardial stomach (분문위) 7. Ophthalmic artery (복안동맥) 8. Pyloric stomach (유문위) 9. Heart (심장) 10. Testis (정소) 11. Digestive gland (소화선) 12. Dorsal abdominal artery (배장동맥) 13. Muscle (근육) 14. Intestine (장) 15. Anus (항문) 16. Telson (미절) 17. Swimmeret (유영지) 18. Ventral nerve cord (복신경색) 19. Ventral abdominal artery (복측복동맥) 20. Vas defferens (수정관) 21. 1st abdominal appendage (제 1복지) 22. Sternal artery (흉동맥) 23. Ventral thoracic artery (복흉동맥) 24. Circumoesophageal connective (식도접속부) 25. 1st working leg (제 1보각) 26. Mouth (입) 27. Green gland (녹선) 28. Bladder (방광)

[그림 35.6] 가재의 내부구조

뒤쪽으로는 두 가닥의 신경이 나와서 식도하신경절(食道下神經節; suboesophageal ganglion)에서 합쳐졌다가 다시 갈라져 가슴신경절을 거쳐서 배신경절을 형성한다. 신경절은 흉부신경절(胸部神經節; thoracic ganglion) 6쌍과 복부신경절(腹部神經節; abdominal ganglion) 6쌍, 그리고 식도하신경절 1개를 합쳐 모두 25개가 있다.

5 척추동물

1) 척추동물의 비교관찰

척추동물은 척색동물(脊索動物; Chordata)에 속하며 ① 척색(脊索; notochord) ② 등쪽신경강계(背神經腔系; dorsal hollow nerve system) ③ 인두열(咽頭裂; gill slit, pharyngeal slit) 3가지는 일생의 어느 단계에서 한 번은 가지며 이외에 ④ 척추(脊椎; vertabra)를 갖

는 동물로 특징지어진다. 척추동물은 모든 동물문 중에서 가장 진화한 것으로서, 몸은 좌우대칭이고, 보통 머리(head), 몸통(trunk), 꼬리(tail)의 3부분으로 구분되며, 어떤 것은 목(neck)을 가진다. 배(胚; embryo)시기에 척삭(脊索; notochord)이 생기고, 나중에 그 주위에 많은 척추골(脊椎骨; notochord)이 생겨 몸의 중축을 이룬다. 척추의 앞 끝에 두개골(頭蓋骨)이 만들어져 뇌를 보호하며, 아가미를 지지한다. 아가미는 소화관 앞 끝 부분에 있는데, 양서류 이상의 동물 성체에서는 소실되고, 그 대신 인두(咽頭)의 뒤쪽에 허파가 생긴다. 몸통은 내골격(內骨格; internal skeleton)의 부속지를 가지는데, 어류에서는 지느러미가 있으나, 양서류 이상에서는 4개의 발이 발달한다. 중추신경계(中樞神經系)는 소화기관 등쪽에 있으며, 뇌와 척수에서는 각각 뇌신경과 척수신경이 나와 있고 감각기관(感覺器官)이 발달되어 있다.

소화기관은 넓은 체강속에 있으며, 부속기관으로서 간, 이자 등이 있다. 순환계는 폐쇄혈관계(閉鎖血管系)이며, 심장은 위심강에 들어 있고, 동맥, 정맥, 모세혈관을 갖추고 있다. 생식기관과 배설기관은 필요생식기로서 발생상으로나 기능상으로 긴밀한 관계를 이루며, 신장은 전장, 중장, 후장으로 분화되었다. 척추등물은 양막(羊膜; amnion)의 유무에 따라서, 무양막아문(無羊膜亞門; Anamniota)과 양막아문(羊膜亞門; Amniota)으로 나누고, 전자에는 원구류, 어류, 양서류의 3강이 속하고, 후자에는 파충류, 조류, 포유류의 3강이 속한다.

① 원구강(圓口綱; Cyclostomata)

가장 하등한 척추동물로서, 어류와 비슷하지만 두골이 불완전하고 비늘, 턱, 가슴지느러미와 배지느러미가 없다. 아가미는 주머니 모양이며, 7쌍 또는 그 이상의 아가미 틈으로 외계와 통하고 있다. 콧구멍이 하나뿐이며, 척색을 일생 동안 지니고 있다. 예를 들면 먹장어(Epiatretus), 칠성장어(Entosphenus) 등이 이에 속한다.

② 어강(魚綱; Pisces)

몸은 반추형이고, 쌍을 이룬 가슴지느러미, 배지느러미와 등지느러미, 뒷지느러미, 꼬리지느러미가 각각 1개씩 있다. 몸의 표면은 진피성의 비늘로 싸여 있으며, 내골격은 경골성인 것과 연골성인 것이 있다. 연골어류(軟骨魚類; Chondrichthyes)로는 별상어(Cynias), 괭이상어(Heterodonuts), 노랑가오리(Dasyatis), 홍어(Raja) 등이 있고, 경골어류(硬骨魚類; Osteichthyes)로는 철갑상어(Acipenser), 잉어(Cyprinus), 대구(Gadus) 등이 있다.

③ 양서강(兩棲綱; Amphibia)

비늘이 없고, 아가미 또는 허파로 호흡한다. 일생 동안 두 가지 호흡을 같이 하는 것, 유생은 아가미로 호흡하고 성체는 허파로 호흡하는 것, 또한 피부호흡으로 부족량을 보충하는 것이 있다. 심장은 2심방 1심실이며, 발생 도중 변태(變態; metamorphosis)하는 것이 많다. 그 예로서 도롱뇽(Hynobius), 두꺼비(Bufo), 참개구리(Rana) 등이 있다.

④ 파충강(爬蟲綱; Reptilia)

육상생활에 적응되어 있고, 비늘이나 골갑이 있다. 심장은 2심방 1심실인데, 심실은 불완전한 2심실의 형태를 지닌다. 신장은 후신이다. 살모사(Agkistrodon), 자라(Amida), 악어(Crocodilus) 등이 이에 속한다.

⑤ 조강(鳥綱; Aves)

몸은 깃털로 덮여 있고, 앞다리는 날개로 변형되었다. 항온동물이며, 심장은 2심방 2심실이다. 닭(Gallus), 비둘기(Columba) 등이 그 예이다.

⑥ 포유강(哺乳綱; Mammalia)

피부에 털이 나 있고, 유선(乳腺)을 가지며, 두개골(頭蓋骨)과 장골(臟骨)이 합쳐져 두골을 형성한다. 대뇌가 특히 발달하였으며, 심장은 2심방 2심실이다. 오리주둥이(Platypus), 캉가루(Macropus), 영장류(Primates) 등이 이에 속한다.

2 붕어의 관찰

붕어(*Carassius auratus*)는 우리나라 각지에서 볼 수 있는 담수성 경골어류로서 못이나 늪에서 쉽게 구할 수 있다. 가능하면 살아 있는 것을 구하여, 일단 물 속에서 헤엄치는 것 등의 행동조사를 한 다음 해부하면 이해가 쉽다. 해부재료는 신선한 것이 좋으나 근육이나 신경계의 관찰은 2~3일 간 포르말린에 고정시켰다가 보는 것이 좋으며, 특히 신경관찰은 뼈를 연하게 하기 위하여 10% 질산이나 묽은 염산에 하루쯤 담갔다가 물로 씻어서 사용하면 좋다. 골격관찰을 하기 위해서는 70~80°C의 물에 끓여서 대부분의 근육을 제거한 다음, 수산화칼륨을 약간 넣어 다시 끓여 맑은 물에 씻으면 깨끗한 표본이 된다.

1) 외부형태

몸은 유선형 모양이며 머리, 몸통, 꼬리의 세 부분으로 구별된다.

머리는 아가미의 뒷가장자리부터 앞쪽 부분이며, 눈에서부터 앞부분을 주둥이(吻;

rostrum)라 한다. 눈은 원형이며, 엷은 각막(角膜; cornea)으로 덮여 있다. 노란색의 홍채(虹彩; iris) 속에 흑색의 동공(瞳孔; pupil)이 있다. 눈 바로 앞에는 1쌍의 외비공(外鼻孔; external naris)이 있는데 이것은 본래 1개의 구멍이 유연한 피부의 막으로 앞뒤를 갈라놓은 것이다. 속에서 다시 합쳐져 비강(鼻腔; nasal cavity)과 통한다. 아가미 뚜껑(鰓蓋; operculum)의 뒷언저리에 큰 홈이 파여져 있는데, 이것을 새열(鰓裂; opercular slit)이라 하며, 아가미 뚜껑 속에는 빗 모양의 아가미가 4쌍씩 들어 있다. 머리 앞 끝에 있는 입은 상당히 크며, 위 · 아래턱을 갖추고 있다.

몸통과 꼬리의 앞부분은 비늘로 싸여 있는데, 각 비늘의 대부분을 차지하는 단단한 부분은 생장하는 부분으로 진피(眞皮; dermis)가 변한 것이고, 노출된 가장자리 부분은 점액선(粘液腺)과 색소포(色素胞)가 있고 부드러운 표피로 되어 있다. 몸통 양쪽 중간에는 체축(體軸)을 따라 한 줄의 측선(側線; lateral line)이 있는데, 이것은 비늘의 가운데에 뚫린 구멍이 배열된 것이다. 이 구멍은 측선관(側線管)에 비스듬히 연결되어 있는데, 머리 부분의 눈 주위나 아가미 뚜껑 둘레에서도 볼 수 있다. 몸통에는 부속지로서 지느러미가 있다. 가슴지느러미(pectorial fin)와 배지느러미(abdominal fin)는 좌우 1쌍씩 있으나 등지느러미(dorsal fin), 볼기지느러미(amal fin) 및 꼬리지느러미(caudal fin)는 1개씩 있다. 각 지느러미에는 일정한 수의 기조(鰭條;radius pterygii)가 있고 이것이 지느러미를 지지하고 있다. 이에는 마디가 없이 단단하고 뾰죽한 지느러미가시(acantha)와 마디가 있고 부드러운 연조(輭條; malacoradius)의 두 가지가 있다.

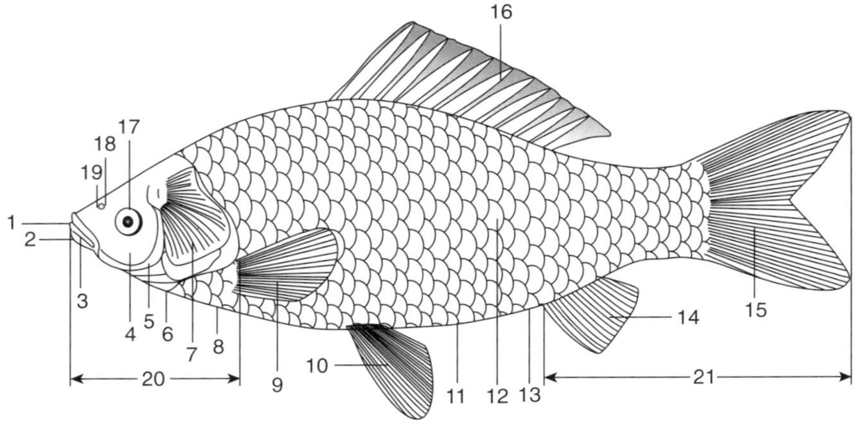

1. Maxillaris (위턱) 2. Mandibularis (아랫턱) 3. Mouth (입) 4. Cheek (볼) 5. Preopercular (전새개)
6. Pharynx (인두) 7. Opercular (새개) 8. Pectoral (가슴) 9. Pectoral fin (가슴지느러미)
10. Abdominal fin (배지느러미) 11. Abdomen (배) 12. Lateral line (측선) 13. Anus (항문)
14. Anal fin (뒷지느러미) 15. Tail (꼬리) 16. Dorsal fin (등지느러미) 17. Eye (눈)
18. External naris (inner) (내비공) 19. External naris (outer) (외비공) 20. Head (머리) 21. Tail (꼬리)

[그림 35.7] 붕어의 외부형태

2) 내부형태

붕어의 내장관찰은 머리 부분을 제외하고 등지느러미를 따라 해부칼로 몸의 반쪽만 베어내어 내장의 한쪽면을 노출시킨다. 이때 담낭이나 혈관관계를 관찰하려면 내장을 우측에서 볼 수 있게 하는 것이 편리하다.

몸의 등쪽에 중간이 잘룩한 흰색 주머니가 있는데, 이를 부레(air bladder)라고 하며, 아교질로서 몸의 부침(浮沈) 또는 평형(平衡)을 유지하는 역할을 한다.

소화기는 입의 안쪽에 있는 목구멍을 거쳐 식도를 지나 위에 연결된다. 위가 시작된 부위의 우측에 연결된 굵은 관은 쓸개관(bile duct)이다. 창자는 위의 뒷부분에서 시작하여 복강(腹腔) 속을 꾸불꾸불 돌아 총배설강(總排泄腔; cloaca)에 연결되어 항문으로 끝난다. 창자 사이에는 적갈색의 여러 엽(葉; lobus)으로 되어 있는 간(肝)이 있으며, 간에 붙어 있고 내장의 오른쪽 앞 끝에 있는 암녹색의 구형인 기관이 쓸개주머니(膽囊)이다.

창자의 약간 앞부분에는 지라가 있는데, 이는 오래된 재료에서는 간과 비슷하게 보이지만, 싱싱한 것에서는 진한 붉은 색을 띠어 쉽게 구별된다.

생식기(生殖器; genital organ)에는 암컷에 난소와 수컷에 정소가 있으며 이들은 부레와 창자 사이에 쌍을 이루고 있다. 각 생식소의 뒷부분은 가늘어져서 수정관과 수란관이 되며, 좌우의 것이 합쳐져서 총배설강으로 연결된다. 콩팥은 복강 등쪽의 부레 등면에 있으며, 좌우 1쌍의 적갈색 기관이 앞쪽에 치우쳐 있다. 이 외의 뒷부분에서는 각각 1개씩의 가는 수뇨관(輸尿管; ureter)이 나와 복강 뒤쪽에 있는 방광에서 합쳐지며, 방광에서는 가는 요도(尿道; urethra)가 나와 총배설강과 통한다.

심장은 아가미의 뒤 배쪽의 구석에 있는 위심강(圍心腔) 속에 들어 있으며, 4부분으로 되어 있다. 심장의 중앙에 있고, 담홍색의 두꺼운 벽으로 된 부분이 심실(心室; ventricle)이고, 그 앞에 있는 백색의 주머니는 동맥구(動脈球; arterial bulb)이다. 심실의 등 뒤쪽에 약간 좌측으로 엷은 막으로 된 심방(心房; auricle)이 있으며, 여기에 이어져 있는 것이 정맥두(靜脈竇; sinus venosus)이다. 동맥구의 앞쪽으로 동맥간(動脈幹; truncus arteriosus) 또는 복대정맥(腹大靜脈; aorta ventralis)이 있는데 이것은 갈라져서 입새동맥(入鰓動脈; arteria branchialis afferens)이 되어 새궁(鰓弓; arcus branchialis)으로 들어간다. 위의 궁에서는 출새동맥(出塞動脈; arteria branchialis efferens)이 나오는데, 합쳐져서 배대동맥(背大動脈; aorta dorsalis)을 이루어 구개벽(口蓋壁) 속을 통하여 뒤로 뻗어 있다. 배대동맥은 소화관, 생식소, 간 등에 내장동맥(內臟動脈; arteria coeliaca)을 낸 후, 등뼈 밑을 통하여 뒤로 가는 도중에 신동맥(腎動脈; arterio renalis)과 장골동맥(腸骨動脈; arteria iliaca)을 내며 미동맥(尾動脈; vena caudalis)이 되어 꼬리로 들어간다. 미동맥과 함께 여러 개의 혈관을 합쳐 앞부분으로 향하는 미정맥(尾靜脈; vena caudalis)은 체강에서 장골정맥(腸骨靜脈; vena iliaca)과 합쳐지고, 이는 좌우로 갈라져 신문맥(腎門脈; portalis renalis)이 되어 콩팥으로 들어간다.

골격계(骨格系; skeletal system)는 크게 두골(頭骨)과 척추(脊椎; vertebral column)로 나누어진다. 척추는 보통 30개의 척골(脊骨; vertebra)로 되어 있고, 추골(椎骨; centrum)는 양와형(兩窩形)이다. 추체의 등쪽에는 척수관도(脊髓管道; foramen vertebralis)를 형성하는 신경궁(神經弓; arcus vertebralis)이 있고, 신경궁 등쪽 중앙에 1쌍씩의 배돌기(背突起; processus dorsalis), 추체의 옆으로는 좌우에 측돌기(側突起; processus spinosus)가 쌍을 이루고 있다.

이 외에도 흉대(胸帶; pectoral girdle), 기골(鰭骨; pterygium), 요대(腰帶; pelvic girdle), 새대골(鰓蓋骨; os operculare), 장골(臟骨; visceral skeleton) 및 두개골(頭蓋骨; os cranii)이 있다. 이들 대부분의 뼈는 작고 다루기 힘들기 때문에 여기서는 내장관찰에서 볼 수 있는 척추에 관해서만 관찰하기로 한다.

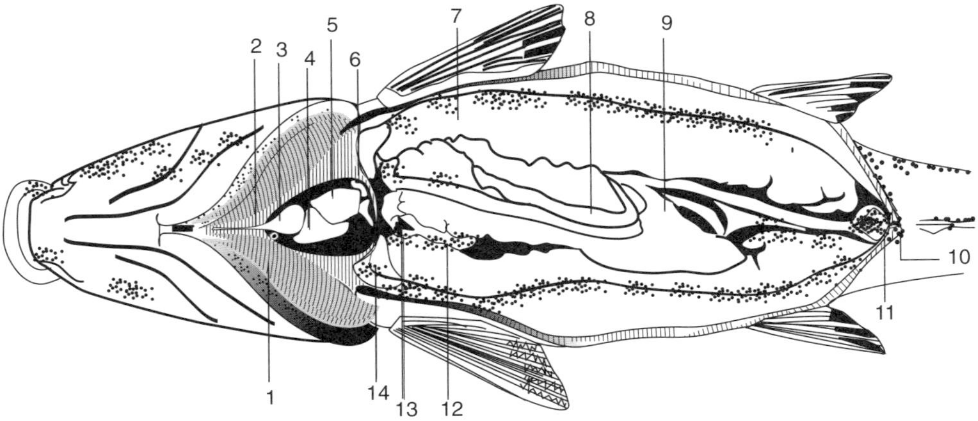

1. Gill (아가미) 2. Arterial trunk (동맥간) 3. Arterial bulb (동맥구) 4. Ventricle (심실)
5. Atrium (심방) 6. Pericardium (위심강) 7. Ovary (난소) 8. Intestine (장) 9. Liver (간)
10. Cloaca (총배설강) 11. Opening of rectum (직장) 12. Gall bladder (담낭) 13. Bile duct (담관)
14. Kidney (신장)

[그림 35.8] 붕어의 내부형태(복면)

실험보고서

조번호:	이름:
학번:	학과:
실험일자:	제출일자:

1) 전체적인 동물의 계통도를 그리고, 각 종류의 특징을 정리하시오.

문 | 제 | 및 | 토 | 의

1) 히드라의 소화작용을 간략히 설명하시오.

2) 지렁이류의 생태학적 중요성에 대해 설명하시오.

3) 연체동물 각 종들의 생태적 차이를 통한 외부구조를 설명하시오.

4) 곤충의 호흡기관과 그 기능에 대해서 설명하시오.

5) 척추동물과 무척추동물과의 차이점은 무엇인가?

6) 척추동물의 각 분류군에 대한 특징을 서술하시오.

동국대학교 과학기술대학 생명과학과

대표저자 이 정 일 |

이 대 원 | 장 해 룡 | 한 영 환 |

실험생물학

2010년 2월 20일 인 쇄
2010년 2월 25일 발 행

저 자 | 이정일 · 이대원 · 장해룡 · 한영환
펴 낸 이 | 김중현
펴 낸 곳 | **녹 문 당**

주소 | 서울특별시 마포구 염리동 36-249 202호
전화 | (02) 713-2711
FAX | (02) 713-2710
등록 | 서울 제 19-100호

ISBN 978-89-88684-60-3 93470 값 18,000원